国家出版基金项目
NATIONAL PUBLICATION FOUNDATION

"十二五"国家重点图书出版规划项目

CHINA WETLANDS RESOURCES
Inner Mongolia Volume

中国湿地资源

内蒙古卷

◎ 国家林业局组织编写

中国林業出版社

图书在版编目（CIP）数据
中国湿地资源·内蒙古卷／国家林业局组织编写；呼群分册主编．－北京：中国林业出版社，2015.12
“十二五”国家重点图书出版规划项目
ISBN 978-7-5038-8318-7

Ⅰ.①中… Ⅱ.①国… ②呼… Ⅲ.①湿地资源－研究－内蒙古 Ⅳ.① P942.078

中国版本图书馆 CIP 数据核字（2015）第 296579 号

审图号：蒙 S（2015）012 号

总 策 划：金 旻
策划编辑：徐小英
主要编辑：徐小英 刘香瑞 李 伟
何 鹏 于界芬
美术编辑：赵 芳

出版发行 中国林业出版社（100009 北京西城区刘海胡同 7 号）
http://lycb.forestry.gov.cn
E-mail:forestbook@163.com 电话：(010)83143515、83143543
设计制作 北京天放自动化技术开发公司
北京捷艺轩彩印制版有限公司
印刷装订 北京中科印刷有限公司
版 次 2015 年 12 月第 1 版
印 次 2015 年 12 月第 1 次
开 本 787mm×1092mm 1/16
字 数 383 千字
印 张 15
定 价 110.00 元

中国湿地资源系列图书
编撰工作领导小组

顾　问： 陈宜瑜　李文华　刘兴土

组　长： 张永利

副组长： 马广仁

成　员：（按姓氏笔画排序）

王文宇　王忠武　王海洋　韦纯良　邓乃平　邓三龙
兰宏良　刘建武　刘艳玲　刘新池　李　兴　李三原
李永林　来景刚　吴　亚　张宗启　陆月星　陈则生
陈传进　陈俊光　林云举　呼　群　金　旻　金小麒
周光辉　降　初　孟　沙　侯新华　夏春胜　党晓勇
徐济德　奚克路　阎钢军　程中才　雷桂龙　蔡炳华
樊　辉

中国湿地资源系列图书
编撰工作领导小组办公室

主　任： 马广仁

副主任： 鲍达明　唐小平　熊智平　马洪兵

成　员： 王福田　姬文元　刘　平　闫宏伟　李　忠　田亚玲
王志臣　张阳武　但新球　刘世好　王　侠　徐小英

《中国湿地资源·内蒙古卷》
编写组

主　　编：呼　群

副 主 编：李树平　赵美丽

编 著 者：邓　芳　陈蓉伯　年学东　李柱晓　秦建明　乌恩图
马颖伟　张　波　乔　方

主　　审：邢莲莲　陈蓉伯

总　序

湿地是地球表层系统的重要组成部分，是自然界最具生产力的生态系统和人类文明的发祥地之一。在联合国环境规划署（UNEP）委托世界自然保护联盟（IUCN）编制的《世界自然资源保护大纲》中，湿地与森林和海洋一起并称为全球三大生态系统。湿地具有类型多样、分布广泛的特点；湿地更重要的是还具有多种供给、调节、支持与文化服务功能，是人类重要的生存环境和资源资本。湿地与人类生产生活和社会经济发展息息相关。湿地的重要性受到世界各国和国际社会的普遍关注。早在1971 年，国际社会就建立了全球第一个政府间多边环境公约，即《关于特别是作为水禽栖息地的国际重要湿地公约》（简称《湿地公约》）。同时，该公约也是全球最早针对单一生态系统保护的国际公约。1992 年中国加入《湿地公约》，自此我国湿地保护事业进入了新的发展时期。

我国加入《湿地公约》后，在国家林业局设立了专门的湿地保护和履约机构，对内负责组织、协调、指导和监督全国湿地保护工作，对外负责《湿地公约》的履约工作。近年来，中国各级政府在湿地保护方面开展了大量卓有成效的工作，采取了一系列保护和合理利用湿地资源的措施，在湿地保护规划和重点工程建设、财政补贴政策制定实施、法规制度建设、保护体系建设、科研监测、宣传教育和国际合作等方面取得了长足进步。但我国湿地生态系统仍然面临着盲目围垦与改造、污染、水土流失、泥沙淤积、生物资源过度利用等多种因素的破坏和威胁，导致面积减少，生态功能下降，生物多样性丧失。因此，切实保护和合理利用湿地资源，既是保障生态安全和国土安全的当务之急，更是中国实施可持续发展战略势在必行的要务。

开展湿地资源调查，摸清湿地资源家底，把握湿地资源动态，是所有湿地保护工作的基础，也是履行《湿地公约》各项工作的根基。2009 ～ 2013 年，在中央财政的支持下，国家林业局组织开展了第二次全国湿地资源调查工作。在此期间，我有幸作为第二次全国湿地资源调查专家技术委员会的主任委员，和其他专家一起全程参与了此次湿地资源调查的主要技术环节和成果鉴定。

我认为此次调查具有以下几个特点：一是，此次调查的湿地分类、界定标准、调查方法基本与《湿地公约》规定相接轨，使得调查数据符合《湿地公约》的要求，调查成果易于被国际认可，便于国际间的对比和交流。二是，制定了内容全面、方法科学、符合国际标准的统一技术规程《全国湿地资源调查技术规程（试行）》，进行了同标准、同口径的分期分批调查。三是，本次调查利用“3S”技术与现地验证相结合的技术方法，查清了全国范围内（未包括香港、澳门、台湾）8 公顷以上的湿地资源基本情况。四是，湿地调查分为一般调查和重点调查。重点调查包括，国际重要湿地、国家重要湿地、自然保护区（含自然保护小区）和湿地公园内的湿地以及其他特有、分布濒危物种和红树林等具有特殊保护价值的湿地。五是，组织保障有力。国家层面上，成立了第二次全国湿地资源调查领导小组、专家技术委员会、中央技术支撑单位和国家质量检查组；省级层面上，分别成立了湿地调查专职机构，组建了省级专业调查队伍。

需要指出的是，第二次全国湿地资源调查期间，我国湿地保护事业发展迅速。2009 年，中央启动了“湿地生态效益补偿试点”工作；2010 年开始，中央财政设立了湿地保护补助专项资金；2012 年，党的十八大将建设生态文明纳入中国特色社会主义事业“五位一体”总体布局，提出要“扩大森林、湖泊、湿地面积，保护生物多样性”。期间，国家林业局会同相关部门认真实施了《全国湿地保护工程实施规划 (2005 ～ 2010 年)》和《全国湿地保护工程“十二五”实施规划》。2013 年，国家林业局出台的《推进生态文明建设规划纲要》划定了湿地保护红线，到 2020 年中国湿地面积不少于 8 亿亩。2013 年，国家林业局出台了第一部国家层面的湿地保护部门规章《湿地保护管理规定》。应该说，历时 5 年的湿地资源调查与同期湿地保护事业的发展，是休戚相关，相互促进的。

第二次全国湿地资源调查取得了丰硕成果。在全球范围内，我国率先完成了《湿地公约》倡导的国家湿地资源调查，首次科学、系统地查明了《湿地公约》所定义的我国湿地资源情况。建立了完整的全国湿地资源空间数据库和属性数据库，掌握了近 10 年来湿地资源动态变化情况，建立了稳定的湿地资源调查专业队伍和专家团队，形成了较为完整的湿地资源调查监测技术规范，完成了全国湿地资源总报告、分省报告和多个专题报告，编制了系列成果图。调查成果达到国际先进水平。

党的十八大对建设生态文明作出了全面部署，强调把生态文明建设放在突出地位，融入经济建设、政治建设、文化建设、社会建设各方面和全过程。在全国第二次湿地资源调查成果的基础上，系统编著形成了中国湿地资源系列图书，为新时期我国湿地保护事业奠定了坚实基础。希望本系列图书能够为我国湿地工作者在开展湿地研究、保护与合理利用工作时提供参考和借鉴。

中国科学院院士

2015 年 9 月

前　言

内蒙古自治区位于祖国北部边疆，横跨我国东北、华北和西北三大区。全区地域辽阔，东西长 2400 多公里，南北宽 1700 多公里，国土面积 118.3 万平方公里，约占我国国土面积的八分之一。全区湿地从东到西分布广泛，湿地总面积 601.06 万公顷，在全国名列第三位，主要有湖泊湿地、河流湿地、沼泽湿地、人工湿地。内蒙古自治区湿地总体上东部地区多于西部地区，中部、南部地区多于北部地区。其中，东部地区以森林沼泽、灌丛沼泽、草本沼泽及永久性淡湖湿地为主；中部以灌丛沼泽、草本沼泽湿地及人工湿地为主，西部以季节性河流或间歇性河流湿地和内陆盐沼及季节性咸水沼泽为主。在全区湿地中，天然湿地 587.88 万公顷，占湿地总面积的 97.81%；其中河流湿地 46.37 万公顷，占湿地总面积的 7.71%；湖泊湿地 56.62 万公顷，占湿地总面积的 9.42%；沼泽湿地 484.89 万公顷，占湿地总面积的 80.67%；人工湿地 13.18 万公顷，占湿地总面积的 2.19%。此外，据内蒙古自治区农牧业厅提供数据显示，内蒙古自治区还有水稻田 8.4 万公顷。

按照国家林业局的统一部署，内蒙古自治区作为第二批开展全国第二次湿地资源调查的 9 个省区之一，于 2010 年组织开展了全区湿地调查工作。2010 年 1 月，内蒙古自治区湿地资源调查工作全面启动，成立了内蒙古自治区湿地资源调查工作领导小组、领导小组办公室、专家技术委员会、各盟（市）湿地资源调查工作领导小组，调查任务由内蒙古自治区 3 个甲级规划院承担完成。

根据《全国湿地资源调查技术规程（试行）》《内蒙古自治区第二次湿地资源调查工作方案》和《内蒙古自治区第二次湿地资源调查实施细则》，2010 年 6 月举办了全区湿地资源调查培训班，全区从事湿地保护的业务骨干共 150 人参加了此次培训。培训结束后全区湿地资源外业调查全面展开，11 月外业调查结束转入内业汇总、调查报告编写工作。

本次调查湿地斑块 16155 块，重点调查样方 13218 个，有湿地 4 类 19 型。其中天然湿地有河流湿地、湖泊湿地、沼泽湿地 3 类 15 型；人工湿地有库塘、输水河、水产养殖场、盐田 4 型。本次调查表明，本区湿地类型多样，但类型分布不均，以沼泽湿地居多。同时，湿地分布地域性分布不均，呼伦贝尔市湿地面积最大。在河流湿地中，永久性河流和季节性河流分布较为明显，主要分布在呼伦贝尔市境内。湖泊湿地中，咸水湖占优势，主要分布在呼伦贝尔市和锡林郭勒盟。沼泽湿地面积较大，草本沼泽和季节性咸水沼泽面积较大，主要分布在呼伦贝尔市和锡林郭勒盟。

人工湿地以库塘为主，主要分布在呼伦贝尔市和阿拉善盟。湿地类按流域分布，松花江区湿地较多，海河区湿地分布较少。本区湿地生物资源富集，共有湿地高等植物463种，隶属93科213属，湿地植被可划分为5个植被型组，11个植被型，72个群系。湿地脊椎动物288种，隶属于6纲31目54科。其中，圆口纲1目1科1种，鱼纲9目16科100种，两栖纲2目5科8种，爬行纲2目2科6种，鸟纲11目21科141种，哺乳纲6目9科32种。

内蒙古自治区林业厅从2014年5月开始，邀请有关单位、部门的专家学者组成《中国湿地资源·内蒙古卷》编辑委员会。在总结分析全区第二次湿地资源调查成果的基础上，全面系统地介绍了内蒙古自治区湿地资源。本书的编写，多次组织省内外有关专家论证与指导，同时参阅了大量的文献资料，并进行了数次补充调查，最终完成了本书。《中国湿地资源·内蒙古卷》共分六章十六节，第一章 基本情况，主要论述了内蒙古自治区自然概况及社会经济状况；第二章 湿地类型，根据调查结果分析了本区湿地类型、分布规律及分布特点；第三章 湿地生物资源，对湿地动植物资源组成和特点及保护利用情况进行研究探讨；第四章 湿地资源利用，主要对湿地资源利用方式及其利用现状进行分析，探讨了湿地资源可持续利用前景；第五章 湿地资源评价，分析湿地生态状况、受威胁状况、资源变化及其原因；第六章 湿地保护与管理，分析了全区湿地资源保护与管理现状及存在的主要问题，并就今后湿地保护与管理，提出有针对性和建设性的对策。

内蒙古自治区通过本次湿地资源调查，基本摸清了全区湿地资源的分布、类型、数量以及主要生态特征和功能，完成了内蒙古自治区重点湿地野生植物资源调查、重点湿地野生动物资源调查、湿地自然保护区以及其他重点湿地保护与利用情况调查，编写了《内蒙古自治区第二次湿地资源调查报告》，建立了全区湿地资源信息库，编绘了全区湿地资源分布图。本书的完成是对内蒙古自治区湿地较为系统全面调查研究的成果，具有较高的学术和应用价值，为加大内蒙古湿地自然保护区、湿地公园建设力度提供科学依据，为加强湿地野生动植物资源保护和合理利用，提供了翔实的本底资料。同时，可提供湿地科学研究基础数据，作为国家湿地宏观政策制定及管理的科学依据，为全国湿地管理提供数据库和技术支持。

本次湿地资源调查采用的新技术、新方法，培养了一大批湿地资源保护管理人员与专业技术人才，锻炼了队伍，夯实了内蒙古自治区湿地保护工作基础，进一步提升了全区湿地保护与管理的水平。同时，本次调查也大规模地宣传了内蒙古自治区湿地保护工作的重要性，对今后湿地保护工作展开起到积极的促进作用。

《中国湿地资源·内蒙古卷》编辑委员会

2014年7月

目　录

第一章 基本情况

第一节 自然概况

1 地理位置及行政区划

内蒙古自治区位于祖国北部边疆，横跨我国东北、华北和西北三大区。北与俄罗斯和蒙古国交界，东与黑龙江、吉林、辽宁三省接壤，南与河北、山西、陕西省和宁夏回族自治区毗邻，西与甘肃省相连。全区地域辽阔，地理位置在东经97°41′~126°04′，北纬37°24′~53°23′之间，东西长2400多公里，南北宽1700多公里，土地总面积118.3万平方公里，约占我国国土面积的1/8。

内蒙古自治区辖呼和浩特市、包头市、乌海市、赤峰市、通辽市、呼伦贝尔市、兴安盟、锡林郭勒盟、乌兰察布市、鄂尔多斯市、巴彦淖尔市、阿拉善盟12盟市及101旗县(市、区)(表1-1)。自治区首府呼和浩特市。

表1-1 内蒙古自治区行政区划表

自治区辖盟市	旗县(市、区)
呼和浩特市	回民区、玉泉区、新城区、赛罕区、土默特左旗、托克托县、武川县、和林县、清水河县
包头市	东河区、昆都仑区、青山区、石拐区、白云矿区、九原区、高新区、土默特右旗、固阳县、达尔罕茂明安联合旗
乌海市	海勃湾区、海南区、乌达区
赤峰市	红山区、元宝山区、松山区、阿鲁科尔沁旗、巴林左旗、巴林右旗、林西县、克什克腾旗、翁牛特旗、喀喇沁旗、宁城县、敖汉旗
通辽市	科尔沁区、科尔沁左翼中旗、科尔沁左翼后旗、开鲁县、库伦旗、奈曼旗、扎鲁特旗 霍林郭勒市
鄂尔多斯市	东胜区、达拉特旗、准格尔旗、鄂托克前旗、鄂托克旗、杭锦旗、乌审旗、伊金霍洛旗
呼伦贝尔市	海拉尔区、阿荣旗、莫力达瓦达斡尔族自治旗、鄂伦春自治旗、鄂温克族自治旗、陈巴尔虎旗、新巴尔虎左旗、新巴尔虎右旗、满洲里市、牙克石市、扎兰屯市、额尔古纳市、根河市

（续）

自治区辖盟市	旗县(市、区)
巴彦淖尔市	临河区、五原县、磴口县、乌拉特前旗、乌拉特中旗、乌拉特后旗、杭锦后旗
乌兰察布市	集宁区、卓资县、化德县、商都县、兴和县、凉城县、察哈尔右翼前旗、察哈尔右翼中旗、察哈尔右翼后旗、四子王旗、丰镇市
兴安盟	乌兰浩特市、阿尔山市、科尔沁右翼前旗、科尔沁右翼中旗、扎赉特旗、突泉县
锡林郭勒盟	二连浩特市、锡林浩特市、阿巴嘎旗、苏尼特左旗、苏尼特右旗、东乌珠穆沁旗、西乌珠穆沁旗、太仆寺旗、镶黄旗、正镶白旗、正蓝旗、多伦县
阿拉善盟	阿拉善左旗、阿拉善右旗、额济纳旗

2 地质地貌

内蒙古的地貌类型以海拔1000米以上的高原为主，约占全部面积的1/2。其基本特征是：大兴安岭为东北—西南走向，斜行于内蒙古东部；阴山山脉为东西走向，横贯本区中部；北山山系呈西北—东南走向组成内蒙古的西南边墙。它们构成了内蒙古地貌的脊梁，把本区分成北部的内蒙古高原，东部的西辽河平原，南部的河套－呼和浩特平原和鄂尔多斯高原。贺兰山呈南北走向，延伸至阿拉善荒漠的东缘，把荒漠化草原和荒漠分开。

内蒙古高原是世界著名高原之一，也是中国四大高原之一。高原是本区最大的地貌类型，东西长约2000多公里，南北宽约540公里，平均海拔1000米以上，地势由南向北、从东到西缓缓倾斜。高原上无明显的高山深谷，地表起伏不大，和缓的岗阜和宽展的“塔拉”(平坦地草地)相间，构成了以波状地形为主的高原。内蒙古高原按其地貌组合特点，又可分为呼伦贝尔高原、锡林郭勒高原、乌兰察布高原和巴彦淖尔、阿拉善及鄂尔多斯高原四部分。呼伦贝尔高原四周被丘陵和低山环绕，实为一个较大的浅盆地，中部为波状起伏的大草原，河流自周缘山地向中央汇集；锡林郭勒高原呈波状起伏，沿中蒙边界一带为干燥的剥蚀的低山丘陵；乌兰察布高原呈层状，有2～3个剥蚀面，北部有垄状丘陵、岛状残丘和洼地，南部为极为发育的干沟和旱谷；鄂尔多斯高原从西北向东南微微倾斜，阿拉善高原的地貌特征为有许多干燥剥蚀丘陵，把高原分割成许多大小不同的内陆盆地，风化现象严重，流沙、砾石和碎石戈壁极为广泛，此外，在没有流动砾石和碎石的低地，则为盐湖和盐湿荒漠。

在内蒙古高原上沙地和沙漠分布面积很广，两者的分布界线大致和典型草原、荒漠草原之间的界线吻合，界线以东以沙地为主，以西以沙漠为主。主要沙地有锡林郭勒高原南部的浑善达克沙地，乌珠穆沁沙地，呼伦贝尔高原的呼伦贝尔沙地，赤峰、通辽的科尔沁沙地以及鄂尔多斯南部的毛乌素沙地。沙漠在风力作用下，从西向东南，从国境线向内地，呈有规则的带状分布，依次为碎石质戈壁、沙砾质戈壁和沙漠。从呼伦贝尔高原东缘，经锡林郭勒高原和乌兰察布高原的南缘丘坡地，存在一条伏沙带，在植被遭到破坏的情况下，极易受风蚀而沙化。

大兴安岭以东北—西南向斜贯于内蒙古东部，北起黑龙江右岸的漠河，向南止于西拉木伦河上游一带。南北长约1400公里，宽度自北而南逐渐缩小。平均在200～400公里之间，一般海拔1100～1500米。主要由中山、低山、丘陵、山间盆地和冲积－洪积滩地等组成。山顶浑圆、东坡陡峻、西坡较缓，形成不对称山形。东坡处于季风的迎风面，雨量丰富，河流稠密；西坡处于背风面，降水少，河流稀少。以洮儿河为界，大致可分为南北两段，北段属寒温带，气候寒冷，南段为中温带。阴山山地呈东西走向，横绵本区中部。西起狼山，向东在克什克腾和多伦境内同大兴安岭相接。东西绵延1000余公里，南北宽50～100公里，海拔1400～2000米，少数山峰达2000米以上，最高点为狼山西部的呼和巴什格(海拔2364米)。阴山山地北坡平缓，逐渐过渡到内蒙古高原。南坡由于断陷作用，山势急趋直下，陡峭如壁，相对高度一般在400～600米之间，最大高度差可达1000米以上。从西到东，阴山山脉可分成三段：西段为狼山、色尔腾山；中段为乌拉山和大青山；卓资山以东为东段，脉络不清，地势起伏甚小，在凉城、集宁、卓资一带形成平台状丘陵和台间湖泊盆地。贺兰山为南北走向，是一条久经干燥剥蚀、岩石裸露的山脉，长约250公里，宽20～40公里，海拔2000～3500米，东西坡也呈不平衡的对称。东坡陡峭、西坡平缓，成为荒漠草原和荒漠的分界线。

鄂尔多斯高原呈台状，黄河从东、并西三面环绕，南部与晋、陕黄土高原相接，平均海拔1100～1500米，总趋势是由西北向东南降低。地面起伏和缓，以干燥剥蚀为主，河流短小稀少。在达拉特旗—东胜—乌审旗一线以东，地貌以流水侵蚀为主，黄河支流较多，属温暖型典型草原。西部属内陆流域，地表水稀少，湖泊、沙丘甚多，干燥剥蚀作用占优势。在鄂尔多斯高原的东南部和西北部分布有毛乌素沙地和库布齐沙漠。

河套－土默特平原介于阴山山地和鄂尔多斯高原之间，西起巴彦高勒镇，东抵蛮汗山，为湖积－冲积平原。地势平坦，海拔约900～1100米之间。按地貌特征和习惯叫法，又可以西山嘴为界把它分成河套平原和呼和浩特平原。西辽河－嫩江西岸平原为松辽平原的西缘，位于大兴安岭东侧，南至赤峰南部山地，北抵嫩江支流古里河。地势西高东低，海拔120～180米。地表分割比较破碎，南部有黄土丘陵台地，水土流失严重，中部为西辽河平原，地表平坦，沿河两岸有宽阔的河漫滩和沼泽湿地等。

3 气 候

内蒙古位于中纬度地区，疆域广阔，除东部离海较近处于季风区北缘外，大部分地区深处内陆。西部处于青藏高原等高大山系的雨影区，中部受极地大陆气团和局部干旱区的干燥大陆气团控制形成干旱和半干旱的大陆性气候，东部属东南亚季风气候，夏季温和潮湿，冬季干旱。东南季风影响微弱，西风环流终年在上空活动，因此本区具有由海洋性过渡到大陆性，并以后者为主的气候特点，使本区成为由湿润、半湿润向干旱过渡的地区。冬春干旱，只有被季风控制的时期，雨季就来到。每年夏季(6～8月)北太平洋海洋气团从东南向进入内蒙古地区，与来自北方的冷空气相遇，即产生锋面降水，这个过程以7～8月份最盛。一些地区由于受地形抬高作用，降水强度和降水量都有所增加。有时对流强烈，可发生雷雨并带有冰雹。9月以后，被季风所破坏的蒙古高压逐渐恢复，偏西风和偏北风成为优势，极地大陆气团重新控制本区。在冬季，全区完全为强大的蒙古高压所控制，全境盛行西北风，每当寒潮冷风过境常带来6～8级大风。因极地大陆气团禀性干燥，故冬季少雪，仅部分地区有暴雪出现。

内蒙古的水热分布不平衡，受到地形地势的影响很大。大兴安岭－阴山山脉不仅是内蒙古的地貌“脊梁”，而且也是水热再分配的制导因素。二者的结合，使东部降水多于西部，山前多于山后。东部年降水量在500毫米左右；阴山山南和鄂尔多斯东部，降水量350～450毫米；大兴安岭以西和阴山以北只有250～350毫米；而乌兰察布高原以西少于250毫米，甚至在100毫米以下。但是热量和蒸发量的分布趋势恰恰相反，由东部向西南逐步增加：日照由60%以下递增到70%～75%，年均温由－5℃递增到7～9℃，≥10℃的积温由1400℃递增到3200～3800℃，蒸发量也由1000毫米递增至3000毫米以上。所有这些因素交错组合，形成热量多的地区水分少、蒸发强，热量少的地区反而水分多、蒸发弱，从而造成了干旱程度自东向西依次增强的趋势。

4 水 文

内蒙古自治区河流分外流水系和内陆水系。大兴安岭、阴山、龙首山、合黎山等山地为内、外流水系的主要分水岭。山地南侧与东侧为外流水系，主要有黄河、海河、滦河、西辽河、嫩江、额尔古纳河等。流域面积约69.9万平方公里，占全区面积近59%，主要汇入鄂霍次克海和渤海。山地北侧为内陆水系，主要有乌拉盖河、昌都河、塔布河、艾不盖河、额济纳河等，流域面积约48.4万平方公里，占全区面积约41%。一般上游地段河床相对稳定，下游流入高原，地形开阔，河床多变，最后以片流失散于洼地或流入大小湖泊。湖泊星罗棋布，有上千余个，主要分布于西辽河平原、内蒙古北部高原、鄂尔多斯高原、阿拉善高原。可分为淡水湖、微咸水湖和咸水湖。水面面积大于100平方公里的天然湖泊有呼伦湖、贝尔湖、达来诺尔、乌梁素海、岱海、黄旗海、查干诺尔、居延海。

5 土 壤

全区土壤按地带分布，由东北向西依次为黑土—黑钙土—栗钙土—棕钙土—灰棕漠土。

黑土主要分布在大兴安岭东麓山前丘陵地区，土层深厚，团粒结构良好；黑钙土主要分布在大兴安岭西麓、呼伦贝尔高原的北部和东部以及大兴安岭山地和阴山山地；栗钙土从呼伦贝尔高平原西部边缘，经锡林郭勒中、西部，延伸至鄂尔多斯高平原中部，为我区分布最广的土类之一，棕钙土主要分布在内蒙古高平原的中、西部以及鄂尔多斯高平原的西部；灰棕漠土分布在阿拉善高平原。

大兴安岭北部山地分布，东坡自下而上依次为黑土—暗棕壤—山地棕色针叶林土，西坡为黑钙土—淋溶黑钙土—灰色森林土—山地棕色针叶林土。阴山山地中段（大青山）自下而上为栗钙土—灰褐土—淋溶灰褐土—山地黑钙土。贺兰山西坡自下而上为淡栗钙土—山地栗钙土—灰褐土—淋溶灰褐土—山地黑钙土。

非地带性土壤有灌淤土、风沙土、草甸土、沼泽土、盐碱土等，多镶嵌于各地带性土类中。灌淤土在黄河灌区多见，风沙土则广布全区。

6 动植物概况

6.1 自然植被状况

内蒙古自治区的植被分布情况主要有森林植被、森林草原植被、典型草原植被、荒漠草原植被和荒漠植被。

6.1.1 森林植被

主要分布于大兴安岭山地北段，处于季风区北缘，是湿润向半湿润的过渡地区。冬季多霜，9 月下旬降初雪，冬季漫长，土壤冻结期达 7 个月，阴坡普通出现岛状永久冻层。主要植被为寒湿带针叶林，优势种为兴安落叶松、樟子松，次生林有黑桦、白桦、山杨、蒙古栎，灌木林有高山桧、平榛等。

6.1.2 森林草原植被

为森林向草原的过渡带，主要分布于大兴安岭西麓低山丘陵和南段山地。森林呈岛状分布于本区东部，以白桦次生林为主，沿河边的草原沙地上，散生着疏林状的樟子松。西部呈现单一的草原景观，代表种有线叶菊、贝加尔针茅、羊草、薹草、鸢尾等植物。

6.1.3 典型草原植被

分布于森林草原带以西，本地带的植物以典型旱生种类为主，尤其是旱生性牧草占绝对优势，有大针茅、克氏针茅、糙隐子草、冷蒿、百里香、锦鸡儿等。

6.1.4 荒漠草原植被

位于乌兰察布高原以西，鄂尔多斯高原西部介于典型草原和荒漠之间。其西线大致由乌拉特后旗斜向西南，经过狼山西端到达贺兰山。主要植被有戈壁针茅、沙生针茅、石生针茅、冷蒿 、柠条、锦鸡儿、三裂亚菊、油蒿等。

6.1.5 荒漠植被

位于内蒙古的最西部，是亚洲中部荒漠的最东南部。植被中的建群种主要以超旱生的灌木、半灌木组成，种类有红砂、优若藜、梭梭、绵刺、沙冬青、藏锦鸡儿等荒漠植物和盐爪爪、白刺、柽柳等盐生植物。

6.2 野生动物资源概况

根据内蒙古自治区第一次陆生野生动物资源调查结果显示，全区有两栖动物 8 种，爬行动物 27 种，鸟类 442 种，兽类 136 种，国家重点保护动物 116 种。

第二节 社会经济状况

1 人口和民族

2009 年年末内蒙古自治区总人口数达到 2422.1 万人。全区每平方公里人口数达到 20 人。

内蒙古自治区人口以汉族为主，占全区的 78.33%。少数民族人口数量约有 540.61 万人，其中蒙古族人口最多，约占少数民族人口总数的 81.85%。

2 经济发展及工农业生产情况

据《内蒙古统计年鉴 2010》，2009 年内蒙古自治区生产总值达 9725.78 亿元，比上年增长

16.49%。其中，第一、二、三产业增加值分别是929.02亿元、5101.39亿元、3695.37亿元，分别增长2.3%、21.4%和15%。人均生产总值40225元。地方财政总收入达到1378.12亿元，比一年增长24.5%。

工业生产保持增长。规模大的工业企业完成增加值4400.45亿元，比上年增长24.2%。在规模以上工业中，轻、重工业增加值分别是795.83亿元、3604.62亿元，分别增长21.8%和24.7%。国有工业增加值1187.31亿元，增长13.1%；集体工业增加值6.47亿元，增长31.3%；股份制企业增加值449.49亿元，增长26.2%；外商及港澳台投资工业增加值254.76亿元，增长24.6%。

农、林、牧、渔业发展良好。全年总产值达1570.58亿元，比上年增加44.85亿元，增长2.94%。其中农业全年总产值达731.90亿元，比上年增加15.29亿元，增长2.13%；林业全年总产值达78.25亿元，比上年增加5.53亿元，增长7.60%；畜牧业全年总产值达721.44亿元，比上年增加21.81亿元，增长3.02%；渔业全年总产值达12.71亿元，比上年增加0.93亿元，增长7.9%。

第二章 湿地类型

第一节 湿地类型与面积

内蒙古自治区湿地类型多样，有河流湿地、湖泊湿地、沼泽湿地和人工湿地 4 类 19 型(图 2-1)。湿地总面积 601.06 万公顷。其中，天然湿地 587.88 万公顷，占湿地总面积 97.81%；人工湿地 13.18 万公顷，占湿地总面积 2.19%。根据内蒙古自治区农牧业厅提供的数据显示，有水稻田湿地类型面积 8.4 万公顷。

从湿地类分析，有河流湿地 46.37 万公顷，占湿地总面积 7.71%；湖泊湿地 56.62 万公顷，占湿地总面积 9.42%；沼泽湿地 484.89 万公顷，占湿地总面积 80.67%；人工湿地 13.18 万公顷，占湿地总面积的 2.19%(表 2-1、图 2-2)。

表 2-1 内蒙古湿地面积表

湿地类	湿地型	面积(公顷)	湿地型比例(%)	湿地类面积(公顷)	湿地类比例(%)
河流湿地	永久性河流	244271.57	4.06	463705.14	7.71
	季节性或间歇性河流	187467.62	3.12		
	洪泛平原湿地	31965.95	0.53		
湖泊湿地	永久性淡水湖	100858.37	1.68	566218.79	9.42
	永久性咸水湖	250628.45	4.17		
	季节性淡水湖	19830.80	0.33		
	季节性咸水湖	194901.17	3.24		
沼泽湿地	藓类沼泽	352.15	0.01	4848896.24	80.67
	草本沼泽	1999170.31	33.26		
	灌丛沼泽	202838.59	3.37		
	森林沼泽	573390.68	9.54		
	内陆盐沼	524282.17	8.72		
	季节性咸水沼泽	923042.51	15.36		
	沼泽化草甸	623472.76	10.37		
	地热湿地	2347.07	0.04		
人工湿地	库塘	77456.64	1.29	131770.00	2.19
	运河/输水河	21958.46	0.37		
	水产养殖场	4118.99	0.07		
	盐田	28235.91	0.47		
合计				6010590.17	100

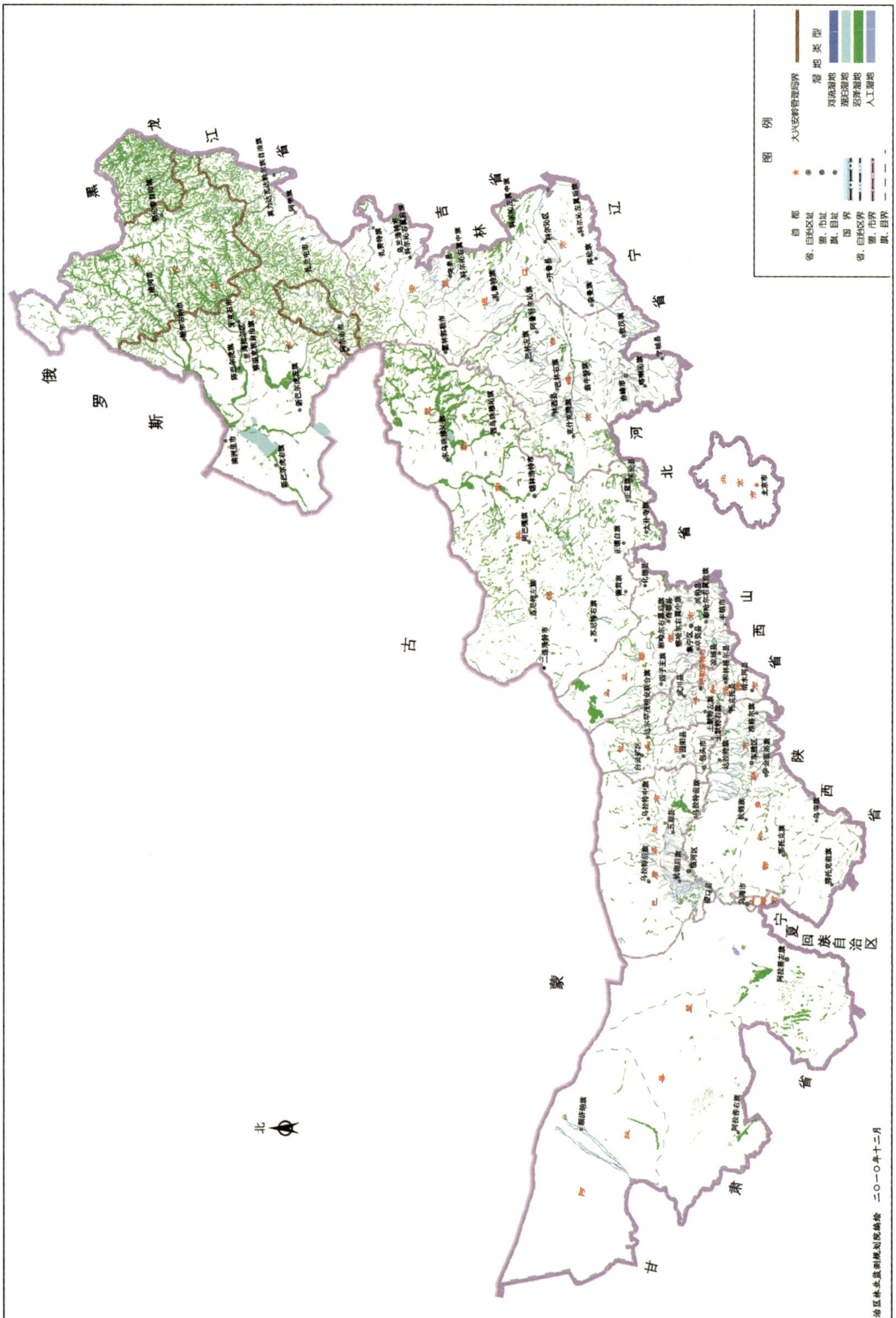

图 2-1 内蒙古湿地分布图

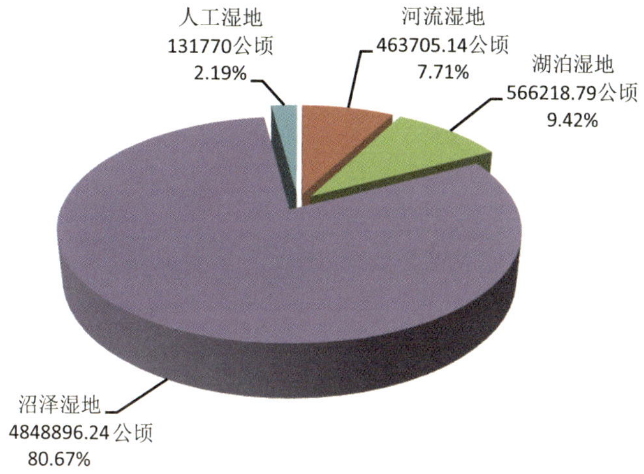

图 **2-2** 内蒙古湿地类面积比例图

从湿地型分析，在河流湿地中，有永久性河流 24.43 万公顷、季节性河流 18.75 万公顷、洪泛平原湿地 3.20 万公顷；在湖泊湿地中，永久性淡水湖 10.09 万公顷、永久性咸水湖 25.06 万公顷、季节性淡水湖 1.98 万公顷、季节性咸水湖 19.49 万公顷；在沼泽湿地中，藓类沼泽 0.04 万公顷、草本沼泽 199.92 万公顷、灌丛沼泽 20.28 万公顷、森林沼泽 57.34 万公顷、内陆盐沼 52.43 万公顷、季节性咸水沼泽 92.30 万公顷、沼泽化草甸 62.35 万公顷、地热湿地总面积 0.23 万公顷；在人工湿地中，库塘 7.75 万公顷、运河/输水河 2.20 万公顷、水产养殖场 0.41 万公顷、盐田 2.82 万公顷(表 2-1)。

第二节
湿地的分布规律

1 各湿地区湿地类型与面积

根据《全国湿地资源调查技术规程(试行)》要求，全区划为 181 个湿地区。其中，单独区划湿地区 87 块，零星区划湿地区 94 个(内蒙古自治区共计 101 个旗县，其中 7 个旗县没有区划县域湿地区)。

在单独区划的湿地区中，湿地面积最大是嫩江源头湿地区，诺敏河湿地区次之，第三为内蒙古达赉湖国家级自然保护区湿地区。

河流湿地面积最大的湿地区为黄河湿地区和西拉木伦河湿地区；湖泊湿地主要集中在内蒙古达赉湖国家级自然保护区、乌拉盖湿地区、内蒙古达里诺尔国家级自然保护区等湿地区；沼泽湿地主要集中于嫩江源头湿地区、诺敏河湿地区、根河湿地区、激流河湿地区中；人工湿地分布在各湿地区中，其中尼尔基水库湿地区面积最大(表 2-2)。

表 2-2 内蒙古各湿地区湿地面积统计表(公顷)

湿地类 湿地区	合 计	河流湿地	湖泊湿地	沼泽湿地	人工湿地
合 计	6010590.17	463705.14	566218.79	4848896.24	131770
单独区划的湿地区	4025675.13	253616.87	427824.24	3268435.64	75798.38
阿巴河单独区划湿地区	13045.50	1221.49		11824.01	
阿尔山自然保护区湿地区	11416.31	55.92	884.59	10475.80	
阿伦河	33546.17	1583.41		31314.67	648.09
阿木牛河	18815.49	586.33		18229.16	
艾不盖河和腾格淖尔湿地	28514.27	3953.94	2977.91	21395.25	187.17
保安河	3634.34			3634.34	
柴河	10993.36	273.24		10720.12	
绰尔河	82082.74	8584.83	134.82	69995.21	3367.88
大雁河单独区划湿地区	155525.21	1449.9		154075.31	
得尔布耳河	58357.71	853.47		57504.24	
多布库尔河单独区划湿地区	33889.27	1949.02	214.94	31639.82	85.49
多伦大河口湿地	9888.21	276.78	17.97	8060.00	1533.46
额尔古纳河	90610.08	3849.04	5913.40	80847.64	
额尔古纳自然保护区湿地区	8748.02	2193.15	11.22	6543.65	
额根河	3240.59	75.07		3165.52	
甘河	210451.68	8728.71	301.36	201145.15	276.46
格尼河	47329.06	1662.71		45528.37	137.98
根河	195441.63	4447.15		190994.48	
固里河	8333.65	28.17		8305.48	
归流河	23440.97	784.33		22349.76	306.88
哈布气河	7019.10	175.55		6843.55	
哈拉哈河	19952.57	426.51	150.49	19375.57	
哈乌尔河	12827.74			12827.74	
海拉尔河	126360.02	8417.81	1500.29	115860.56	581.36
呼日查干淖尔和恩格尔河湿地自然保护区	40991.59		17550.95	23440.64	
桦木沟和乌兰布统湿地	18584.91	34.44	80.40	18470.07	
黄河湿地	68704.04	47586.05	1963.78	18125.22	1028.99
辉腾河和高格斯台河	34034.52	873.8	3267.97	29864.76	27.99
浑善达克沙地湿地	45107.45	237.02	12172.21	32698.22	
霍林河	28048.61	9882.29	1391.74	15186.89	1587.69
激流河单独区划湿地区	217839.68	5384.25	82.38	212373.05	
吉尔布干河	2262.07	60.21		2201.86	
吉兰泰盐湖	13268.15				13268.15
吉仁郭勒湿地	42039.45	378.84	1378.21	40282.40	
蛟流河	5741.10	3191.19	68.12	1069.62	1412.17
教来河	13591.43	6984.72	29.27	2263.68	4313.76

（续）

湿地类 / 湿地区	合　计	河流湿地	湖泊湿地	沼泽湿地	人工湿地
居延海	5881.87	25.74	3466.20	2389.93	
科尔沁沙地湿地	18513.04	1982.18	10252.04	5137.55	1141.27
库力河	4159.31			4159.31	
老哈河	7377.95	4280.78		167.07	2930.10
六台河湿地	13286.18	728.35	2209.47	10171.71	176.65
毛乌素沙地湿地	36521.96	1027.86	21023.33	13603.99	866.78
免渡河	95483.46	1691.14	11.78	93511.12	269.42
莫尔道嘎河单独区划湿地区	17252.14	357.01		16895.13	
莫尔格勒河和呼和诺尔湿地	58556.87	506.86	2864.51	55058.36	127.14
内蒙古阿鲁科尔沁国家级自然保护区	23327.98	3017.99	2493.68	17796.94	19.37
内蒙古巴丹吉林沙漠湖泊自然保护区	5836.22		2240.85	3595.37	
内蒙古白音库伦自治区级自然保护区	3649.72		880.97	2768.75	
内蒙古达赉湖国家级自然保护区	283746.94	829.71	224442.36	58164.30	310.57
内蒙古达里诺尔国家级自然保护区	38536.07	308.46	22209.06	16018.55	
内蒙古岱海自治区级自然保护区	10220.85	92.41	7929.64	2121.85	76.95
内蒙古都斯图河自治区级自然保护区	4694.02	525.10	621.50	3492.16	55.26
内蒙古额尔古纳湿地自治区级自然保护区	45876.37	1409.06	15.84	44451.47	
内蒙古哈素海自治区级自然保护区	4161.54		1494.34	1534.75	1132.45
内蒙古杭锦淖尔自治区级自然保护区	23247.52	11028.73	676.09	10938.22	604.48
内蒙古荷叶花湿地水禽自治区级自然保护区	6894.22	548.08	668.38	5677.76	
内蒙古黄旗海自治区级自然保护区	13896.69	323.04	6145.65	7247.62	180.38
内蒙古潢源自然保护区	190.22	39.46			150.76
内蒙古辉河国家级自然保护区	109335.49	249.67	4272.10	104253.26	560.46
内蒙古科尔沁国家级自然保护区	18047.04	155.59	554.82	17336.63	

（续）

湿地区 \ 湿地类	合 计	河流湿地	湖泊湿地	沼泽湿地	人工湿地
内蒙古南海子自治区级自然保护区	1264.56		352.11	912.45	
内蒙古松树山自然保护区	2910.18	349.92	478.28	1977.00	104.98
内蒙古图牧吉国家级自然保护区	21585.66		2516.14	16722.86	2346.66
内蒙古乌力呼舒自然保护区	14591.08	57.30	675.54	13858.24	
内蒙古乌梁素海自治区级自然保护区	40658.23	12.44	10557.66	30046.68	41.45
那都里河单独区划湿地区	2726.59	51.99		2674.60	
嫩江源头湿地区	418518.31	8355.59	166.23	409960.01	36.48
尼尔基水库	39173.09	823.45		20365.01	17984.63
诺敏河	254507.69	15772.32	550.44	237765.01	419.92
欧肯河	19275.57	648.34	38.83	18588.40	
洮尔河	35261.25	4552.72		25733.89	4974.64
特尼河	12705.90	174.06	31.00	12500.84	
天鹅湖自然保护区	1151.52		703.55	447.97	
卧牛河	5900.40			5714.02	186.38
乌尔根河	1736.56			1736.56	
乌拉盖湿地	239492.34	106.09	42028.67	197357.58	
乌力吉沐伦河湿地	3855.24	3750.27		104.97	
乌玛自然保护区湿地区	14793.67	3849.14		10944.53	
乌耶勒格其河	1222.78			1222.78	
务大哈气河	1399.99	24.46		1375.53	
西拉木伦河	65191.34	28466.6	3711	30004.87	3008.87
西辽河湿地	21336.79	17078.99	93.63	153.87	4010.3
锡林河湿地	41130.31	11.27	92.01	40692.12	334.91
新开河湿地	33048.08	7124.27	550.63	22742.54	2630.64
雅鲁河	45290.36	3553.51		41667.37	69.48
伊敏河	88775.99	3173.49	713.89	82908.47	1980.14
音河	5801.29	364.09		5133.86	303.34
县域为单位区划的湿地区	1984915.04	210088.27	138394.55	1580460.60	55971.62
呼和浩特市	27057.80	14629.80	625.59	7661.54	4140.87
和林格尔县	4530.74	3069.38	9.10	953.29	498.97
回民区	113.03	102.56			10.47
清水河县	3305.59	3033.96	11.37	27.46	232.80
赛罕区	1624.98	1490.51			134.47
土默特左旗	3223.98	1187.60		472.80	1563.58
托克托县	8709.22	696.57	581.27	6140.93	1290.45

（续）

湿地类 湿地区	合　计	河流湿地	湖泊湿地	沼泽湿地	人工湿地
武川县	4435.12	4178.97	23.85	67.06	165.24
新城区	418.45	418.45			
玉泉区	696.69	451.80			244.89
包头市	50064.48	17525.37	2742.08	26350.35	3446.68
白云矿区	4162.58	3602.84	96.37	463.37	
达尔罕茂明安联合旗	29224.12	6465.64	2219.06	20457.71	81.71
东河区	738.34	117.07	51.60	150.67	419.00
固阳县	4605.21	3526.54	84.37	893.06	101.24
九原区	3013.67	311.77	143.98	2033.23	524.69
昆都仑区	1077.84	418.77		84.47	574.60
石拐区	258.60	258.60			
土默特右旗	6984.12	2824.14	146.70	2267.84	1745.44
呼伦贝尔市	163471.74	6060.82	14398.96	142701.64	310.32
陈巴尔虎旗	1992.00		601.91	1390.09	
鄂伦春自治旗	2487.06			2487.06	
鄂温克族自治旗	10383.21	37.09	12.83	10333.29	
满洲里市	612.76		141.4	396.41	74.95
莫力达瓦达斡尔族自治旗	7806.59	1752.49		5956.71	97.39
新巴尔虎右旗	50196.14	1144.82	7465.96	41447.38	137.98
新巴尔虎左旗	54947.26	238.03	6176.86	48532.37	
扎兰屯市	35046.72	2888.39		32158.33	
兴安盟	55211.29	3391.62	2685.24	47849.1	1285.33
阿尔山市	8236.03	158.18		8077.85	
科尔沁右翼前旗	8546.43	269.67		8082.09	194.67
科尔沁右翼中旗	21317.19	812.40	661.84	19277.36	565.59
突泉县	8783.02	657.51	1447.21	6505.3	173.00
乌兰浩特市	710.89		352.46	31.17	327.26
扎赉特旗	7617.73	1493.86	223.73	5875.33	24.81
通辽市	94444.69	12215.10	3974.71	73823.12	4431.76
开鲁县	1338.22	197.46	184.46	691.50	264.80
科尔沁区	1416.62	124.46	74.94	424.75	792.47
科尔沁左翼后旗	321.67	9.17	151.23	135.95	25.32
科尔沁左翼中旗	71002.92	334.49	2029.01	67021.22	1618.20
库伦旗	4281.47	3458.49		8.50	814.48
奈曼旗	2231.11	1692.39	24.91	348.13	165.68
扎鲁特旗	13852.68	6398.64	1510.16	5193.07	750.81
赤峰市	130948.70	43580.70	2420.13	81263.99	3683.88
阿鲁科尔沁旗	36234.79	9038.50	906.00	25554.92	735.37
敖汉旗	3869.19	3125.58		405.53	338.08

（续）

湿地区＼湿地类	合计	河流湿地	湖泊湿地	沼泽湿地	人工湿地
巴林右旗	10718.05	6249.38	129.36	4034.34	304.97
巴林左旗	5887.75	5099.93	86.88	94.15	606.79
红山区	226.61	226.61			
喀喇沁旗	3255.62	3065.32		112.58	77.72
克什克腾旗	49759.79	2676.48	690.41	46172.53	220.37
林西县	5576.85	3634.50		1807.72	134.63
宁城县	2688.78	2173.39			515.39
松山区	5881.19	5663.09		14.52	203.58
翁牛特旗	6256.35	2034.19	607.48	3067.70	546.98
元宝山区	593.73	593.73			
锡林郭勒盟	805321.24	11087.87	63604.91	725052.00	5576.46
阿巴嘎旗	89571.00	18.98	1962.32	87589.70	
东乌珠穆沁旗	325162.80	804.61	7589.58	314788.90	1979.71
多伦县	17002.56	542.35	137.08	16304.86	18.27
二连浩特市	8691.98	11.46	591.43	6599.37	1489.72
太仆寺旗	21709.13		8001.89	13707.24	
西乌珠穆沁旗	137418.49	517.96	4641.08	132014.95	244.50
锡林浩特市	54714.36		1964.66	52718.96	30.74
镶黄旗	4401.99	83.57	2611.06	1609.16	98.20
苏尼特右旗	52840.95	4165.32	16610.44	30428.26	1636.93
苏尼特左旗	79738.87	4646.50	17490.11	57592.26	10.00
正蓝旗	10197.60		192.03	9955.08	50.49
正镶白旗	3871.51	297.12	1813.23	1743.26	17.90
乌兰察布市	206902.34	22207.45	11031.89	172482.67	1180.33
集宁区	247.05	159.46			87.59
察哈尔右翼后旗	8404.27	675.35	845.39	6793.25	90.28
察哈尔右翼前旗	2126.59	700.60	231.82	1170.60	23.57
察哈尔右翼中旗	9533.66	1093.11	221.32	8219.23	
丰镇市	2651.35	2009.85	58.86	414.60	168.04
化德县	830.72	123.87	304.86	378.01	23.98
凉城县	3982.80	3486.43		346.76	149.61
商都县	10876.72	100.64	3351.59	7424.49	
四子王旗	159368.64	8961.29	5766.65	144508.89	131.81
兴和县	6257.59	2531.44	74.25	3184.03	467.87
卓资县	2622.95	2365.41	177.15	42.81	37.58
鄂尔多斯市	114175.07	39302.31	11722.7	52899.39	10250.67
达拉特旗	21294.58	13626.22	209.99	6541.58	916.79
东胜区	6513.15	3523.59	317.46	2391.99	280.11
鄂托克旗	16559.04	6783.13	966.39	8743.89	65.63

（续）

湿地类 / 湿地区	合　计	河流湿地	湖泊湿地	沼泽湿地	人工湿地
鄂托克前旗	17426.46	43.33	7144.65	9520.16	718.32
杭锦旗	31686.32	4693.96	1372.43	20323.36	5296.57
乌审旗	5504.94	1019.79	143.03	2875.02	1467.10
伊金霍洛旗	7723.96	3228.47	1568.75	2133.05	793.69
准格尔旗	7466.62	6383.82		370.34	712.46
巴彦淖尔市	97910.09	23873.56	5361.78	53911.30	14763.45
磴口县	12046.32	85.20	2401.12	8370.80	1189.20
杭锦后旗	6401.45		482.24	3516.50	2402.71
临河区	4844.26	9.84	690.50	254.58	3889.34
乌拉特后旗	27296.39	12992.99	78.03	14060.47	164.90
乌拉特前旗	13132.62	3041.47	274.35	7783.04	2033.76
乌拉特中旗	28184.23	7597.85	251.02	18698.10	1637.26
五原县	6004.82	146.21	1184.52	1227.81	3446.28
乌海市	1759.54	556.00	103.66	778.43	321.45
海勃湾区	79.94	48.95			30.99
海南区	1562.21	507.05	103.66	778.43	173.07
乌达区	117.39				117.39
阿拉善盟	237648.06	15657.67	19722.90	195687.07	6580.42
阿拉善右旗	33957.34	128.62	5604.34	26543.01	1681.37
阿拉善左旗	164917.08	2601.94	10190.02	148295.29	3829.83
额济纳旗	38773.64	12927.11	3928.54	20848.77	1069.22

2　各流域湿地类型与面积

根据水利部全国一、二、三级流域分类规定，内蒙古自治区涉及 5 个一级流域、13 个二级流域、26 个三级流域(表 2-3、图 2-3)。

表 2-3　内蒙古各流域湿地面积统计表(公顷)

一级流域	二级流域	三级流域	河流湿地	湖泊湿地	沼泽湿地	人工湿地	总计
海河区	合　计		5289.47	454.15	48959.80	2203.71	56907.13
	海河北系	永定河册田水库至三家店区间	2791.69	74.25	3050.58	433.45	6349.97
		永定河册田水库以上	1492.50	58.86	414.60	168.04	2134.00
		小　计	4284.19	133.11	3465.18	601.49	8483.97
	滦河及冀东沿海	滦河山区	1005.28	321.04	45494.62	1602.22	48423.16
		小　计	1005.28	321.04	45494.62	1602.22	48423.16

（续）

一级流域	二级流域	三级流域	河流湿地	湖泊湿地	沼泽湿地	人工湿地	总计
黄河区	小计		137914.23	54928.79	178147.71	36645.08	407635.81
	河口镇至龙门	河口镇至龙门左岸	7060.05	368.12	2123.30	856.38	10407.85
		吴堡以上右岸	11050.43	372.91	1187.90	1629.76	14241.00
		吴堡以下右岸	1019.79	930.02	2728.51	1149.42	5827.74
		小计	19130.27	1671.05	6039.71	3635.56	30476.59
	兰州至河口镇	石嘴山至河口镇北岸	47591.05	19431.29	88421.77	22933.56	178377.67
		石嘴山至河口镇南岸	61020.02	2023.33	27108.76	2512.90	92665.01
		下河沿至石嘴山	3261.64	2263.03	13408.40	120.89	19053.96
		小计	111872.71	23717.65	128938.93	25567.35	290096.64
	内流区	内流区	6911.25	29540.09	43169.07	7442.17	87062.58
		小计	6911.25	29540.09	43169.07	7442.17	87062.58
辽河区	合计		129228.67	25847.19	250083.99	26775.71	431935.56
	东北沿黄渤海诸河	沿渤海西部诸河	3175.59		24.88	146.99	3347.46
		小计	3175.59		24.88	146.99	3347.46
	东辽河	东辽河	730.07				730.07
		小计	730.07				730.07
	辽河干流	柳河口以上	3947.06	1696.07	1074.46	1218.96	7936.55
		小计	3947.06	1696.07	1074.46	1218.96	7936.55
	西辽河	乌力吉木伦河	28221.01	8186.70	136034.22	3726.3	176168.23
		西拉木伦河及老哈河	61263.34	5599.21	67427.08	8210.63	142500.26
		西辽河下游	31891.60	10365.21	45523.35	13472.83	101252.99
		小计	121375.95	24151.12	248984.65	25409.76	419921.48
松花江区	合计		121444.22	263292.88	2806177.90	38998.52	3229913.52
	额尔古纳河	海拉尔河	15656.77	15676.14	670909.78	3238.18	705480.87
		呼伦湖水系	2896.42	234336.53	156362.05	990.22	394585.22
		额尔古纳干流区间	23699.04	5280.14	656664.98		685644.16
		小计	42252.23	255292.81	1483936.81	4228.40	1785710.25
	嫩江	尼尔基至江桥	28813.87	123.06	261032.78	4918.95	294888.66
		江桥以下	20413.13	6593.45	115692.14	11370.72	154069.44
		尼尔基以上	29964.99	1283.56	945516.17	18480.45	995245.17
		小计	79191.99	8000.07	1322241.09	34770.12	1444203.27
西北诸河区	合计		69828.55	221695.78	1565526.84	27146.98	1884198.15
	河西走廊内陆河	河西荒漠区	2745.13	17973.88	178962.91	18730.26	218412.18
		黑河	12952.85	7394.74	22515.76	1069.22	43932.57
		小计	15697.98	25368.62	201478.67	19799.48	262344.75
	内蒙古高原内陆河	内蒙古高原东部	12971.15	163032.95	1111284.94	6090.97	1293380.01
		内蒙古高原西部	41159.42	33294.21	252763.23	1256.53	328473.39
		小计	54130.57	196327.16	1364048.17	7347.50	1621853.40
总计			463705.14	566218.79	4848896.24	131770.00	6010590.17

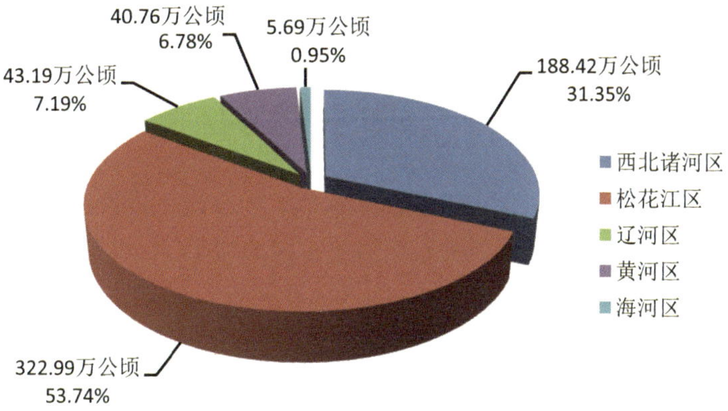

图 **2-3** 内蒙古各流域湿地面积比例图

2.1 一级流域

一级流域主要包括西北诸河区、松花江区、辽河区、黄河区和海河区。

2.1.1 西北诸河区

西北诸河区在内蒙古涉及2个二级流域4个三级流域，涉及锡林郭勒盟、乌兰察布市、赤峰市、包头市、呼和浩特市、巴彦淖尔市、阿拉善盟7个盟市。

该区湿地总面积188.42万公顷，其中，河流湿地6.98万公顷、湖泊湿地22.17万公顷、沼泽湿地156.55万公顷、人工湿地2.71万公顷。该区沼泽湿地面积比例较大，占该区湿地面积的83.09%，主要以季节性咸水沼泽和内陆盐沼为主。

主要河流湿地有额木讷高勒、西敖包郭勒、木仁高勒、巴拉吉日敖包音高勒、哈日苏海音高勒、纳林高勒、额济纳高勒、沙日布日都高勒、莫林沟、哈尔乌苏高勒、塔布河、乌兰河、赛乌素河、开令河、艾不盖河、查干布拉格、布尔额热格、德尔斯图河、辉腾郭勒、高格斯台河等。主要湖泊有天鹅湖、苏泊淖尔、巴彦诺尔、大海子、黄蒿家湖、乱井湖、黄旗海、察汗淖海子、天鹅湖、滕格淖尔、查干诺尔、呼吉尔因淖尔、乌兰诺尔、牦牛泡子、达里诺尔、查干淖尔等。

2.1.2 松花江区

松花江区在内蒙古涉及2个二级流域6个三级流域，涉及呼伦贝尔市、兴安盟、通辽市、内蒙古大兴安岭林管局管辖区和加格达奇林区。该区湿地总面积为322.99万公顷，其中，河流湿地12.14万公顷、湖泊湿地26.33万公顷、沼泽湿地280.62万公顷、人工湿地3.90万公顷。该区湿地资源比较丰富，属于内蒙古自治区湿地资源最集中分布地区，湿地资源主要以沼泽湿地为主，占该流域区湿地总面积的86.88%。

主要河流有海拉尔河、额尔古纳河、海拉尔河、伊敏河、克鲁伦河、甘河、洮儿河、雅鲁河、绰尔河、归流河、诺敏河、格尼河、霍林河、蛟流河、根河等。主要湖泊有贝尔湖、乌兰诺尔、哈拉湖、呼和诺尔、呼伦湖、巴隆莲波湖、白泡子、阿尔善乃查干诺尔、查干诺尔、三道泡子、哈达泡子、牤牛海泡子等。

2.1.3 辽河区

辽河区在内蒙古涉及4个二级流域6个三级流域，涉及通辽市、兴安盟、赤峰市3个盟市。该区湿地总面积为43.19万公顷，包括河流湿地12.92万公顷、湖泊2.58万公顷、沼泽25.01万公顷、人工湿地 2.68 万公顷。该区河流、沼泽湿地资源丰富，主要河流乌力吉沐沦河、海哈尔河、西拉木伦河、少郎河、昭苏河、羊肠子河、杖房河、查干沐沦河、西拉木伦河、巴尔汰河、嘎代苏河、孟克河、沙里河、坤都伦河、锡泊河、黑哈尔河、教来河、新开河等。

2.1.4 海河区

海河区在内蒙古涉及 2 个二级流域 3 个三级流域，涉及锡林郭勒盟、赤峰市、乌兰察布市 3 个盟市。该区湿地总面积为 5.69 万公顷，包括河流湿地 0.53 万公顷、湖泊 0.05 万公顷、沼泽 4.90 万公顷、人工湿地 0.22 万公顷。

2.1.5 黄河区

黄河区在内蒙古涉及 3 个二级流域 7 个三级流域，涉及鄂尔多斯市、乌兰察布市、包头市、巴彦淖尔市、阿拉善盟、呼和浩特市 6 个盟市。该区湿地总面积为 40.76 万公顷，其中，河流湿地 13.79 万公顷、湖泊 5.49 万公顷、沼泽 17.81 万公顷、人工湿地 3.66 万公顷。该区河流、沼泽湿地资源丰富，主要河流有黄河、昆都仑河、乌兰木伦河等，河流湿地主要以黄河湿地为主。

2.2 二级流域

二级流域包括内蒙古高原内陆河、河西走廊内陆河、额尔古纳河、嫩江、西辽河、东辽河、辽河干流、东北沿黄渤海诸河、滦河及冀东沿海、海河北系、黄河内流区、兰州至河口镇、河口镇至龙门 13 个区。二级流域中湿地面积最大的区为额尔古纳河，最小的为东辽河。

(1)内蒙古高原内陆河流域，湿地总面积 162.19 万公顷。其中，河流湿地面积 5.41 万公顷，湖泊湿地面积 19.63 万公顷，沼泽湿地面积 136.40 万公顷，人工湿地面积 0.73 万公顷。

(2)河西走廊内陆河流域，湿地总面积 26.23 万公顷。其中，河流湿地面积 1.57 万公顷，湖泊湿地面积 2.54 万公顷，沼泽湿地面积 20.15 万公顷，人工湿地面积 1.98 万公顷。

(3)额尔古纳河，湿地总面积 178.57 万公顷。其中，河流湿地面积 4.23 万公顷，湖泊湿地面积 25.53 万公顷，沼泽湿地面积 148.39 万公顷，人工湿地面积 0.42 万公顷。

(4)嫩江流域，湿地总面积 144.42 万公顷。其中，河流湿地面积 7.92 万公顷，湖泊湿地面积 0.80 万公顷，沼泽湿地面积 132.22 万公顷，人工湿地面积 3.48 万公顷。

(5)西辽河流域，湿地总面积 41.99 万公顷。其中，河流湿地面积 12.14 万公顷，湖泊湿地面积 2.42 万公顷，沼泽湿地面积 24.90 万公顷，人工湿地面积 2.54 万公顷。

(6)东辽河流域，湿地总面积 0.07 万公顷。其中，河流湿地面积 0.07 万公顷。

(7)辽河干流流域，湿地总面积 0.79 万公顷。其中，河流湿地面积 0.39 万公顷，湖泊湿地面积 0.17 万公顷，沼泽湿地面积 0.11 万公顷，人工湿地面积 0.12 万公顷。

(8)东北沿黄渤海诸河流域，湿地总面积 0.33 万公顷。其中，河流湿地面积 0.32 万公顷，沼泽湿地面积 0.002 万公顷，人工湿地面积 0.01 万公顷。

(9)滦河及冀东沿海流域，湿地总面积 4.84 万公顷。其中，河流湿地面积 0.10 万公顷，湖泊湿地面积 0.03 万公顷，沼泽湿地面积 4.55 万公顷，人工湿地面积 0.16 万公顷。

(10)海河北系流域，湿地总面积 0.85 万公顷。其中，河流湿地面积 0.43 万公顷，湖泊湿地面积 0.01 万公顷，沼泽湿地面积 0.35 万公顷，人工湿地面积 0.06 万公顷。

(11)黄河内流区流域，湿地总面积 8.71 万公顷。其中，河流湿地面积 0.69 万公顷，湖泊湿地面积 2.95 万公顷，沼泽湿地面积 4.32 万公顷，人工湿地面积 0.74 万公顷。

（12）兰州至河口镇流域，湿地总面积 29.01 万公顷。其中，河流湿地面积 11.19 万公顷，湖泊湿地面积 2.37 万公顷，沼泽湿地面积 12.89 万公顷，人工湿地面积 2.56 万公顷。

（13）河口镇至龙门流域，湿地总面积 3.05 万公顷。其中，河流湿地面积 1.91 万公顷，湖泊湿地面积 0.17 万公顷，沼泽湿地面积 0.60 万公顷，人工湿地面积 0.36 万公顷。

2.3　三级流域

三级流域包括了内蒙古高原东部区、内蒙古高原西部区、河西荒漠区等 26 个区，其中湿地面积最大的区为内蒙古高原东部流域，最小的是东辽河流域。

（1）内蒙古高原东部区流域，湿地总面积 129.34 万公顷。其中，河流湿地 1.30 万公顷，湖泊湿地 16.30 万公顷，沼泽湿地 113.13 万公顷，人工湿地 0.61 万公顷。

（2）内蒙古高原西部区流域，湿地总面积 32.85 万公顷。其中，河流湿地面积 4.12 万公顷，湖泊湿地面积 3.33 万公顷，沼泽湿地面积 25.28 万公顷，人工湿地面积 0.13 万公顷。

（3）河西荒漠区流域，湿地总面积 21.84 万公顷。其中，河流湿地面积 0.27 万公顷，湖泊湿地面积 1.80 万公顷，沼泽湿地面积 17.90 万公顷，人工湿地面积 1.87 万公顷。

（4）黑河区流域，湿地总面积 4.39 万公顷。其中，河流湿地面积 1.30 万公顷，湖泊湿地面积 0.74 万公顷，沼泽湿地面积 2.25 万公顷，人工湿地面积 0.11 万公顷。

（5）额尔古纳干流区间流域，湿地总面积 68.56 万公顷。其中，河流湿地面积 2.37 万公顷，湖泊湿地面积 0.53 万公顷，沼泽湿地面积 65.67 万公顷。

（6）海拉尔河流域，湿地总面积 70.55 万公顷。其中，河流湿地面积 1.57 万公顷，湖泊湿地面积 1.57 万公顷，沼泽湿地面积 67.09 万公顷，人工湿地面积 0.32 万公顷。

（7）呼伦湖水系流域，湿地总面积 39.46 万公顷。其中，河流湿地面积 0.29 万公顷，湖泊湿地面积 23.43 万公顷，沼泽湿地面积 15.64 万公顷，人工湿地面积 0.10 万公顷。

（8）尼尔基以上流域，湿地总面积 99.52 万公顷。其中，河流湿地面积 3.00 万公顷，湖泊湿地面积 0.13 万公顷，沼泽湿地面积 94.15 万公顷，人工湿地面积 1.85 万公顷。

（9）尼尔基至江桥流域，湿地总面积 29.49 万公顷。其中，河流湿地面积 2.88 万公顷，湖泊湿地面积 0.01 万公顷，沼泽湿地面积 26.10 万公顷，人工湿地面积 0.49 万公顷。

（10）江桥以下流域，湿地总面积 15.41 万公顷。其中，河流湿地面积 2.04 万公顷，湖泊湿地面积 0.66 万公顷，沼泽湿地面积 11.57 万公顷，人工湿地面积 1.14 万公顷。

（11）乌力吉木仁河流域，湿地总面积 17.62 万公顷。其中，河流湿地面积 2.82 万公顷，湖泊湿地面积 0.82 万公顷，沼泽湿地面积 13.60 万公顷，人工湿地面积 0.37 万公顷。

（12）西辽河下游流域，湿地总面积 10.13 万公顷。其中，河流湿地面积 3.19 万公顷，湖泊湿地面积 1.04 万公顷，沼泽湿地面积 4.55 万公顷，人工湿地面积 1.35 万公顷。

（13）西拉木伦河及老哈河流域，湿地总面积 14.25 万公顷。其中河流湿地 6.13 万公顷，湖泊湿地 0.56 万公顷，沼泽湿地 6.74 万公顷，人工湿地 0.82 万公顷。

（14）东辽河流域湿地总面积 0.07 万公顷。其中，河流湿地面积 0.07 万公顷。

（15）柳河口以上流域，湿地总面积 0.79 万公顷。其中，河流湿地面积 0.39 万公顷，湖泊湿地面积0.17万公顷，沼泽湿地面积0.11万公顷，人工湿地面积0.12万公顷。

(16)沿渤海西部诸河流域，湿地总面积0.33万公顷。其中，河流湿地面积0.32万公顷，沼泽湿地面积0.002万公顷，人工湿地面积0.01万公顷。

(17)滦河山区流域，湿地总面积4.84万公顷。其中，河流湿地面积0.10万公顷，湖泊湿地面积0.03万公顷，沼泽湿地面积4.55万公顷，人工湿地面积0.16万公顷。

(18)永定河册田水库至三家店区间流域，湿地总面积0.63万公顷。其中，河流湿地面积0.28万公顷，湖泊湿地面积0. 01万公顷，沼泽湿地面积0.31万公顷，人工湿地面积0.04万公顷。

(19)永定河册田水库以上流域，湿地总面积0.21万公顷。其中，河流湿地面积0.15万公顷，湖泊湿地0.01万公顷，沼泽湿地面积0.04万公顷，人工湿地面积0.02万公顷。

(20)黄河内流区流域，湿地总面积8.71万公顷。其中，河流湿地面积0.69万公顷，湖泊湿地面积2.95万公顷，沼泽湿地面积4.32万公顷，人工湿地面积0.74万公顷。

(21)石嘴山至河口镇北岸流域，湿地总面积17.84万公顷。其中，河流湿地4.76万公顷，湖泊湿地1.94万公顷，沼泽湿地面积8.84万公顷，人工湿地面积2.29万公顷。

(22)石嘴山至河口镇南岸流域，湿地总面积9.27万公顷。其中，河流湿地面积6.10万公顷，湖泊湿地面积0.20万公顷，沼泽湿地面积2.71万公顷，人工湿地0.25万公顷。

(23)下河沿至石嘴山流域，湿地总面积1.91万公顷。其中，河流湿地面积0.33万公顷，湖泊湿地面积0.23万公顷，沼泽湿地面积1.34万公顷，人工湿地面积0.01万公顷。

(24)河口镇至龙门左岸流域，湿地总面积1.04万公顷。其中，河流湿地面积0.71万公顷，湖泊湿地面积0.04万公顷，沼泽湿地面积0.21万公顷，人工湿地0.09万公顷。

(25)吴堡以上右岸流域，湿地总面积1.42万公顷。其中，河流湿地面积1.11万公顷，湖泊湿地面积0.04万公顷，沼泽湿地面积0.12万公顷，人工湿地面积0.16万公顷。

(26)吴堡以下右岸流域，湿地总面积0.58万公顷。其中，河流湿地面积0.10万公顷，湖泊湿地面积0.09万公顷，沼泽湿地面积0.27万公顷，人工湿地面积0.11万公顷。

3 各行政区湿地类型与面积

内蒙古自治区各盟市湿地分布状况分析，湿地面积排在前三位的分别是呼伦贝尔市、锡林郭勒盟、赤峰市(表2-4、图2-4)。

表2-4 内蒙古各盟市湿地面积表(公顷)

名 称	河流湿地	湖泊湿地	沼泽湿地	人工湿地	合 计
合 计	463705.14	566218.79	4848896.24	131770.00	6010590.17
阿拉善盟	18463.94	25429.95	204818.81	19848.57	268561.27
乌海市	3561.41	103.66	3550.55	321.45	7537.07
鄂尔多斯市	72217.79	35010.49	84363.03	12555.94	204147.25
巴彦淖尔市	33435.42	16035.02	89856.75	14895.27	154222.46
包头市	31538.92	6941.76	51348.44	3767.14	93596.26
呼和浩特市	16487.09	2131.60	9384.52	5299.90	33303.11

（续）

名　称	河流湿地	湖泊湿地	沼泽湿地	人工湿地	合　计
乌兰察布市	23351.25	28020.20	192471.82	1614.31	245457.58
锡林郭勒盟	12937.53	140993.87	1100216.47	7472.82	1261620.69
赤峰市	88824.81	31392.55	169536.09	10126.39	299879.84
兴安盟	25186.17	8571.93	213553.24	14970.72	262282.06
通辽市	44741.79	15904.21	109904.50	16609.83	187160.33
呼伦贝尔市	92959.02	255683.55	2619892.02	24287.66	2992822.25

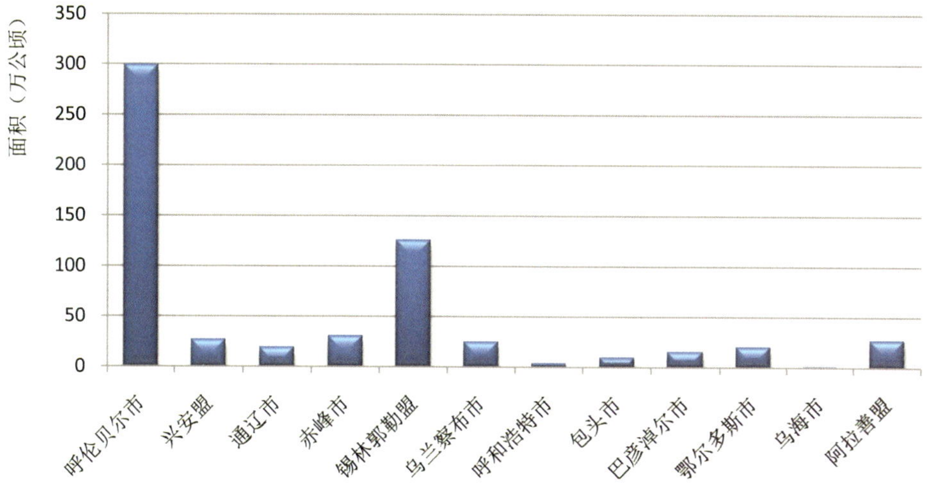

图 **2-4**　内蒙古各盟市湿地面积分布

3.1　河流湿地

3.1.1　河流湿地型及面积

全区河流湿地共 46.37 万公顷，包括永久性河流、季节性或间歇性河流和洪泛平原湿地 3 个湿地型(图 2-5、图 2-6)。

(1)永久性河流湿地。永久性河流湿地指常年有河水径流的河流，仅包括河床部分。全区永久性河流湿地面积达 24.43 万公顷，占河流湿地总面积的 52.68%。

(2)季节性或间歇性河流湿地。季节性或间歇性河流湿地指，属于或依赖于某一特定季节的湿地地表积水或者有水流出状态；或湿地地表间歇的交替积水或者交替有水流出状态的河流。全区季节性间歇性河流湿地面积达 18.75 万公顷，占河流湿地总面积的 40.43%。

(3)洪泛平原湿地。洪泛平原湿地指在丰水季节由洪水泛滥的河滩、河心洲、河谷，季节性泛滥的草地以及保持了常年或季节性被水浸润内陆三角洲所组成。全区洪泛平原湿地面积达 3.20 万公顷，占河流湿地总面积的 6.89%。

3.1.2　各流域河流湿地型及面积

内蒙古河流较多，在松花江区和辽河区内均有大量河流分布。其中，河网密度最高的为松花江区的额尔古纳河流域和嫩江流域，以及辽河区的西辽河流域。

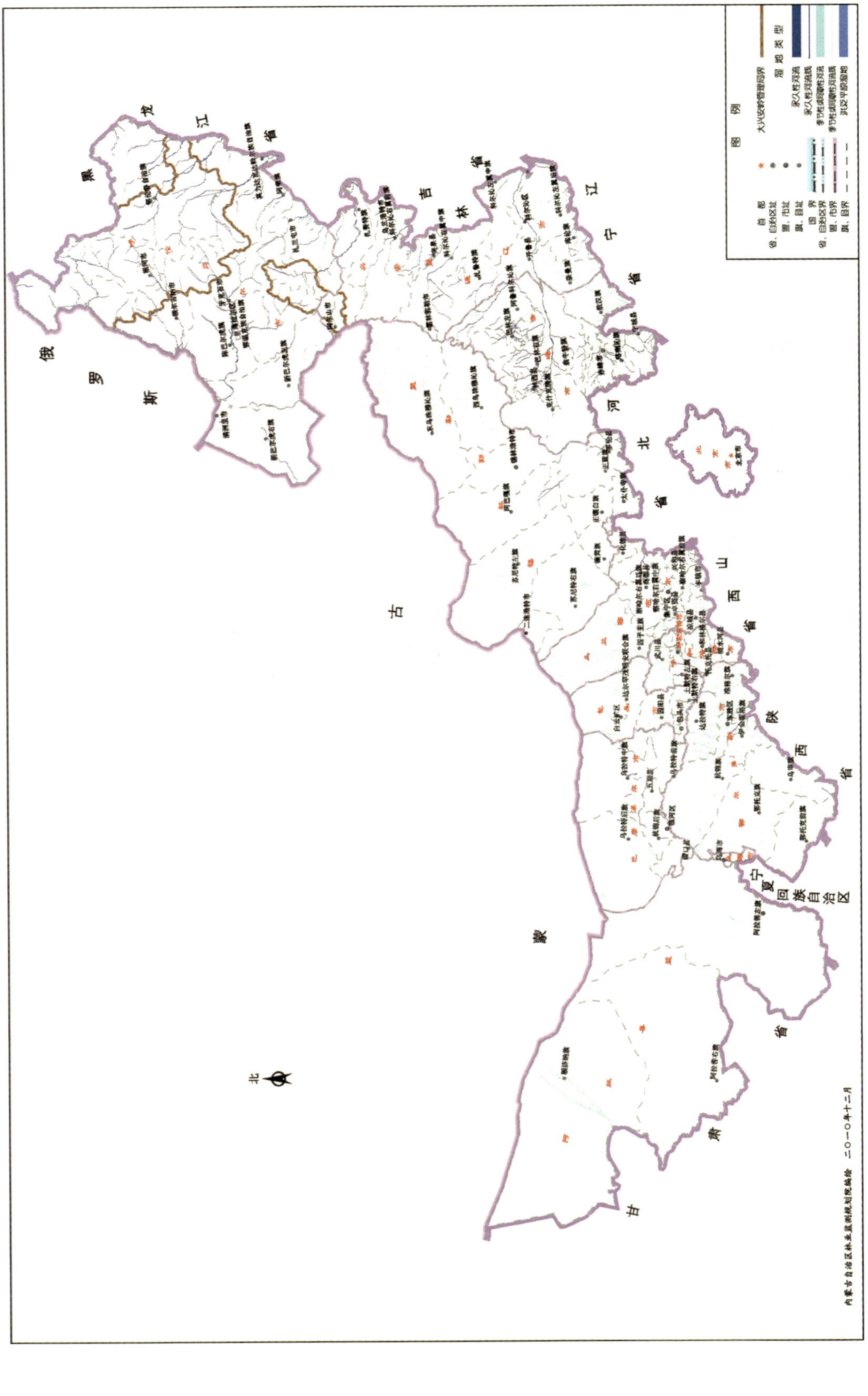

图 2-5 内蒙古河流湿地分布图

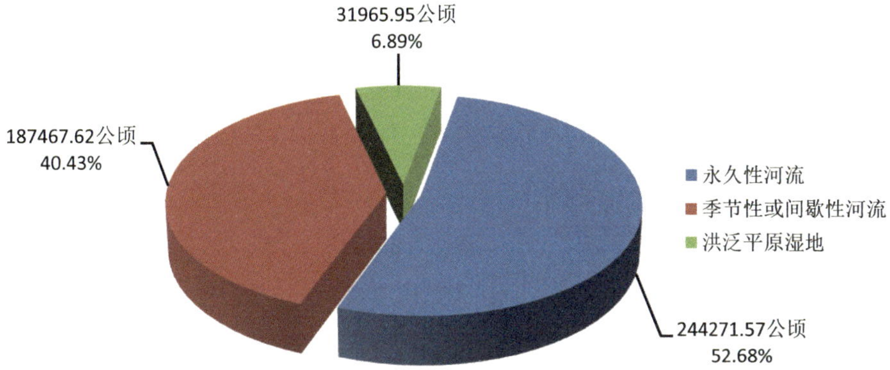

图 **2-6**　内蒙古河流湿地型面积比例图

额尔古纳河流域和嫩江流域主要涉及呼伦贝尔市所辖的旗县，西辽河流域主要涉及通辽市、赤峰市所辖范围(图 2-7、表 2-5)。

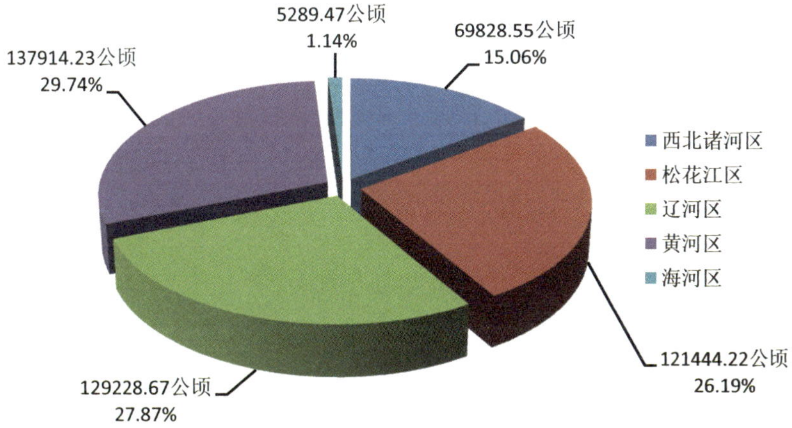

图 **2-7**　内蒙古各流域河流湿地面积比例图

表 2-5　内蒙古各流域河流湿地面积表(公顷)

一级流域	二级流域	三级流域	河流湿地			总　计
			永久性河流	季节性或间歇性河流	洪泛平原	
海河区	合　计		2362.76	2926.71		5289.47
	海河北系	永定河册田水库至三家店区间	1176.24	1615.45		2791.69
		永定河册田水库以上	415.16	1077.34		1492.50
		小　计	1591.40	2692.79		4284.19
	滦河及冀东沿海	滦河山区	771.36	233.92		1005.28
		小　计	771.36	233.92		1005.28

（续）

一级流域	二级流域	三级流域	河流湿地			总 计
			永久性河流	季节性或间歇性河流	洪泛平原	
黄河区	合 计		55987.68	69541.41	12385.14	137914.23
	河口镇至龙门	河口镇至龙门左岸	2662.65	4397.40		7060.05
		吴堡以上右岸	1526.77	8777.92	745.74	11050.43
		吴堡以下右岸	387.58	632.21		1019.79
		小 计	4577.00	13807.53	745.74	19130.27
	兰州至河口镇	石嘴山至河口镇北岸	13656.45	26306.24	7628.36	47591.05
		石嘴山至河口镇南岸	36788.62	20240.24	3991.16	61020.02
		下河沿至石嘴山	922.28	2339.36		3261.64
		小 计	51367.35	48885.84	11619.52	111872.71
	内流区	内流区	43.33	6848.04	19.88	6911.25
		小 计	43.33	6848.04	19.88	6911.25
辽河区	合 计		80463.67	44225.86	4539.14	129228.67
	东北沿黄渤海诸河	沿渤海西部诸河	331.10	2844.49		3175.59
		小 计	331.10	2844.49		3175.59
	东辽河	东辽河	509.91	52.70	167.46	730.07
		小 计	509.91	52.70	167.46	730.07
	辽河干流	柳河口以上	2877.79	1056.13	13.14	3947.06
		小 计	2877.79	1056.13	13.14	3947.06
	西辽河	乌力吉木伦河	15439.34	11477.71	1303.96	28221.01
		西拉木伦河及老哈河	46164.92	15034.52	63.90	61263.34
		西辽河下游	15140.61	13760.31	2990.68	31891.60
		小 计	76744.87	40272.54	4358.54	121375.95
松花江区	合 计		102370.34	4040.82	15033.06	121444.22
	额尔古纳河	海拉尔河	14479.05		1177.72	15656.77
		呼伦湖水系	2605.37	204.37	86.68	2896.42
		额尔古纳干流区间	23699.04			23699.04
		小 计	40783.46	204.37	1264.40	42252.23
	嫩江	尼尔基至江桥	21398.69	21.25	7393.93	28813.87
		江桥以下	10405.95	3815.20	6191.98	20413.13
		尼尔基以上	29782.24		182.75	29964.99
		小 计	61586.88	3836.45	13768.66	79191.99
西北诸河区	合 计		3087.12	66732.82	8.61	69828.55
	河西走廊内陆河	河西荒漠区		2745.13		2745.13
		黑河		12952.85		12952.85
		小 计		15697.98		15697.98
	内蒙古高原内陆河	内蒙古高原东部	1902.90	11068.25		12971.15
		内蒙古高原西部	1184.22	39966.59	8.61	41159.42
		小 计	3087.12	51034.84	8.61	54130.57
总 计			244271.57	187467.62	31965.95	463705.14

3.1.3　各湿地区河流湿地型及面积

在全区 181 个湿地区中，河流湿地面积最大的为黄河湿地区，次之是西拉木伦河湿地区，第三是诺敏河湿地区（表 2-6）。

表 2-6　内蒙古各湿地区河流湿地面积表（公顷）

湿地区名称	永久性河流	季节性或间歇性河流	洪泛平原湿地	合　计
总　计	244271.57	187467.62	31965.95	463705.14
单独区划的湿地区	194903.22	29561.69	29151.96	253616.87
阿巴河单独区划湿地区	1221.49			1221.49
阿尔山自然保护区湿地区	55.92			55.92
阿伦河	1562.16	21.25		1583.41
阿木牛河	586.33			586.33
艾不盖河和腾格淖尔湿地		3953.94		3953.94
保安河				
柴河	273.24			273.24
绰尔河	7598.29		986.54	8584.83
大雁河单独区划湿地区	1449.90			1449.90
得尔布耳河	853.47			853.47
多布库尔河单独区划湿地区	1949.02			1949.02
多伦大河口湿地	257.72	19.06		276.78
额尔古纳河	3849.04			3849.04
额尔古纳自然保护区湿地区	2193.15			2193.15
额根河	75.07			75.07
甘河	8717.82		10.89	8728.71
格尼河	1662.71			1662.71
根河	4447.15			4447.15
固里河	28.17			28.17
归流河	613.65	39.24	131.44	784.33
哈布气河	163.46		12.09	175.55
哈拉哈河	426.51			426.51
哈乌尔河				
海拉尔河	7186.20		1231.61	8417.81
呼日查干淖尔和恩格尔河湿地自然保护区				
桦木沟和乌兰布统湿地	34.44			34.44
黄河湿地	35601.93	29.30	11954.82	47586.05
辉腾河和高格斯台河	873.80			873.80
浑善达克沙地湿地	186.15	50.87		237.02

（续）

湿地区名称	永久性河流	季节性或间歇性河流	洪泛平原湿地	合　计
霍林河	4405.95	1942.82	3533.52	9882.29
激流河单独区划湿地区	5384.25			5384.25
吉尔布干河	60.21			60.21
吉兰泰盐湖				
吉仁郭勒湿地	72.69	306.15		378.84
蛟流河	1343.65	1462.57	384.97	3191.19
教来河	283.02	6701.70		6984.72
居延海		25.74		25.74
科尔沁沙地湿地	1350.92	463.80	167.46	1982.18
库力河				
老哈河	4091.28	189.50		4280.78
六台河湿地	194.82	533.53		728.35
毛乌素沙地湿地		1027.86		1027.86
免渡河	1691.14			1691.14
莫尔道嘎河单独区划湿地区	357.01			357.01
莫尔格勒河和呼和诺尔湿地	506.86			506.86
内蒙古阿鲁科尔沁国家级自然保护区	2835.48	182.51		3017.99
内蒙古巴丹吉林沙漠湖泊自然保护区				
内蒙古白音库伦自治区级自然保护区				
内蒙古达赉湖国家级自然保护区	829.71			829.71
内蒙古达里诺尔国家级自然保护区	249.39	59.07		308.46
内蒙古岱海自治区级自然保护区		92.41		92.41
内蒙古都斯图河自治区级自然保护区		525.10		525.10
内蒙古额尔古纳湿地自治区级自然保护区	1409.06			1409.06
内蒙古哈素海自治区级自然保护区				
内蒙古杭锦淖尔自治区级自然保护区	10920.07	108.66		11028.73
内蒙古荷叶花湿地水禽自治区级自然保护区		372.05	176.03	548.08
内蒙古黄旗海自治区级自然保护区		323.04		323.04
内蒙古潢源自然保护区	39.46			39.46
内蒙古辉河国家级自然保护区	249.67			249.67
内蒙古科尔沁国家级自然保护区	155.59			155.59
内蒙古南海子自治区级自然保护区				
内蒙古松树山自然保护区	349.92			349.92
内蒙古图牧吉国家级自然保护区				

（续）

湿地区名称	永久性河流	季节性或间歇性河流	洪泛平原湿地	合　计
内蒙古乌力呼舒自然保护区		57.30		57.30
内蒙古乌梁素海自治区级自然保护区	12.44			12.44
那都里河单独区划湿地区	51.99			51.99
嫩江源头湿地区	8355.59			8355.59
尼尔基水库	651.59		171.86	823.45
诺敏河	12026.95		3745.37	15772.32
欧肯河	648.34			648.34
洮尔河	2423.31	28.75	2100.66	4552.72
特尼河	174.06			174.06
天鹅湖自然保护区				
卧牛河				
乌尔根河				
乌拉盖湿地	90.33	15.76		106.09
乌力吉沐伦河湿地	3730.71	19.56		3750.27
乌玛自然保护区湿地区	3849.14			3849.14
乌耶勒格其河				
务大哈气河	24.46			24.46
西拉木伦河	24247.38	4194.95	24.27	28466.6
西辽河湿地	12782.97	1386.61	2909.41	17078.99
锡林河湿地	11.27			11.27
新开河湿地	1629.30	5428.59	66.38	7124.27
雅鲁河	2069.17		1484.34	3553.51
伊敏河	3140.70		32.79	3173.49
音河	336.58		27.51	364.09
县域为单位区划的湿地区	49368.35	157905.93	2813.99	210088.27
呼和浩特市	4069.31	10560.49		14629.80
和林格尔县	584.68	2484.70		3069.38
回民区		102.56		102.56
清水河县	858.23	2175.73		3033.96
赛罕区	1299.13	191.38		1490.51
土默特左旗	602.14	585.46		1187.60
托克托县	175.30	521.27		696.57
武川县		4178.97		4178.97
新城区	126.83	291.62		418.45
玉泉区	423.00	28.80		451.80
包头市	23.11	17389.37	112.89	17525.37
白云矿区		3602.84		3602.84
达尔罕茂明安联合旗		6465.64		6465.64

（续）

湿地区名称	永久性河流	季节性或间歇性河流	洪泛平原湿地	合 计
东河区		117.07		117.07
固阳县		3526.54		3526.54
九原区		311.77		311.77
昆都仑区	23.11	395.66		418.77
石拐区		258.60		258.60
土默特右旗		2711.25	112.89	2824.14
呼伦贝尔市	4985.13	204.37	871.32	6060.82
陈巴尔虎旗				
鄂伦春自治旗				
鄂温克族自治旗	37.09			37.09
满洲里市				
莫力达瓦达斡尔族自治旗	1752.49			1752.49
新巴尔虎右旗	940.45	204.37		1144.82
新巴尔虎左旗	238.03			238.03
扎兰屯市	2017.07		871.32	2888.39
兴安盟	2327.48	755.99	308.15	3391.62
阿尔山市	158.18			158.18
科尔沁右翼前旗	228.28		41.39	269.67
科尔沁右翼中旗	89.70	722.70		812.40
突泉县	624.22	33.29		657.51
乌兰浩特市				
扎赉特旗	1227.10		266.76	1493.86
通辽市	4648.87	6873.91	692.32	12215.10
开鲁县		197.46		197.46
科尔沁区		124.46		124.46
科尔沁左翼后旗		9.17		9.17
科尔沁左翼中旗	227.99	91.61	14.89	334.49
库伦旗	2537.13	908.22	13.14	3458.49
奈曼旗		1692.39		1692.39
扎鲁特旗	1883.75	3850.60	664.29	6398.64
赤峰市	24482.71	18594.72	503.27	43580.70
阿鲁科尔沁旗	4602.37	3972.49	463.64	9038.50
敖汉旗	59.92	3065.66		3125.58
巴林右旗	5583.61	626.14	39.63	6249.38
巴林左旗	2476.64	2623.29		5099.93
红山区	177.89	48.72		226.61
喀喇沁旗	1956.49	1108.83		3065.32

（续）

湿地区名称	永久性河流	季节性或间歇性河流	洪泛平原湿地	合 计
克什克腾旗	846.94	1829.54		2676.48
林西县	3308.04	326.46		3634.50
宁城县	1493.28	680.11		2173.39
松山区	2839.55	2823.54		5663.09
翁牛特旗	828.45	1205.74		2034.19
元宝山区	309.53	284.20		593.73
锡林郭勒盟	890.12	10197.75		11087.87
阿巴嘎旗		18.98		18.98
东乌珠穆沁旗	209.97	594.64		804.61
多伦县	327.49	214.86		542.35
二连浩特市		11.46		11.46
太仆寺旗				
西乌珠穆沁旗	352.66	165.30		517.96
锡林浩特市				
镶黄旗		83.57		83.57
苏尼特右旗		4165.32		4165.32
苏尼特左旗		4646.50		4646.50
正蓝旗				
正镶白旗		297.12		297.12
乌兰察布市	3327.74	18871.10	8.61	22207.45
集宁区	37.94	121.52		159.46
察哈尔右翼后旗		675.35		675.35
察哈尔右翼前旗	82.93	617.67		700.6
察哈尔右翼中旗	469.91	623.20		1093.11
丰镇市	559.11	1450.74		2009.85
化德县		123.87		123.87
凉城县	728.72	2757.71		3486.43
商都县		100.64		100.64
四子王旗		8952.68	8.61	8961.29
兴和县	1003.94	1527.50		2531.44
卓资县	445.19	1920.22		2365.41
鄂尔多斯市	2293.70	36790.05	218.56	39302.31
达拉特旗	138.67	13438.89	48.66	13626.22
东胜区	465.93	2986.31	71.35	3523.59
鄂托克旗		6783.13		6783.13
鄂托克前旗	43.33			43.33
杭锦旗		4693.96		4693.96

（续）

湿地区名称	永久性河流	季节性或间歇性河流	洪泛平原湿地	合　计
乌审旗	387.58	632.21		1019.79
伊金霍洛旗	1060.84	2069.08	98.55	3228.47
准格尔旗	197.35	6186.47		6383.82
巴彦淖尔市	2320.18	21454.51	98.87	23873.56
磴口县		85.20		85.20
杭锦后旗				
临河区	9.84			9.84
乌拉特后旗		12992.99		12992.99
乌拉特前旗	1099.13	1843.47	98.87	3041.47
乌拉特中旗	1065.00	6532.85		7597.85
五原县	146.21			146.21
乌海市		556.00		556.00
海勃湾区		48.95		48.95
海南区		507.05		507.05
乌达区				
阿拉善盟		15657.67		15657.67
阿拉善右旗		128.62		128.62
阿拉善左旗		2601.94		2601.94
额济纳旗		12927.11		12927.11

3.1.4 各行政区河流湿地型及面积

内蒙古自治区各盟市河流湿地分布状况分析，呼伦贝尔市河流湿地面积达 9.30 万公顷，居 12 盟市之首(表 2-7、图 2-8)。

表 2-7 内蒙古各盟市河流湿地面积表(公顷)

湿地类型 / 行政区	永久性河流	季节性或间歇性河流	洪泛平原	合　计
总　计	244271.57	187467.62	31965.95	463705.14
阿拉善盟	2453.22	15683.41	327.31	18463.94
乌海市	2930.19	556.00	75.22	3561.41
鄂尔多斯市	28798.65	38480.97	4938.17	72217.79
巴彦淖尔市	11882.04	21454.51	98.87	33435.42
包头市	3250.04	21343.31	6945.57	31538.92
呼和浩特市	5926.60	10560.49		16487.09
乌兰察布市	3522.56	19820.08	8.61	23351.25
锡林郭勒盟	2389.31	10548.22		12937.53
赤峰市	59886.56	28410.71	527.54	88824.81

（续）

湿地类型 / 行政区	永久性河流	季节性或间歇性河流	洪泛平原	合　计
兴安盟	14573.73	3645.86	6966.58	25186.17
通辽市	23525.13	16738.44	4478.22	44741.79
呼伦贝尔市	85133.54	225.62	7599.86	92959.02

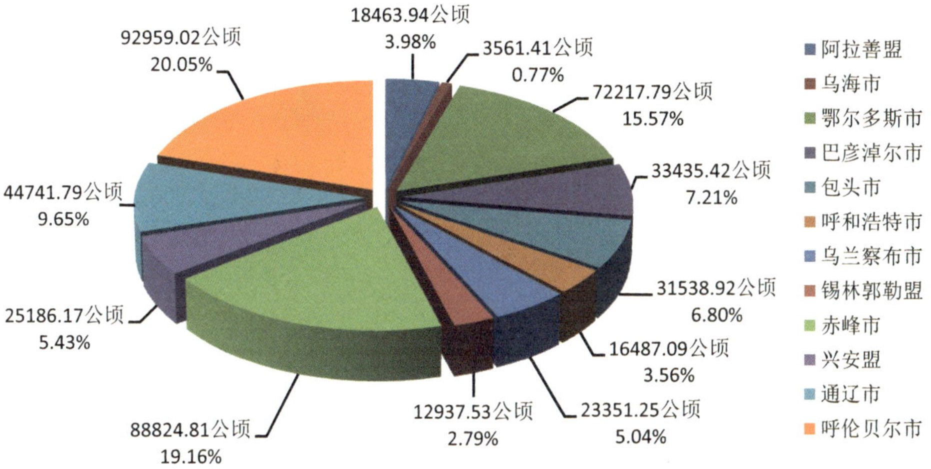

图 **2-8**　内蒙古各盟市河流湿地面积比例图

3.2　湖泊湿地

3.2.1　湖泊湿地型及面积

湖泊是湖盆、湖水、水中所含物质组成的自然综合体。内蒙古境内湖泊众多，湖泊湿地面积56.62万公顷。其中，永久性淡水湖10.09万公顷，永久性咸水湖25.06万公顷，季节性淡水湖1.98万公顷，季节性咸水湖19.49万公顷(图2-9、图2-10)。

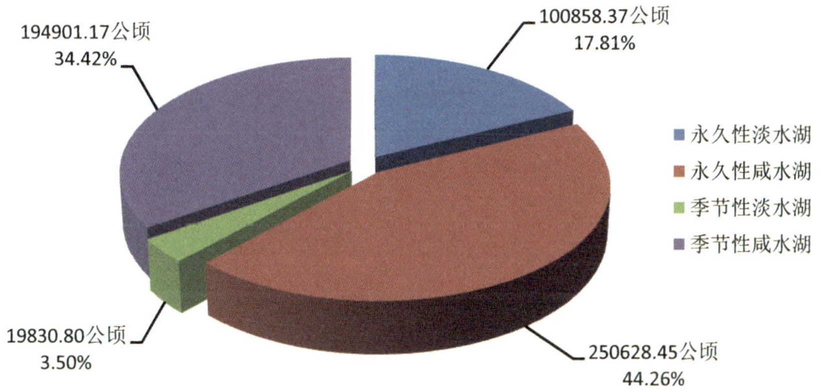

图 **2-10**　内蒙古湖泊湿地型面积比例图

3.2.2　各流域湖泊湿地型及面积

各流域湖泊湿地按流域分布详见表2-8、图2-11。

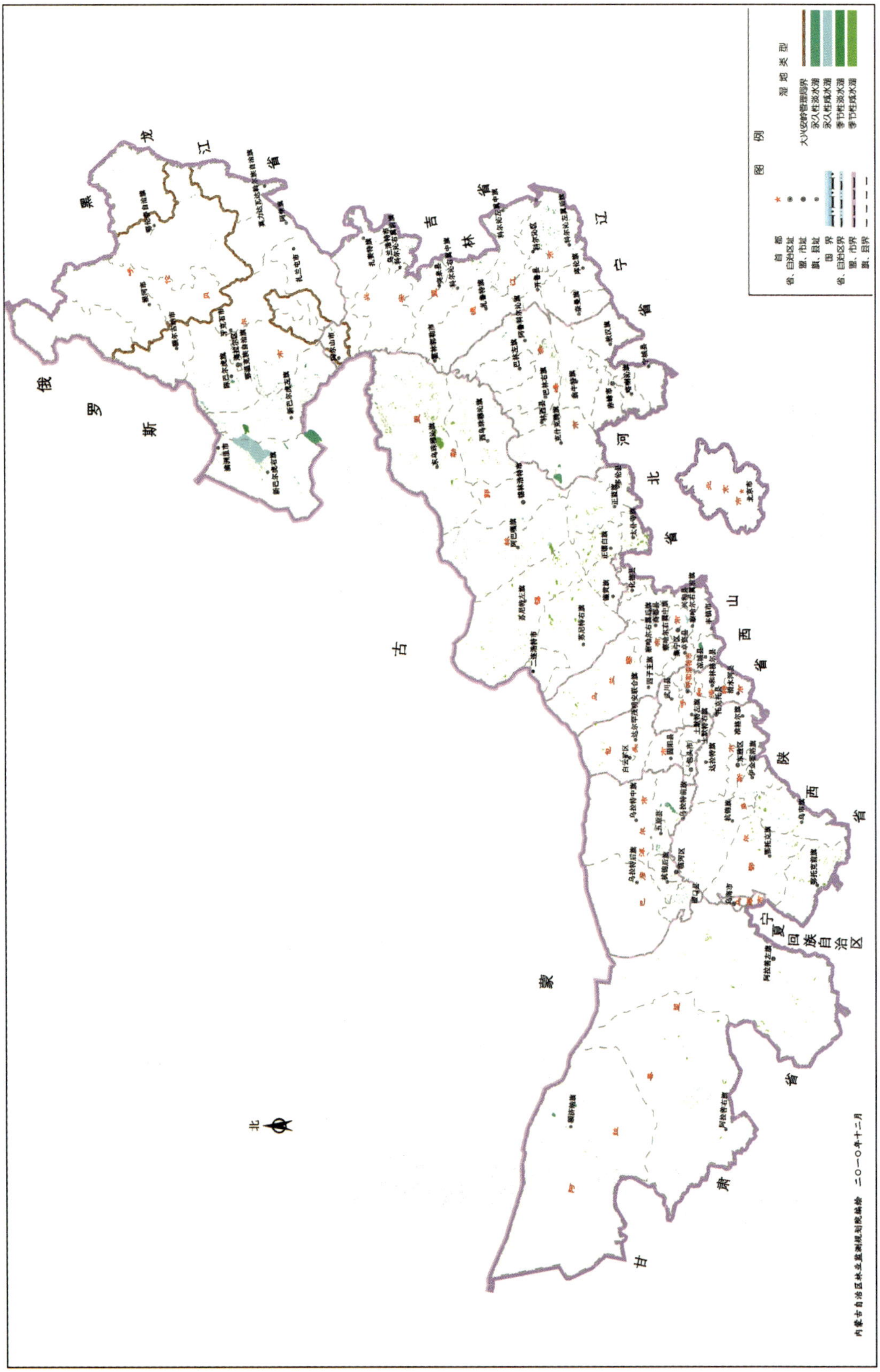

图 2-9 内蒙古湖泊湿地分布图

表 2-8　内蒙古各流域湖泊湿地面积表(公顷)

一级流域	二级流域	三级流域	湖泊湿地 永久性淡水湖	永久性咸水湖	季节性淡水湖	季节性咸水湖	总　计
海河区	合　计		164.6	110.06		179.49	454.15
	海河北系	永定河册田水库至三家店区间				74.25	74.25
		永定河册田水库以上	20.45			38.41	58.86
		小　计	20.45			112.66	133.11
	滦河及冀东沿海	滦河山区	144.15	110.06		66.83	321.04
		小　计	144.15	110.06		66.83	321.04
黄河区	合　计		21181.39	8503.74		25243.66	54928.79
	河口镇至龙门	河口镇至龙门左岸	213.41			154.71	368.12
		吴堡以上右岸	60.4			312.51	372.91
		吴堡以下右岸		721.97		208.05	930.02
		小　计	273.81	721.97		675.27	1671.05
	兰州至河口镇	石嘴山至河口镇北岸	17177.26	148.93		2105.10	19431.29
		石嘴山至河口镇南岸	349.47	654.29		1019.57	2023.33
		下河沿至石嘴山		1068.60		1194.43	2263.03
		小　计	17526.73	1871.82		4319.10	23717.65
	内流区	内流区	3380.85	5909.95		20249.29	29540.09
		小　计	3380.85	5909.95		20249.29	29540.09
辽河区	合　计		16520.83	1471.00	4252.12	3603.24	25847.19
	东北沿黄渤海诸河	沿渤海西部诸河					
		小　计					
	东辽河	东辽河					
		小　计					
	辽河干流	柳河口以上	1253.90		442.17		1696.07
		小　计	1253.90		442.17		1696.07
	西辽河	乌力吉木伦河	5472.76	479.98	1253.64	980.32	8186.70
		西拉木伦河及老哈河	2507.23	469.06		2622.92	5599.21
		西辽河下游	7286.94	521.96	2556.31		10365.21
		小　计	15266.93	1471.00	3809.95	3603.24	24151.12

（续）

一级流域	二级流域	三级流域	湖泊湿地				总 计
			永久性淡水湖	永久性咸水湖	季节性淡水湖	季节性咸水湖	
松花江区	合 计		23149.43	222584.73	15578.68	1980.04	263292.88
	额尔古纳河	海拉尔河	10440.13	4921.06	277.18	37.77	15676.14
		呼伦湖水系	7760.81	210148.78	14567.30	1859.64	234336.53
		额尔古纳干流区间	1586.43	3693.71			5280.14
		小 计	19787.37	218763.55	14844.48	1897.41	255292.81
	嫩江	尼尔基至江桥	123.06				123.06
		江桥以下	1955.44	3821.18	734.20	82.63	6593.45
		尼尔基以上	1283.56				1283.56
		小 计	3362.06	3821.18	734.20	82.63	8000.07
西北诸河区	合 计		39842.12	17958.92		163894.74	221695.78
	河西走廊内陆河	河西荒漠区	381.37	3715.58		13876.93	17973.88
		黑河	7293.13			101.61	7394.74
		小 计	7674.50	3715.58		13978.54	25368.62
	内蒙古高原内陆河	内蒙古高原东部	23607.46	8488.64		130936.85	163032.95
		内蒙古高原西部	8560.16	5754.70		18979.35	33294.21
		小 计	32167.62	14243.34		149916.2	196327.16
总 计			100858.37	250628.45	19830.8	194901.17	566218.79

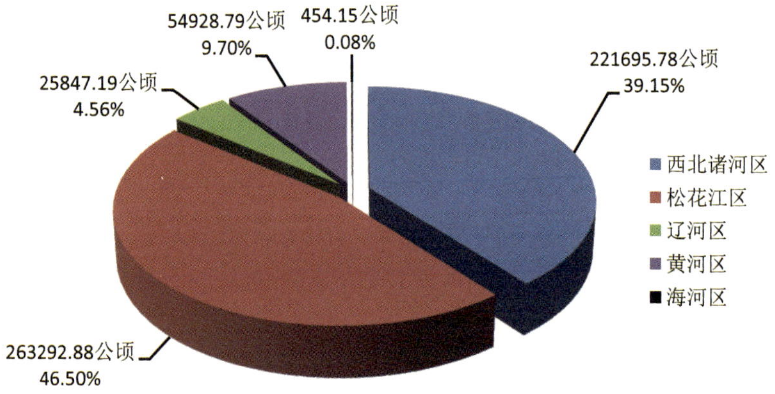

图 **2-11** 内蒙古各流域湖泊湿地面积比例图

3.2.3 各湿地区的湖泊湿地型及面积

全区 181 个湿地区中，内蒙古达赉湖国家级自然保护区湖泊湿地面积最大，湿地面积 22.44 万公顷；乌拉盖湿地区次之，面积 4.20 万公顷；内蒙古达里诺尔国家级自然保护区处于第三位，湿地面积 2.22 万公顷。在零星湿地区中，湖泊湿地面积最大的是苏尼特左旗零星湿地区，面积 1.75 万公顷(表 2-9)。

表 2-9　内蒙古各湿地区湖泊湿地面积表(公顷)

湿地区名称	永久性淡水湖	永久性咸水湖	季节性淡水湖	季节性咸水湖	合　计
合　计	100858.40	250628.50	19830.80	194901.20	566218.79
单独区划的湿地区	82775.98	229332.37	18288.65	97427.24	427824.24
阿巴河单独区划湿地区					
阿尔山自然保护区湿地区	884.59				884.59
阿伦河					
阿木牛河					
艾不盖河和腾格淖尔湿地				2977.91	2977.91
保安河					
柴河					
绰尔河	134.82				134.82
大雁河单独区划湿地区					
得尔布耳河					
多布库尔河单独区划湿地区	214.94				214.94
多伦大河口湿地	15.33	2.64			17.97
额尔古纳河	1689.53	4223.87			5913.40
额尔古纳自然保护区湿地区	11.22				11.22
额根河					
甘河	301.36				301.36
格尼河					
根河					
固里河					
归流河					
哈布气河					
哈拉哈河	150.49				150.49
哈乌尔河					
海拉尔河	993.72	313.75	192.82		1500.29
呼日查干淖尔和恩格尔河湿地自然保护区	436.55	2713.05		14401.35	17550.95
桦木沟和乌兰布统湿地	80.40				80.40
黄河湿地	1051.13	327.60		585.05	1963.78
辉腾河和高格斯台河		1395.46		1872.51	3267.97
浑善达克沙地湿地		2802.15		9370.06	12172.21
霍林河	963.80		427.94		1391.74

（续）

湿地区名称	永久性淡水湖	永久性咸水湖	季节性淡水湖	季节性咸水湖	合 计
激流河单独区划湿地区	82.38				82.38
吉尔布干河					
吉兰泰盐湖					
吉仁郭勒湿地	24.60			1353.61	1378.21
蛟流河			68.12		68.12
教来河			29.27		29.27
居延海	3466.20				3466.20
科尔沁沙地湿地	7818.52	282.87	2150.65		10252.04
库力河					
老哈河					
六台河湿地	8.43	1625.10		575.94	2209.47
毛乌素沙地湿地	2574.77	5744.02		12704.54	21023.33
免渡河	11.78				11.78
莫尔道嘎河单独区划湿地区					
莫尔格勒河和呼和诺尔湿地	2829.57		34.94		2864.51
内蒙古阿鲁科尔沁国家级自然保护区	2322.58			171.10	2493.68
内蒙古巴丹吉林沙漠湖泊自然保护区	91.23	1273.40		876.22	2240.85
内蒙古白音库伦自治区级自然保护区				880.97	880.97
内蒙古达赉湖国家级自然保护区	5661.05	203342.85	14453.11	985.35	224442.36
内蒙古达里诺尔国家级自然保护区	21856.44			352.62	22209.06
内蒙古岱海自治区级自然保护区	7929.64				7929.64
内蒙古都斯图河自治区级自然保护区		410.35		211.15	621.50
内蒙古额尔古纳湿地自治区级自然保护区	15.84				15.84
内蒙古哈素海自治区级自然保护区	1494.34				1494.34
内蒙古杭锦淖尔自治区级自然保护区	200.11	286.32		189.66	676.09
内蒙古荷叶花湿地水禽自治区级自然保护区	404.29		189.55	74.54	668.38
内蒙古黄旗海自治区级自然保护区				6145.65	6145.65
内蒙古潢源自然保护区					
内蒙古辉河国家级自然保护区	3843.17	417.67	11.26		4272.10
内蒙古科尔沁国家级自然保护区	34.47	437.72		82.63	554.82
内蒙古南海子自治区级自然保护区	352.11				352.11
内蒙古松树山自然保护区	9.22	469.06			478.28
内蒙古图牧吉国家级自然保护区	129.96	2355.91	30.27		2516.14

（续）

湿地区名称	永久性淡水湖	永久性咸水湖	季节性淡水湖	季节性咸水湖	合　计
内蒙古乌力呼舒自然保护区	405.39	78.79	191.36		675.54
内蒙古乌梁素海自治区级自然保护区	10557.66				10557.66
那都里河单独区划湿地区					
嫩江源头湿地区	166.23				166.23
尼尔基水库					
诺敏河	550.44				550.44
欧肯河	38.83				38.83
洮尔河					
特尼河	31.00				31.00
天鹅湖自然保护区		703.55			703.55
卧牛河					
乌尔根河					
乌拉盖湿地	878.60			41150.07	42028.67
乌力吉沐伦河湿地					
乌玛自然保护区湿地区					
乌耶勒格其河					
务大哈气河					
西拉木伦河	1306.69			2404.31	3711.00
西辽河湿地	93.63				93.63
锡林河湿地		30.01		62.00	92.01
新开河湿地		79.43	471.20		550.63
雅鲁河					
伊敏河	658.93	16.80	38.16		713.89
音河					
县域为单位区划的湿地区	18082.39	21296.08	1542.15	97473.93	138394.55
呼和浩特市	265.11	172.78		187.70	625.59
和林格尔县				9.10	9.10
回民区					
清水河县				11.37	11.37
赛罕区					
土默特左旗					
托克托县	265.11	148.93		167.23	581.27
武川县		23.85			23.85
新城区					
玉泉区					

（续）

湿地区名称	永久性淡水湖	永久性咸水湖	季节性淡水湖	季节性咸水湖	合计
包头市	225.32			2516.76	2742.08
白云矿区	29.74			66.63	96.37
达尔罕茂明安联合旗				2219.06	2219.06
东河区	51.60				51.60
固阳县				84.37	84.37
九原区	143.98				143.98
昆都仑区					
石拐区					
土默特右旗				146.70	146.70
呼伦贝尔市	2924.10	10448.61	114.19	912.06	14398.96
陈巴尔虎旗	32.10	569.81			601.91
鄂伦春自治旗					
鄂温克族自治旗	12.83				12.83
满洲里市	30.80	110.60			141.40
莫力达瓦达斡尔族自治旗					
新巴尔虎右旗	391.69	6132.34	114.19	827.74	7465.96
新巴尔虎左旗	2456.68	3635.86		84.32	6176.86
扎兰屯市					
兴安盟	1000.77	1181.12	503.35		2685.24
阿尔山市					
科尔沁右翼前旗					
科尔沁右翼中旗	85.31	179.65	396.88		661.84
突泉县	339.27	1001.47	106.47		1447.21
乌兰浩特市	352.46				352.46
扎赉特旗	223.73				223.73
通辽市	2438.45	407.28	924.61	204.37	3974.71
开鲁县			184.46		184.46
科尔沁区	74.94				74.94
科尔沁左翼后旗	120.59		30.64		151.23
科尔沁左翼中旗	1401.59	275.33	352.09		2029.01
库伦旗					
奈曼旗	9.77		15.14		24.91
扎鲁特旗	831.56	131.95	342.28	204.37	1510.16
赤峰市	1543.61			876.52	2420.13

（续）

湿地区名称	永久性淡水湖	永久性咸水湖	季节性淡水湖	季节性咸水湖	合　计
阿鲁科尔沁旗	270.30			635.70	906.00
敖汉旗					
巴林右旗	106.70			22.66	129.36
巴林左旗	86.88				86.88
红山区					
喀喇沁旗					
克什克腾旗	562.81			127.60	690.41
林西县					
宁城县					
松山区					
翁牛特旗	516.92			90.56	607.48
元宝山区					
锡林郭勒盟	464.58	1655.39		61484.94	63604.91
阿巴嘎旗		8.23		1954.09	1962.32
东乌珠穆沁旗	376.45			7213.13	7589.58
多伦县	87.62			49.46	137.08
二连浩特市				591.43	591.43
太仆寺旗				8001.89	8001.89
西乌珠穆沁旗				4641.08	4641.08
锡林浩特市	0.51	1415.89		548.26	1964.66
镶黄旗				2611.06	2611.06
苏尼特右旗		141.51		16468.93	16610.44
苏尼特左旗		25.02		17465.09	17490.11
正蓝旗		64.74		127.29	192.03
正镶白旗				1813.23	1813.23
乌兰察布市	316.77	3402.20		7312.92	11031.89
集宁区					
察哈尔右翼后旗		466.14		379.25	845.39
察哈尔右翼前旗	130.72			101.10	231.82
察哈尔右翼中旗		76.57		144.75	221.32
丰镇市	20.45			38.41	58.86
化德县	128.17			176.69	304.86
凉城县					
商都县	37.43	2859.49		454.67	3351.59

（续）

湿地区名称	永久性淡水湖	永久性咸水湖	季节性淡水湖	季节性咸水湖	合　计
四子王旗				5766.65	5766.65
兴和县				74.25	74.25
卓资县				177.15	177.15
鄂尔多斯市	911.31	1551.78		9259.61	11722.70
达拉特旗		16.01		193.98	209.99
东胜区				317.46	317.46
鄂托克旗		784.99		181.40	966.39
鄂托克前旗		423.15		6721.50	7144.65
杭锦旗	105.23	203.71		1063.49	1372.43
乌审旗		13.90		129.13	143.03
伊金霍洛旗	806.08	110.02		652.65	1568.75
准格尔旗					
巴彦淖尔市	3813.97			1547.81	5361.78
磴口县	2401.12				2401.12
杭锦后旗	166.62			315.62	482.24
临河区	18.76			671.74	690.50
乌拉特后旗				78.03	78.03
乌拉特前旗				274.35	274.35
乌拉特中旗	97.00			154.02	251.02
五原县	1130.47			54.05	1184.52
乌海市		34.74		68.92	103.66
海勃湾区					
海南区		34.74		68.92	103.66
乌达区					
阿拉善盟	4178.40	2442.18		13102.32	19722.90
阿拉善右旗		577.74		5026.60	5604.34
阿拉善左旗	351.47	1864.44		7974.11	10190.02
额济纳旗	3826.93			101.61	3928.54

3.2.4 各行政区湖泊湿地型及面积

全区12个盟市中，呼伦贝尔市湖泊众多，湖泊湿地面积达25.57万公顷，居12个盟市之首，包括呼伦湖、新开湖等。锡林郭勒盟湖泊湿地达14.10万公顷，居第二位，主要包括乌拉盖高壁、查干淖尔等（表2-10、图2-12）。

表 2-10 内蒙古各盟市湖泊湿地面积表(公顷)

湿地类型 行政区	永久性淡水湖	永久性咸水湖	季节性淡水湖	季节性咸水湖	合 计
总 计	100858.37	250628.45	19830.80	194901.17	566218.79
阿拉善盟	7735.83	3715.58		13978.54	25429.95
乌海市		34.74		68.92	103.66
鄂尔多斯市	3929.22	8320.07		22761.20	35010.49
巴彦淖尔市	14484.68			1550.34	16035.02
包头市	1260.81			5680.95	6941.76
呼和浩特市	1771.12	172.78		187.70	2131.60
乌兰察布市	8254.84	5730.85		14034.51	28020.20
锡林郭勒盟	1819.66	8598.70		130575.51	140993.87
赤峰市	27118.94	469.06		3804.55	31392.55
兴安盟	3266.40	4053.54	1169.36	82.63	8571.93
通辽市	11038.76	769.58	3816.96	278.91	15904.21
呼伦贝尔市	20178.11	218763.55	14844.48	1897.41	255683.55

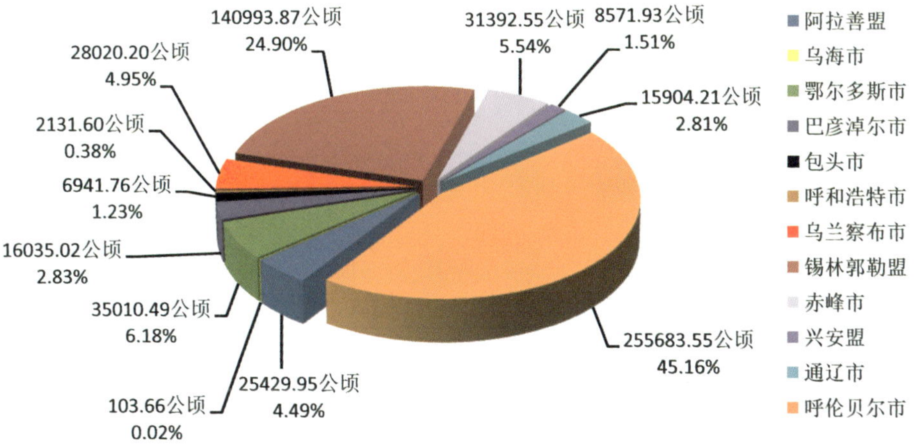

图 2-12 内蒙古各盟市湖泊湿地面积比例图

3.3 沼泽湿地

3.3.1 沼泽湿地型及面积

全区沼泽湿地 484.89 万公顷。其中，藓类沼泽 0.04 万公顷，草本沼泽 199.92 万公顷，灌丛沼泽 20.28 万公顷，森林沼泽 57.34 万公顷，内陆盐沼 52.43 万公顷，季节性咸水沼泽 92.30 万公顷，沼泽化草甸 62.35 万公顷，地热湿地 0.23 万公顷(图 2-13、图 2-14)。

3.3.2 各流域沼泽湿地型及面积

各流域沼泽湿地类型及面积分布见表 2-11、图 2-15。

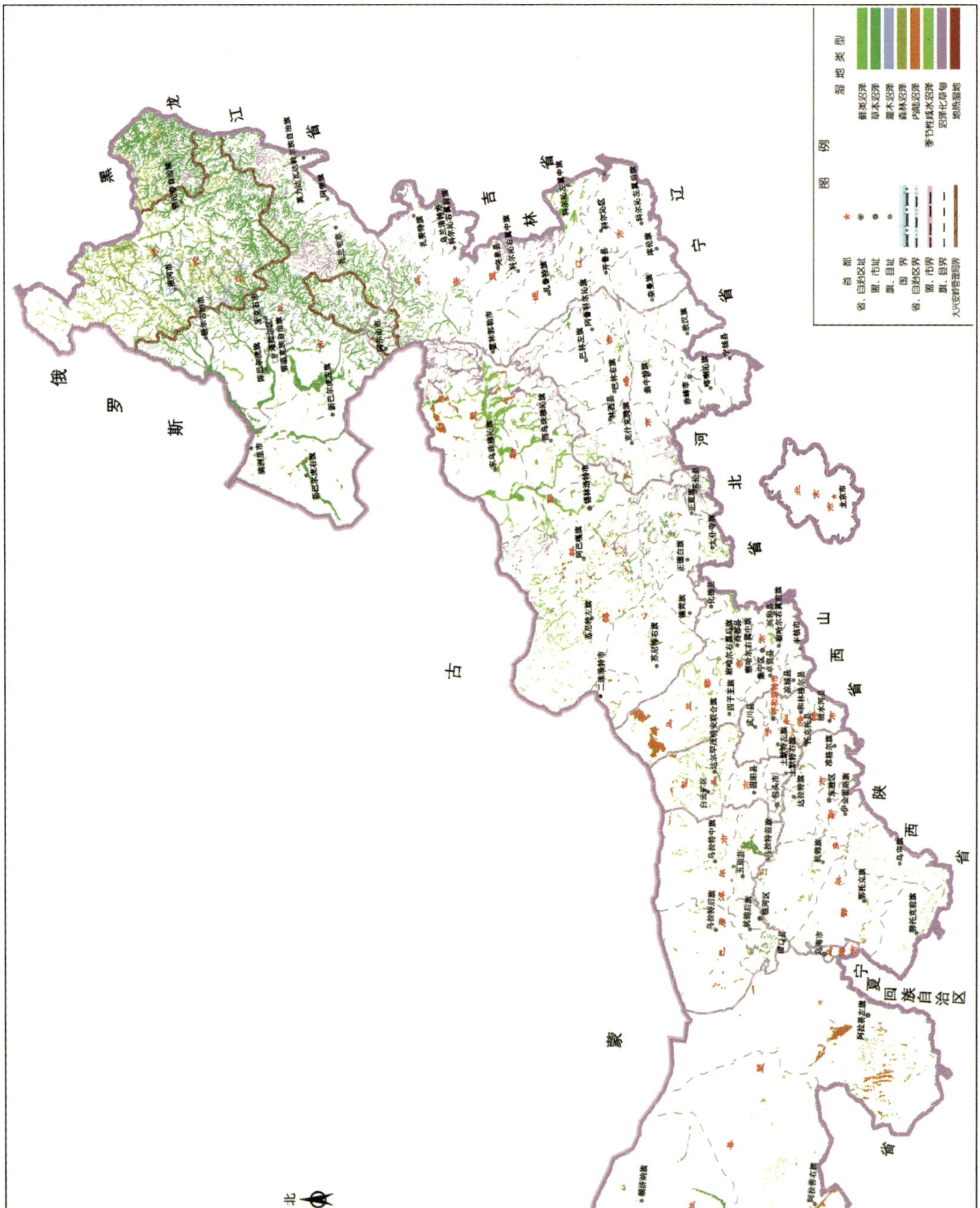

图 2-13 内蒙古沼泽湿地分布图

表 2-11 内蒙古各流域沼泽湿地面积表(公顷)

一级流域	二级流域	三级流域	沼泽湿地								合 计
			藓类沼泽	草本沼泽	灌丛沼泽	森林沼泽	内陆盐沼	季节性咸水沼泽	沼泽化草甸	地热湿地	
海河区	合 计			3106.51	282.78		114.44	2933.77	42522.30		48959.80
	海河北系	永定河册田水库至三家店区间						32.42	3018.16		3050.58
		永定河册田水库以上					114.44	186.21	113.95		414.6
		小 计					114.44	218.63	3132.11		3465.18
	滦河及冀东沿海	滦河山区		3106.51	282.78			2715.14	39390.19		45494.62
		小 计		3106.51	282.78			2715.14	39390.19		45494.62
黄河区	合 计			62556.85	110.34		50973.99	50186.98	14319.55		178147.71
	河口镇至龙门	河口镇至龙门左岸		758.26			571.84	243.10	550.10		2123.30
		吴堡以上右岸		931.82					256.08		1187.90
		吴堡以下右岸		436.08				2292.43			2728.51
		小 计		2126.16			571.84	2535.53	806.18		6039.71
	兰州至河口镇	石嘴山至河口镇北岸		51057.83	34.38		26277.56	10590.55	461.45		88421.77
		石嘴山至河口镇南岸		7295.43	75.96		12538.95	4619.94	2578.48		27108.76
		下河沿至石嘴山		372.87			6743.72	6167.23	124.58		13408.40
		小 计		58726.13	110.34		45560.23	21377.72	3164.51		128938.93
	内流区	内流区		1704.56			4841.92	26273.73	10348.86		43169.07
		小 计		1704.56			4841.92	26273.73	10348.86		43169.07
辽河区	合 计			47437.74	7097.83		4712.16	78723.95	112112.31		250083.99
	东北沿黄渤海诸河	沿渤海西部诸河							24.88		24.88
		小 计							24.88		24.88
	东辽河	东辽河									
		小 计									
	辽河干流	柳河口以上		1074.46							1074.46
		小 计		1074.46							1074.46

（续）

一级流域	二级流域	三级流域	沼泽湿地								合　计
			藓类沼泽	草本沼泽	灌丛沼泽	森林沼泽	内陆盐沼	季节性咸水沼泽	沼泽化草甸	地热湿地	
辽河区	西辽河	乌力吉木伦河		22618.33	541.23		1800.62	41179.40	69894.64		136034.22
		西拉木伦河及老哈河		8662.58	6556.60		349.23	11415.05	40443.62		67427.08
		西辽河下游		15082.37			2562.31	26129.50	1749.17		45523.35
		小　计		46363.28	7097.83		4712.16	78723.95	112087.43		248984.65
松花江区	合　计		352.15	1798329.50	192047.37	573390.68	10414.17	44878.35	184418.65	2347.07	2806177.90
	额尔古纳河	海拉尔河		493037.51	79875.18	52354.04	1566.10	27010.88	17066.07		670909.78
		呼伦湖水系		134194.99	5561.75	975.15	8848.07	4230.73	204.29	2347.07	156362.05
		额尔古纳干流区间	352.15	222400.81	85262.60	318039.32		10230.53	20379.57		656664.98
		小　计	352.15	849633.31	170699.53	371368.51	10414.17	41472.14	37649.93	2347.07	1483936.81
	嫩江	尼尔基至江桥		176195.97	3328.25	18653.93			62854.63		261032.78
		江桥以下		59413.05	3412.12	5386.34		3406.21	44074.42		115692.14
		尼尔基以上		713087.13	14607.47	177981.90			39839.67		945516.17
		小　计		948696.15	21347.84	202022.17		3406.21	146768.72		1322241.09
西北诸河区	合　计			87739.75	3300.27		458067.41	746319.46	270099.95		1565526.84
	河西走廊内陆河	河西荒漠区		6037.57			161031.61	11893.73			178962.91
		黑河		20462.62			2053.14				22515.76
		小　计		26500.19			163084.75	11893.73			201478.67
	内蒙古高原内陆河	内蒙古高原东部		54072.31	3300.27		156814.20	630836.58	266261.58		1111284.94
		内蒙古高原西部		7167.25			138168.46	103589.15	3838.37		252763.23
		小　计		61239.56	3300.27		294982.66	734425.73	270099.95		1364048.17
总　计			352.15	1999170.30	202838.59	573390.68	524282.17	923042.51	623472.76	2347.07	4848896.24

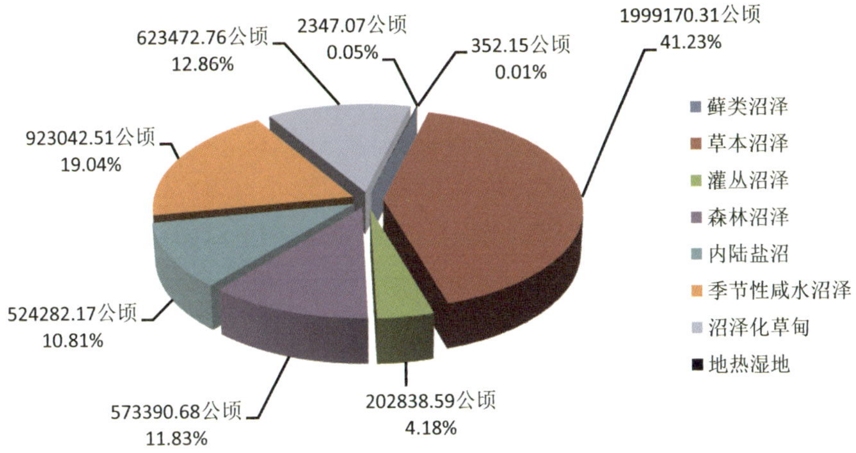

图 **2-14** 内蒙古沼泽湿地型面积比例图

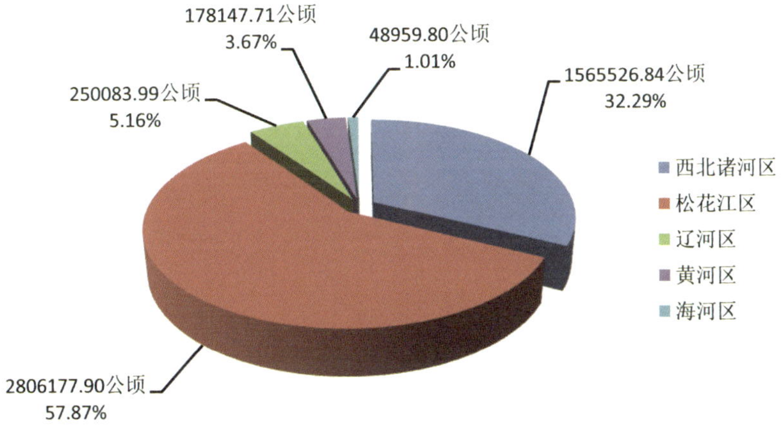

图 **2-15** 内蒙古各流域沼泽湿地面积比例图

3.3.3 各湿地区沼泽湿地型及面积

各湿地区沼泽类型及面积分布详见表2-12。

表 2-12 内蒙古各湿地区沼泽湿地面积表(公顷)

湿地区名称	藓类沼泽	草本沼泽	灌丛沼泽	森林沼泽	内陆盐沼	季节性咸水沼泽	沼泽化草甸	地热湿地	合 计
总 计	352.15	1999170.3	202838.59	573390.68	524282.17	923042.51	623472.76	2347.07	4848896.24
单独区划的湿地区	352.15	1766237.95	192479.28	570134.17	103989.99	301785.08	331109.95	2347.07	3268435.64
阿巴河单独区划湿地区		1053.93	172.68	10597.4					11824.01
阿尔山自然保护区湿地区		9227.75	311.34	936.71					10475.8
阿伦河		28948.28	21.96	324.93			2019.50		31314.67

（续）

湿地区名称	藓类沼泽	草本沼泽	灌丛沼泽	森林沼泽	内陆盐沼	季节性咸水沼泽	沼泽化草甸	地热湿地	合 计
阿木牛河		1066.34	22.18	1295.78			15844.86		18229.16
艾不盖河和腾格淖尔湿地		3206.43			4947.23	13241.59			21395.25
保安河		3634.34							3634.34
柴河		2710.00		8010.12					10720.12
绰尔河		56127.78	566.13	3311.11			9990.19		69995.21
大雁河单独区划湿地区		56385.16	40564.17	47448.96			9677.02		154075.31
得尔布耳河		19347.85	3077.53	35078.86					57504.24
多布库尔河单独区划湿地区		13622.95	2093.7	15923.17					31639.82
多伦大河口湿地		1592.61	106.40				6360.99		8060.00
额尔古纳河		60413.42	6465.32	258.22		11757.00	1953.68		80847.64
额尔古纳自然保护区湿地区		2067.07		4476.58					6543.65
额根河		3165.52							3165.52
甘河		125499.91	7091.01	68554.23					201145.15
格尼河		38125.21	853.77	3509.06			3040.33		45528.37
根河		76525.38	32337.04	67793.40			14338.66		190994.48
固里河		8305.48							8305.48
归流河		19988.64	283.46				2077.66		22349.76
哈布气河		6031.79		811.76					6843.55
哈拉哈河		17028.5						2347.07	19375.57
哈乌尔河		10599.81	989.89	1238.04					12827.74
海拉尔河		87372.33	20482.18	11.24		605.76	7389.05		115860.56
呼日查干淖尔和恩格尔河湿地自然保护区		6005.29			7412.10	4268.71	5754.54		23440.64
桦木沟和乌兰布统湿地							18470.07		18470.07
黄河湿地		10042.38	110.34		7972.50				18125.22
辉腾河和高格斯台河		7341.93			3616.66	2937.14	15969.03		29864.76
浑善达克沙地湿地		13504.74	977.72		5571.20	4556.32	8088.24		32698.22
霍林河		5298.44	985.71				8902.74		15186.89
激流河单独区划湿地区	352.15	15392.87	20901.86	175726.17					212373.05
吉尔布干河		2001.44		200.42					2201.86
吉兰泰盐湖									

（续）

湿地区名称	藓类沼泽	草本沼泽	灌丛沼泽	森林沼泽	内陆盐沼	季节性咸水沼泽	沼泽化草甸	地热湿地	合　计
吉仁郭勒湿地		73.88			454.38	39024.15	729.99		40282.40
蛟流河		1050.04					19.58		1069.62
教来河		392.12				1746.39	125.17		2263.68
居延海		336.79			2053.14				2389.93
科尔沁沙地湿地		5137.55							5137.55
库力河						1255.79	2903.52		4159.31
老哈河		102.24					64.83		167.07
六台河湿地					63.43	10108.28			10171.71
毛乌素沙地湿地					528.03	5919.96	7156.00		13603.99
免渡河		82152.22	7242.72	4116.18					93511.12
莫尔道嘎河单独区划湿地区		3809.78	1247.05	11838.3					16895.13
莫尔格勒河和呼和诺尔湿地		55058.36							55058.36
内蒙古阿鲁科尔沁国家级自然保护区		7014.04			542.02		10240.88		17796.94
内蒙古巴丹吉林沙漠湖泊自然保护区		346.62				3248.75			3595.37
内蒙古白音库伦自治区级自然保护区		166.35			508.81	1008.15	1085.44		2768.75
内蒙古达赉湖国家级自然保护区		52767.53			4976.14	420.63			58164.3
内蒙古达里诺尔国家级自然保护区		891.93			6318.43	5329.74	3478.45		16018.55
内蒙古岱海自治区级自然保护区		786.16				49.13	1286.56		2121.85
内蒙古都斯图河自治区级自然保护区						3390.12	102.04		3492.16
内蒙古额尔古纳湿地自治区级自然保护区		23374.1	19518.43	375.23			1183.71		44451.47
内蒙古哈素海自治区级自然保护区		1534.75							1534.75
内蒙古杭锦淖尔自治区级自然保护区		2410.46			6499.28	857.97	1170.51		10938.22
内蒙古荷叶花湿地水禽自治区级自然保护区		4518.29			1159.47				5677.76
内蒙古黄旗海自治区级自然保护区					157.91	6018.24	1071.47		7247.62

（续）

湿地区名称	藓类沼泽	草本沼泽	灌丛沼泽	森林沼泽	内陆盐沼	季节性咸水沼泽	沼泽化草甸	地热湿地	合 计
内蒙古潢源自然保护区									
内蒙古辉河国家级自然保护区		83978.21	57.89			20217.16			104253.26
内蒙古科尔沁国家级自然保护区			705.88				16630.75		17336.63
内蒙古南海子自治区级自然保护区		912.45							912.45
内蒙古松树山自然保护区		358.21	1310.05			308.74			1977
内蒙古图牧吉国家级自然保护区		4311.59					12411.27		16722.86
内蒙古乌力呼舒自然保护区		365.68					13492.56		13858.24
内蒙古乌梁素海自治区级自然保护区		26639.03			3384.77	22.88			30046.68
那都里河单独区划湿地区		2674.60							2674.6
嫩江源头湿地区		319505.67	4479.17	64576.09			21399.08		409960.01
尼尔基水库		1924.42					18440.59		20365.01
诺敏河		211171.36	1304.17	25124.51			164.97		237765.01
欧肯河		18553.41	19.11	15.88					18588.4
洮尔河		18676.81	1397.47	5386.34			273.27		25733.89
特尼河		12500.84							12500.84
天鹅湖自然保护区						447.97			447.97
卧牛河		5714.02							5714.02
乌尔根河		1639.55	97.01						1736.56
乌拉盖湿地		5445.4			46470.92	99138.77	46302.49		197357.58
乌力吉沐伦河湿地		72.86	32.11						104.97
乌玛自然保护区湿地区		32.04	455.79	10456.70					10944.53
乌耶勒格其河		1222.78							1222.78
务大哈气河		1375.53							1375.53
西拉木伦河		6659.6	4212.58			7765.22	11367.47		30004.87
西辽河湿地		153.87							153.87
锡林河湿地		362.73			116.03	40213.36			40692.12
新开河湿地		2954.31			1237.54	17927.16	623.53		22742.54
雅鲁河		9426.08	991.08	1961.12			29289.09		41667.37

（续）

湿地区名称	藓类沼泽	草本沼泽	灌丛沼泽	森林沼泽	内陆盐沼	季节性咸水沼泽	沼泽化草甸	地热湿地	合　计
伊敏河		71136.43	10994.38	777.66					82908.47
音河		4913.69					220.17		5133.86
县域为单位区划的湿地区		232932.36	10359.31	3256.51	420292.18	621257.43	292362.81		1580460.6
呼和浩特市		21417.94	3454.32		1324.77	63227.17	52129.43		141553.63
和林格尔县							424.75		424.75
回民区		7525.10	262.54				294.45		8082.09
清水河县		1292.19					17985.17		19277.36
赛罕区		135.95							135.95
土默特左旗		12456.20			1324.77	49467.55	3772.70		67021.22
托克托县			3191.78			13741.45	29239.30		46172.53
武川县		8.50							8.50
新城区							84.47		84.47
玉泉区						18.17	328.59		346.76
包头市		7563.83			10273.23	27502.03	3353.58		48692.67
白云矿区							1170.60		1170.60
达尔罕茂明安联合旗						8219.23			8219.23
东河区					1390.09				1390.09
固阳县		67.12			3573.40	16817.19			20457.71
九原区		123.56			3765.88	1985.89	666.25		6541.58
昆都仑区		7116.37			1254.43				8370.80
石拐区		150.67							150.67
土默特右旗		106.11			289.43	479.72	1516.73		2391.99
呼伦贝尔市		7667.80	78.93		105.02		939.26		8791.01
陈巴尔虎旗		893.34					914.38		1807.72
鄂伦春自治旗		149.56			105.02				254.58
鄂温克族自治旗		396.41							396.41
满洲里市		5877.78	78.93						5956.71
莫力达瓦达斡尔族自治旗		323.25					24.88		348.13
新巴尔虎右旗									
新巴尔虎左旗		27.46							27.46
扎兰屯市									
兴安盟		36583.46	30.06	1366.27		2803.98	8679.12		49462.89
阿尔山市		29780.63	30.06	1366.27			981.37		32158.33
科尔沁右翼前旗		4605.59				67.73	519.75		5193.07

（续）

湿地区名称	藓类沼泽	草本沼泽	灌丛沼泽	森林沼泽	内陆盐沼	季节性咸水沼泽	沼泽化草甸	地热湿地	合 计
科尔沁右翼中旗		1796.81				1023.08	7135.19		9955.08
突泉县		187.13				1556.13			1743.26
乌兰浩特市		213.30				157.04			370.34
扎赉特旗							42.81		42.81
通辽市		16660.97			136963.00	97348.33	2703.36		253675.66
开鲁县						7424.49			7424.49
科尔沁区									
科尔沁左翼后旗					118602.09	25807.76	99.04		144508.89
科尔沁左翼中旗							14.52		14.52
库伦旗		12344.92			6938.53	9742.43	1402.38		30428.26
奈曼旗		4316.05			11422.38	40666.41	1187.42		57592.26
扎鲁特旗						13707.24			13707.24
赤峰市		37007.71	584.29	1851.80	47991.78	220368.52	106969.72		414773.82
阿鲁科尔沁旗		367.15			29552.39	194140.3	90729.06		314788.9
敖汉旗		1457.98	176.38			196.64	14473.86		16304.86
巴林右旗		20848.77							20848.77
巴林左旗		250.81	384.45	1851.80					2487.06
红山区		149.95			6157.51	2237.81	198.62		8743.89
喀喇沁旗		84.17			2387.90	6990.54	57.55		9520.16
克什克腾旗		10309.83	23.46						10333.29
林西县		50.89			5659.95	888.53			6599.37
宁城县					114.44	186.21	113.95		414.6
松山区						833.15	59.91		893.06
翁牛特旗		1506.80			2009.70				3516.5
元宝山区		1981.36			2109.89	14895.34	1336.77		20323.36
锡林郭勒盟		83004.77	960.20	2.22	7009.15	136222.65	60383.30		287582.29
阿巴嘎旗					67.06				67.06
东乌珠穆沁旗		46.83			1820.30	76913.67	53234.15		132014.95
多伦县		1206.34			831.25	50647.72	33.65		52718.96
二连浩特市					144.90	1413.04	51.22		1609.16
太仆寺旗		34510.37			3871.93	3065.08			41447.38
西乌珠穆沁旗		43038.93	960.20	2.22	176.01	4150.72	204.29		48532.37
锡林浩特市									
镶黄旗						32.42	3151.61		3184.03
苏尼特右旗		931.82			97.70		1103.53		2133.05

（续）

湿地区名称	藓类沼泽	草本沼泽	灌丛沼泽	森林沼泽	内陆盐沼	季节性咸水沼泽	沼泽化草甸	地热湿地	合　计
苏尼特左旗									
正蓝旗									
正镶白旗		3270.48					2604.85		5875.33
乌兰察布市		8403.41			23189.11	22481.92	588.23		54662.67
集宁区		266.94			5269.84	604.15			6140.93
察哈尔右翼后旗		15.39			349.23	2311.23	391.85		3067.70
察哈尔右翼前旗									
察哈尔右翼中旗					778.43				778.43
丰镇市									
化德县		2661.49			9000.77	2373.23	24.98		14060.47
凉城县		836.26			4776.11	2170.67			7783.04
商都县		3167.6			2806.57	12583.7	140.23		18698.10
四子王旗							31.17		31.17
兴和县		436.08				2438.94			2875.02
卓资县		1019.65			208.16				1227.81
鄂尔多斯市		2611.34			303.30	842.63	411.34		4168.61
达拉特旗		529.01				125.52	298.76		953.29
东胜区									
鄂托克旗					67.81	310.20			378.01
鄂托克前旗									
杭锦旗									
乌审旗		1797.74			235.49				2033.23
伊金霍洛旗							112.58		112.58
准格尔旗		284.59				406.91			691.50
巴彦淖尔市		8385.81	673.86		137402.73	14479.25	24699.20		185640.85
磴口县		5161.71			137303.6	5829.98			148295.29
杭锦后旗		2056.06	673.86		99.13	986.54	21739.33		25554.92
临河区		93.02				112.83	199.68		405.53
乌拉特后旗		540.78				827.52	2666.04		4034.34
乌拉特前旗							94.15		94.15
乌拉特中旗						463.37			463.37
五原县		534.24				6259.01			6793.25
乌海市		141.48			2026.11	464.00	6614.35		9245.94
海勃湾区							6505.30		6505.30
海南区					1930.62	228.17	109.05		2267.84
乌达区		141.48			95.49	235.83			472.80
阿拉善盟		3483.84	4577.65	36.22	53703.98	35516.95	24891.92		122210.56

（续）

湿地区名称	藓类沼泽	草本沼泽	灌丛沼泽	森林沼泽	内陆盐沼	季节性咸水沼泽	沼泽化草甸	地热湿地	合 计
阿拉善右旗		19.86			29975.97	32701.95	24891.92		87589.70
阿拉善左旗		3463.98	4577.65	36.22					8077.85
额济纳旗					23728.01	2815			26543.01

3.3.4 各行政区沼泽湿地型及面积

在全区中，沼泽湿地多分布于锡林郭勒盟和呼伦贝尔市(表2-13、图2-16)。

表2-13 内蒙古各盟市沼泽湿地面积表(公顷)

湿地型 盟市	藓类沼泽	草本沼泽	灌丛沼泽	森林沼泽	内陆盐沼	季节性咸水沼泽	沼泽化草甸	地热湿地	合 计
总 计	352.15	1999170.31	202838.59	573390.68	524282.17	923042.51	623472.76	2347.07	4848896.24
阿拉善盟		26919.33	34.38		165971.37	11893.73			204818.81
乌海市		1774.83	75.96		1699.76				3550.55
鄂尔多斯市		8820.62			22881.08	39353.33	13308.00		84363.03
巴彦淖尔市		46293.07			26247.99	17150.48	165.21		89856.75
包头市		8408.17			11103.37	31583.47	253.43		51348.44
呼和浩特市		2687.87			5432.39	965.50	298.76		9384.52
乌兰察布市		1320.40			119005.68	64881.11	7264.63		192471.82
锡林郭勒盟		56286.89	1260.50		150495.77	614743.74	277429.57		1100216.47
赤峰市		18697.47	9420.38		8546.35	33129.66	99742.23		169536.09
兴安盟		104603.06	7692.39	7691.76			91218.96	2347.07	213553.24
通辽市		33823.12	985.71		2484.24	67869.35	4742.08		109904.50
呼伦贝尔市	352.15	1689535.48	183369.27	565698.92	10414.17	41472.14	129049.89		2619892.02

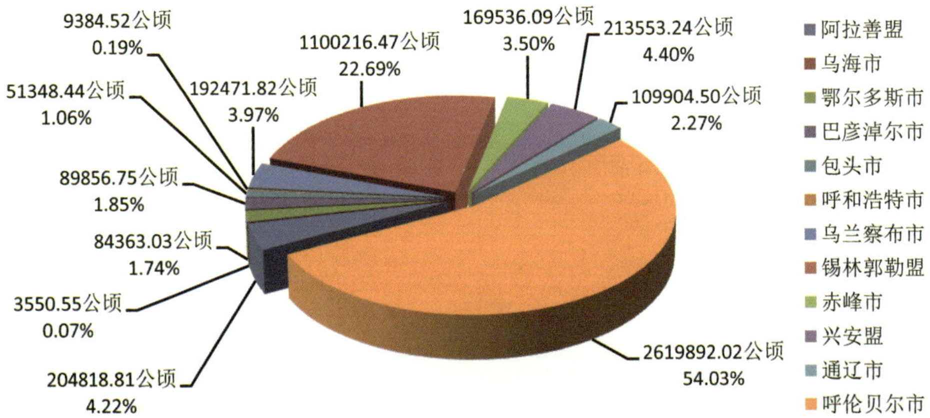

图2-16 内蒙古各盟市沼泽湿地面积比例图

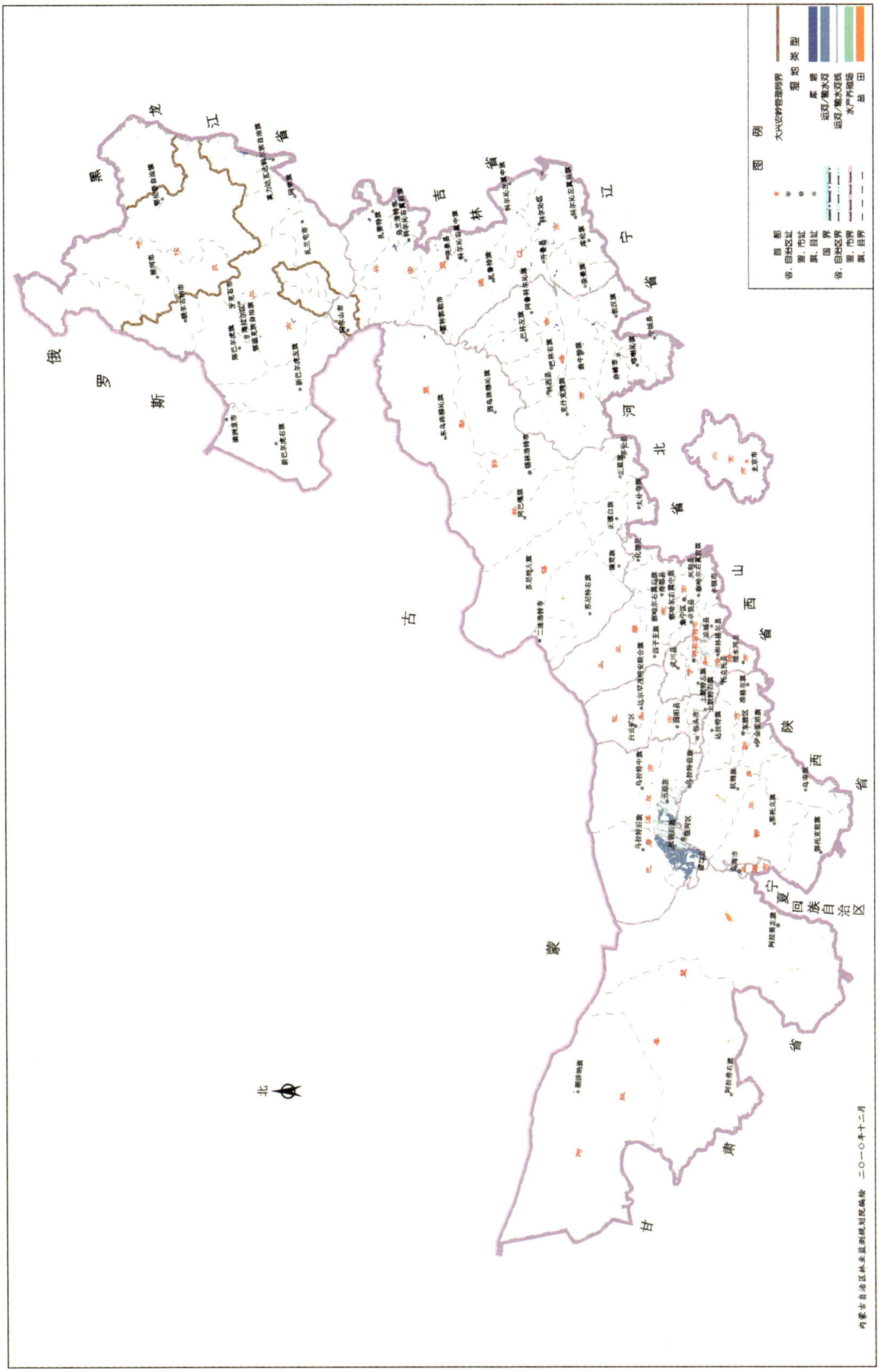

图 2-17　内蒙古人工湿地分布图

3.4 人工湿地

3.4.1 人工湿地型及面积

全区人工湿地 13.18 万公顷，占湿地总面积的 2.19%，包括库塘、运河/输水河、水产养殖场、盐田 4 种类型(图 2-17、图 2-18)。

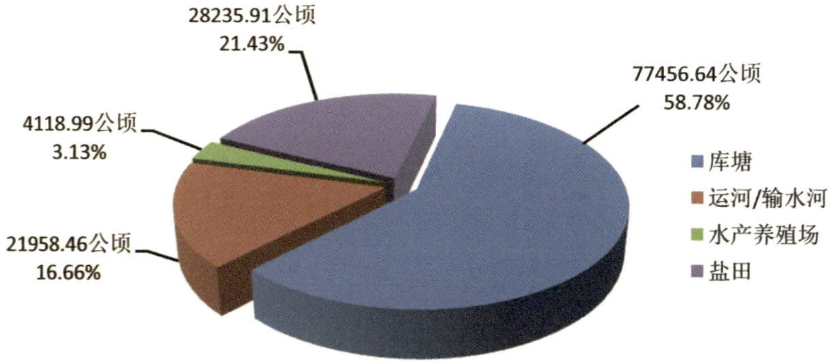

图 **2-18** 内蒙古人工湿地型面积比例图

(1)库塘。库塘湿地主要是指灌溉、水电、防洪等目的而建造的，面积不小于 8 公顷的人工蓄水区。全区有各种水库 396 座，库塘湿地面积 7.75 万公顷，占人工湿地的 58.78%。

(2)运河/输水河。全区以灌溉、疏浚等为主要目的建造的人工沟、渠面积为 2.20 万公顷，占人工湿地的 16.66%。

(3)水产养殖场。水产养殖场指以水产养殖为主要目的而建造的人工湿地。全区水产养殖场面积达 0.41 万公顷，占人工湿地的 3.13%。

(4)盐田。盐田是指为获取盐业资源而修建的晒盐场或盐池。全自治区盐田面积 2.82 万公顷，占人工湿地的 21.43%。

3.4.2 各流域人工湿地型及面积

在各流域中，西北诸河区人工湿地面积为 2.71 万公顷，松花江区人工湿地面积为 3.90 万公顷，辽河区人工湿地面积为 2.68 万公顷，黄河区人工湿地面积为 3.66 万公顷，海河区人工湿地面积为 0.22 万公顷(表 2-14、图 2-19)。

表 2-14 内蒙古各流域人工湿地面积表(公顷)

一级流域	二级流域	三级流域	人工湿地				总 计
			库 塘	运河/输水河	水产养殖场	盐 田	
海河区	合 计		2203.71				2203.71
	海河北系	永定河册田水库至三家店区间	433.45				433.45
		永定河册田水库以上	168.04				168.04
		小 计	601.49				601.49
	滦河及冀东沿海	滦河山区	1602.22				1602.22
		小 计	1602.22				1602.22

（续）

一级流域	二级流域	三级流域	人工湿地				总　计
			库　塘	运河/输水河	水产养殖场	盐　田	
黄河区	合　计		8033.05	18287.12	3495.86	6829.05	36645.08
	河口镇至龙门	河口镇至龙门左岸	605.99	22.05	228.34		856.38
		吴堡以上右岸	899.57		730.19		1629.76
		吴堡以下右岸	1149.42				1149.42
		小　计	2654.98	22.05	958.53		3635.56
	兰州至河口镇	石嘴山至河口镇北岸	3875.23	17313.81	1744.52		22933.56
		石嘴山至河口镇南岸	780.13	951.26	781.51		2512.9
		下河沿至石嘴山	120.89				120.89
		小　计	4776.25	18265.07	2526.03		25567.35
	内流区	内流区	601.82		11.3	6829.05	7442.17
		小　计	601.82		11.3	6829.05	7442.17
辽河区	合　计		24768.13	1556.40	451.18	0	26775.71
	东北沿黄渤海诸河	沿渤海西部诸河	146.99				146.99
		小　计	146.99				146.99
	东辽河	东辽河					0
		小　计					0
	辽河干流	柳河口以上	1159.08	59.88			1218.96
		小　计	1159.08	59.88			1218.96
	西辽河	乌力吉木伦河	3644.35	81.95	0		3726.3
		西拉木伦河及老哈河	7722.53	120.10	368.00		8210.63
		西辽河下游	12095.18	1294.47	83.18		13472.83
		小　计	23462.06	1496.52	451.18		25409.76
松花江区	合　计		37032.10	1847.82	118.6	0	38998.52
	额尔古纳河	海拉尔河	3097.37	33.92	106.89		3238.18
		呼伦湖水系	545.58	444.64			990.22
		额尔古纳干流区间					0
		小　计	3642.95	478.56	106.89		4228.4
	嫩江	尼尔基至江桥	4179.28	739.67	0		4918.95
		江桥以下	10741.13	629.59	0		11370.72
		尼尔基以上	18468.74	0	11.71		18480.45
		小　计	33389.15	1369.26	11.71		34770.12
西北诸河区	合　计		5419.65	267.12	53.35	21406.86	27146.98
	河西走廊内陆河	河西荒漠区	159.63	233.25	0	18337.38	18730.26
		黑河	1048.08	21.14	0	0	1069.22
		小　计	1207.71	254.39	0	18337.38	19799.48
	内蒙古高原内陆河	内蒙古高原东部	3021.49			3069.48	6090.97
		内蒙古高原西部	1190.45	12.73	53.35		1256.53
		小　计	4211.94	12.73	53.35	3069.48	7347.50
总　计			77456.64	21958.46	4118.99	28235.91	131770.00

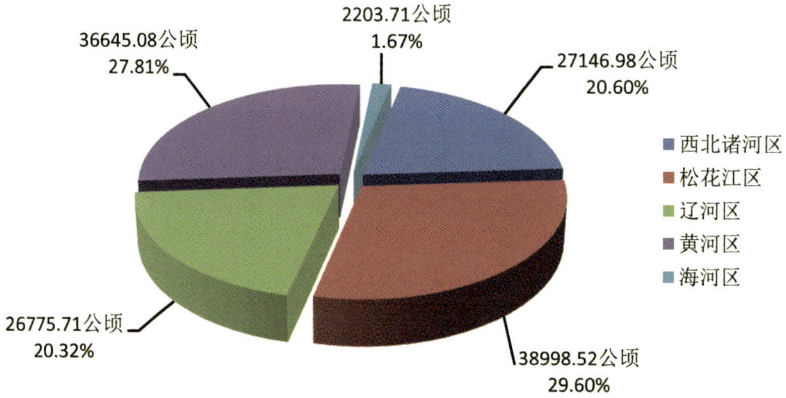

图 2-19 内蒙古各流域人工湿地面积比例图

3.4.3 各湿地区人工湿地型及面积

全区各类湿地区人工湿地面积分布见表2-15。

表 2-15 内蒙古各湿地区人工湿地面积表(公顷)

湿地区名称	库　塘	运河/输水河	水产养殖场	盐　田	合　计
总　计	77456.64	21958.46	4118.99	28235.91	131770.00
单独区划的湿地区	55513.88	3793.02	2488.97	14002.51	75798.38
阿巴河单独区划湿地区					
阿尔山自然保护区湿地区					
阿伦河	459.27	188.82			648.09
阿木牛河					
艾不盖河和腾格淖尔湿地	187.17				187.17
保安河					
柴河					
绰尔河	2868.92	498.96			3367.88
大雁河单独区划湿地区					
得尔布耳河					
多布库尔河单独区划湿地区	85.49				85.49
多伦大河口湿地	1533.46				1533.46
额尔古纳河					
额尔古纳自然保护区湿地区					
额根河					
甘河	276.46				276.46
格尼河	137.98				137.98

（续）

湿地区名称	库　塘	运河/输水河	水产养殖场	盐　田	合　计
根河					
固里河					
归流河	298.01	8.87			306.88
哈布气河					
哈拉哈河					
哈乌尔河					
海拉尔河	413.37	167.99			581.36
呼日查干淖尔和恩格尔河湿地自然保护区					
桦木沟和乌兰布统湿地					
黄河湿地	26.58	90.37	912.04		1028.99
辉腾河和高格斯台河	27.99				27.99
浑善达克沙地湿地					
霍林河	1265.30	322.39			1587.69
激流河单独区划湿地区					
吉尔布干河					
吉兰泰盐湖				13268.15	13268.15
吉仁郭勒湿地					
蛟流河	1367.76	44.41			1412.17
教来河	4100.98	175.31	37.47		4313.76
居延海					
科尔沁沙地湿地	996.70	144.57			1141.27
库力河					
老哈河	2726.52	39.63	163.95		2930.10
六台河湿地	176.65				176.65
毛乌素沙地湿地	121.12		11.30	734.36	866.78
免渡河	269.42				269.42
莫尔道嘎河单独区划湿地区					
莫尔格勒河和呼和诺尔湿地	127.14				127.14
内蒙古阿鲁科尔沁国家级自然保护区		19.37			19.37
内蒙古巴丹吉林沙漠湖泊自然保护区					
内蒙古白音库伦自治区级自然保护区					

（续）

湿地区名称	库 塘	运河/输水河	水产养殖场	盐 田	合 计
内蒙古达赉湖国家级自然保护区		310.57			310.57
内蒙古达里诺尔国家级自然保护区					
内蒙古岱海自治区级自然保护区	11.31	12.29	53.35		76.95
内蒙古都斯图河自治区级自然保护区	55.26				55.26
内蒙古额尔古纳湿地自治区级自然保护区					
内蒙古哈素海自治区级自然保护区		219.14	913.31		1132.45
内蒙古杭锦淖尔自治区级自然保护区	65.36	447.27	91.85		604.48
内蒙古荷叶花湿地水禽自治区级自然保护区					
内蒙古黄旗海自治区级自然保护区	180.38				180.38
内蒙古潢源自然保护区	150.76				150.76
内蒙古辉河国家级自然保护区	560.46				560.46
内蒙古科尔沁国家级自然保护区					
内蒙古南海子自治区级自然保护区					
内蒙古松树山自然保护区			104.98		104.98
内蒙古图牧吉国家级自然保护区	2325.14	21.52			2346.66
内蒙古乌力呼舒自然保护区					
内蒙古乌梁素海自治区级自然保护区		41.45			41.45
那都里河单独区划湿地区					
嫩江源头湿地区	24.77		11.71		36.48
尼尔基水库	17984.63				17984.63
诺敏河	419.92				419.92
欧肯河					
洮尔河	4824.51	150.13			4974.64
特尼河					
天鹅湖自然保护区					
卧牛河	79.49		106.89		186.38
乌尔根河					

（续）

湿地区名称	库　塘	运河/输水河	水产养殖场	盐　田	合　计
乌拉盖湿地					
乌力吉沐伦河湿地					
乌玛自然保护区湿地区					
乌耶勒格其河					
务大哈气河					
西拉木伦河	2972.46		36.41		3008.87
西辽河湿地	3530.89	433.70	45.71		4010.3
锡林河湿地	334.91				334.91
新开河湿地	2254.01	376.63			2630.64
雅鲁河	69.48				69.48
伊敏河	1980.14				1980.14
音河	223.71	79.63			303.34
县域为单位区划的湿地区	21942.76	18165.44	1630.02	14233.40	55971.62
呼和浩特市	4873.4	81.91			4955.31
和林格尔县	752.66	39.81			792.47
回民区	184.75	9.92			194.67
清水河县	553.63	11.96			565.59
赛罕区	25.32				25.32
土默特左旗	1598.42	19.78			1618.20
托克托县	220.37				220.37
武川县	814.48				814.48
新城区	574.60				574.60
玉泉区	149.17	0.44			149.61
包头市	1033.11	1398.49	478.78		2910.38
白云矿区	23.57				23.57
达尔罕茂明安联合旗					
东河区					
固阳县	81.71				81.71
九原区	378.26	95.84	442.69		916.79
昆都仑区	17.30	1171.90			1189.20
石拐区	252.16	130.75	36.09		419.00
土默特右旗	280.11				280.11
呼伦贝尔市	1184.83	3850.62	209.20		5244.65
陈巴尔虎旗	121.59		13.04		134.63
鄂伦春自治旗		3716.15	173.19		3889.34

（续）

湿地区名称	库　塘	运河/输水河	水产养殖场	盐　田	合　计
鄂温克族自治旗	74.95				74.95
满洲里市	97.39				97.39
莫力达瓦达斡尔族自治旗	165.68				165.68
新巴尔虎右旗	492.42		22.97		515.39
新巴尔虎左旗	232.80				232.80
扎兰屯市		134.47			134.47
兴安盟	1352.93	17.90	198.41		1569.24
阿尔山市					
科尔沁右翼前旗	732.91	17.90			750.81
科尔沁右翼中旗	50.49				50.49
突泉县	17.90				17.90
乌兰浩特市	514.05		198.41		712.46
扎赉特旗	37.58				37.58
通辽市	373.26			1609.06	1982.32
开鲁县					
科尔沁区					
科尔沁左翼后旗	131.81				131.81
科尔沁左翼中旗	203.58				203.58
库伦旗	37.87			1599.06	1636.93
奈曼旗				10.00	10.00
扎鲁特旗					
赤峰市	3558.31	2733.55		7017.57	13309.43
阿鲁科尔沁旗	1859.71			120.00	1979.71
敖汉旗	18.27				18.27
巴林右旗	1048.08	21.14			1069.22
巴林左旗					
红山区	65.63				65.63
喀喇沁旗	81.97			636.35	718.32
克什克腾旗					
林西县	149.30			1340.42	1489.72
宁城县	168.04				168.04
松山区	101.24				101.24
翁牛特旗		2402.71			2402.71
元宝山区	66.07	309.70		4920.80	5296.57
锡林郭勒盟	1815.17	172.89		219.86	2207.92

（续）

湿地区名称	库 塘	运河/输水河	水产养殖场	盐 田	合 计
阿巴嘎旗	165.24				165.24
东乌珠穆沁旗	244.50				244.50
多伦县	30.74				30.74
二连浩特市	98.20				98.20
太仆寺旗	137.98				137.98
西乌珠穆沁旗					
锡林浩特市					
镶黄旗	467.87				467.87
苏尼特右旗	573.83			219.86	793.69
苏尼特左旗	96.81	148.08			244.89
正蓝旗					
正镶白旗		24.81			24.81
乌兰察布市	3485.84	6911.17	520.75	317.68	11235.44
集宁区	200.82	604.07	485.56		1290.45
察哈尔右翼后旗	546.98				546.98
察哈尔右翼前旗	8.59	22.40			30.99
察哈尔右翼中旗	173.07				173.07
丰镇市	19.09	98.30			117.39
化德县	11.06	118.65	35.19		164.90
凉城县	291.85	1741.91			2033.76
商都县	790.44	846.82			1637.26
四子王旗	294.52	32.74			327.26
兴和县	1149.42			317.68	1467.10
卓资县		3446.28			3446.28
鄂尔多斯市	972.28	302.41	213.53		1488.22
达拉特旗	469.07		29.90		498.97
东胜区					
鄂托克旗	23.98				23.98
鄂托克前旗	10.47				10.47
杭锦旗	87.59				87.59
乌审旗	330.10	37.61	156.98		524.69
伊金霍洛旗	51.07		26.65		77.72
准格尔旗		264.80			264.80
巴彦淖尔市	2235.12	282.34		3387.86	5905.32
磴口县	159.63	282.34		3387.86	3829.83

（续）

湿地区名称	库 塘	运河/输水河	水产养殖场	盐 田	合 计
杭锦后旗	735.37				735.37
临河区	338.08				338.08
乌拉特后旗	304.97				304.97
乌拉特前旗	606.79				606.79
乌拉特中旗					
五原县	90.28				90.28
乌海市	1058.51	2414.16	9.35		3482.02
海勃湾区	173.00				173.00
海南区	142.04	1594.05	9.35		1745.44
乌达区	743.47	820.11			1563.58
阿拉善盟				1681.37	1681.37
阿拉善右旗					
阿拉善左旗					
额济纳旗				1681.37	1681.37

3.4.4 各行政区人工湿地型及面积

全区人工湿地面积最大的是呼伦贝尔市，面积2.43万公顷；次之是阿拉善盟，面积1.98万公顷，主要是阿拉善左旗的吉兰泰盐湖；第三位是通辽市，面积1.66万公顷(表2-16、图2-20)。

表2-16 内蒙古各盟市人工湿地面积表(公顷)

湿地类型 行政区	库 塘	运河/输水河	水产养殖场	盐 田	合 计
总 计	77456.64	21958.46	4118.99	28235.91	131770.00
阿拉善盟	1207.71	303.48		18337.38	19848.57
乌海市	200.75	120.70			321.45
鄂尔多斯市	3351.08	852.81	1523.00	6829.05	12555.94
巴彦淖尔市	1110.65	13576.24	208.38		14895.27
包头市	1669.02	1762.41	335.71		3767.14
呼和浩特市	1945.26	1925.87	1428.77		5299.90
乌兰察布市	1548.23	12.73	53.35		1614.31
锡林郭勒盟	4403.34			3069.48	7472.82
赤峰市	9739.02	19.37	368.00		10126.39
兴安盟	13845.01	1125.71			14970.72
通辽市	15014.52	1512.13	83.18		16609.83
呼伦贝尔市	23422.05	747.01	118.60		24287.66

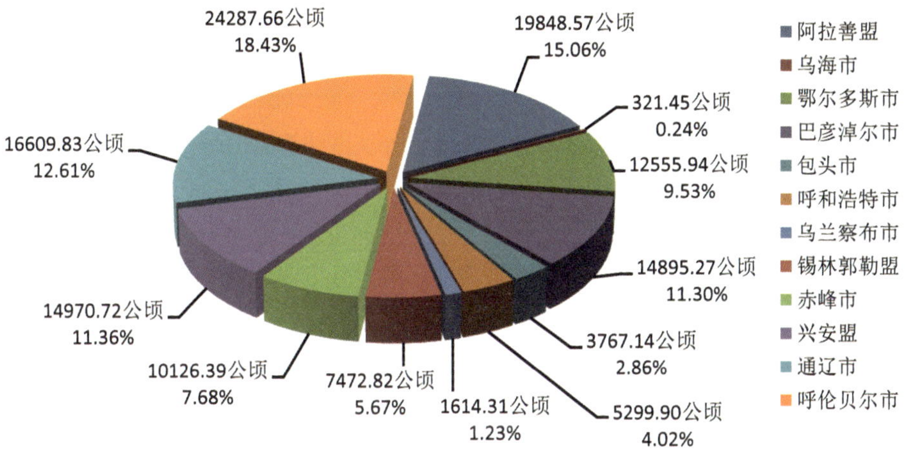

图 **2-20**　内蒙古各盟市人工湿地面积比例图

第三节
湿地的分布特点

1　湿地特点

全区地貌类型以海拔 1000 米以上的开阔高原为主，约占全区土地总面积的 1/2，其余为山地、丘陵、平原、盆地等。其基本特征：大兴安岭呈东北—西南走向，斜行于内蒙古东部边缘；阴山山地为东西走向，横贯本区中部。它们构成了内蒙古地貌的脊梁，把本区分成北部的内蒙古高原，东部的西辽河平原，南部的河套 - 呼和浩特平原和鄂尔多斯高原。贺兰山呈南北走向，延伸至阿拉善荒漠的东缘，将荒漠草原和荒漠分开。全区年降水量在 50 ~450 毫米之间，而且集中在 7、8、9 三个月，约占全年降水量的 80% ~90% 。特殊自然地理环境，使湿地资源具有以下特点。

1.1　湿地类型多样，类型分布不均

内蒙古自治区湿地类型包括河流湿地、湖泊湿地、沼泽湿地和人工湿地 4 类湿地，永久性河流、永久性湖泊、藓类沼泽、库塘等 19 个湿地型。

在 4 大湿地类中，天然湿地(包括湖泊湿地、河流湿地、沼泽湿地)587. 88 万公顷，占湿地总面积 97. 81% ；人工湿地 13. 18 万公顷，占湿地总面积 2. 19% 。

从湿地类分析，全区湿地以沼泽湿地居多，为 484. 89 万公顷，占全区湿地总面积 80. 67% ；其次为湖泊湿地，面积为 56. 62 万公顷，占湿地总面积 9. 42% ；之后为河流湿地，面积为 46. 37 万公顷，占湿地总面积 7. 71% ；人工湿地最少，为 13. 18 万公顷，占湿地总面积的 2. 19% 。湿地类型分布极为不均。

同时，湿地分布又呈现地域性分布不均的特点(图 2-4)。湿地最多的为呼伦贝尔市；依次为

锡林郭勒盟、赤峰市；最少为乌海市，湿地面积占全区湿地总面积的0.13%。

在湿地类中，河流湿地主要分布在呼伦贝尔市境内，占河流湿地面积的20.05%；其次为赤峰市，占河流湿地面积的19.16%；最少为乌海市，只占0.77%。

湖泊湿地主要分布在呼伦贝尔市和锡林郭勒盟，分别占湖泊湿地面积的45.16%和24.90%。

沼泽湿地主要分布在呼伦贝尔市和锡林郭勒盟，分别占沼泽湿地面积的54.03%和22.69%。

人工湿地主要分布在呼伦贝尔市和阿拉善盟，分别占人工湿地面积的18.43%和15.06%。

湿地类按流域分布，松花江区湿地较多，海河区湿地分布较少(图2-3)。

1.2 河流湿地中，永久性河流和季节性河流分布较为明显

在各种自然条件中，降水是全区水资源的主要补给来源，降水量多少及地区差异，直接影响地表水的发育程度及河流特征。

内蒙古地处干旱半干旱地区，年降水量在50～450毫米之间。降水量最多为大兴安岭地区，达450毫米左右；西辽河流域、阴山南麓鄂尔多斯高原中部地区降水量在300毫米左右；阿拉善大部地区降水量在50～150毫米之间。降水量相对集中在7、8、9三个月，约占全年降水量的80%～90%。

在内蒙古自治区大兴安岭地区、加格达奇地区和呼伦贝尔盟主要以永久性河流为主，中西部地区主要以季节性河流为主。由于雨季降水相对集中，常常由暴雨引起山洪，因此，形成大量的冲刷沟(图2-6)。

1.3 湖泊湿地中，咸水湖占优势

内蒙古地处蒙古高原，上游地段河床相对稳定，下游流入高原，地形开阔、河床多变，最后以片流失散于洼地或流入大小湖泊。湖泊星罗棋布，有上千余个，主要分布于西辽河平原、内蒙古北部高原、鄂尔多斯高原、阿拉善高原。可分为淡水湖、咸水湖。主要天然湖泊有呼伦湖、贝尔湖、达里诺尔、乌梁素海、岱海、黄旗海、查干诺尔、居延海等。

在众多湖泊中，主要以永久性咸水湖和季节性咸水湖为主，分别占湖泊面积的44.26%、34.42%，这两类型占湖泊湿地面积的78.68%(图2-10)。咸水湖在内蒙古分布广泛，反映出内蒙古高原降水量少的特征。

1.4 沼泽湿地面积较大

在湿地类中，沼泽湿地面积较大，占湿地总面积的80.67%，主要分布在呼伦贝尔市、锡林郭勒盟。由于呼伦贝尔市是内蒙古的主要林区，河流密布，发育着较大面积的沼泽湿地；锡林郭勒盟地处浑善达克沙地，同时是滦河的发源地，水分条件较好，水系发达(图2-2)。

在沼泽湿地中，草本沼泽面积较大，占沼泽湿地面积41.23%，其次为季节性咸水沼泽，占沼泽湿地面积19.04%，这与内蒙古自然地理特征相吻合(图2-14)。

1.5 湿地的土地权属以集体权属为主

内蒙古自治区湿地权属主要分为国有和集体，其中，国有权属占湿地总面积的56.77%，集

体权属占43.23%(表2-17)。

表2-17　内蒙古各湿地类型的权属面积表(公顷)

湿地类	湿地型	国　有	集　体	总　计	占湿地总面积比例(%)
河流湿地	永久性河流	201116.80	43154.77	244271.57	4.06
	季节性或间歇性河流	28439.60	159028.02	187467.62	3.12
	洪泛平原湿地	29846.97	2118.98	31965.95	0.53
湖泊湿地	永久性淡水湖	74662.48	26195.89	100858.37	1.68
	永久性咸水湖	220944.84	29683.61	250628.45	4.17
	季节性淡水湖	15113.68	4717.12	19830.80	0.33
	季节性咸水湖	21188.33	173712.84	194901.17	3.24
草本沼泽	藓类沼泽	352.15		352.15	0.01
	草本沼泽	1601564.93	397605.38	1999170.30	33.26
	灌丛沼泽	187865.09	14973.50	202838.59	3.37
	森林沼泽	573342.16	48.52	573390.68	9.54
	内陆盐沼	26902.63	497379.54	524282.17	8.72
	季节性咸水沼泽	42656.09	880386.42	923042.51	15.36
	草甸沼泽	323024.88	300447.88	623472.76	10.37
	地热湿地	2347.07		2347.07	0.04
人工湿地	库塘	59795.77	17660.87	77456.64	1.29
	运河/输水河	2635.48	19322.98	21958.46	0.37
	水产养殖场	461.08	3657.91	4118.99	0.07
	盐田		28235.91	28235.91	0.47
总　计		3412260.03	2598330.14	6010590.17	100.00

1.6　湿地受干扰强度大

内蒙古干旱少雨。人口增长、工业化发展、城市扩张、农村居民生产生活方式转变等发展变化对湿地的开发利用强度不断加大。特别是上游拦河筑坝，使下游河流干枯，湿地丧失，对湿地生态系统造成不可逆转的影响。因此，内蒙古湿地受人为干扰强度较大。

2　各盟市湿地分布状况

内蒙古自治区湿地遍布全区，但总体上东部地区多于西部地区，中部、南部地区多于北部地区。其中，东部地区以森林沼泽、灌丛沼泽、草本沼泽及永久性淡湖泊湿地为主；中部以灌丛沼泽、草本湿地及人工湿地为主，西部以季节性河流、间歇性河流和湿地和内陆盐沼及季节性咸水沼泽为主(表2-18)。

表 2-18 内蒙古各盟市湿地类分布表(公顷)

盟市名称	湿地总面积(公顷)	占湿地总面积比例(%)	河流湿地		湖泊湿地		沼泽湿地		人工湿地	
			面积(公顷)	占河流湿地面积比例(%)	面积(公顷)	占湖泊湿地面积比例(%)	面积	占沼泽湿地面积比例(%)	面积(公顷)	占人工湿地面积比例(%)
阿拉善盟	268561.27	4.47	18463.94	3.98	25429.95	4.49	204818.81	4.22	19848.57	15.06
乌海市	7537.07	0.13	3561.41	0.77	103.66	0.02	3550.55	0.07	321.45	0.24
鄂尔多斯市	204147.25	3.4	72217.79	15.57	35010.49	6.18	84363.03	1.74	12555.94	9.53
巴彦淖尔市	154222.46	2.57	33435.42	7.21	16035.02	2.83	89856.75	1.85	14895.27	11.30
包头市	93596.26	1.56	31538.92	6.80	6941.76	1.23	51348.44	1.06	3767.14	2.86
呼和浩特市	33303.11	0.55	16487.09	3.56	2131.60	0.38	9384.52	0.19	5299.90	4.02
乌兰察布市	245457.58	4.08	23351.25	5.04	28020.20	4.95	192471.82	3.97	1614.31	1.23
锡林郭勒盟	1261620.69	20.99	12937.53	2.79	140993.87	24.90	1100216.47	22.69	7472.82	5.67
赤峰市	299879.84	4.99	88824.81	19.16	31392.55	5.54	169536.09	3.50	10126.39	7.68
兴安盟	262282.06	4.36	25186.17	5.43	8571.93	1.51	213553.24	4.40	14970.72	11.36
通辽市	187160.33	3.11	44741.79	9.65	15904.21	2.81	109904.50	2.27	16609.83	12.61
呼伦贝尔市	2992822.25	49.79	92959.02	20.05	255683.55	45.16	2619892.02	54.03	24287.66	18.43
合　计	6010590.17	100	463705.14	100	566218.79	100	4848896.24	100	131770.00	100

第四节 重点调查湿地

1 数量、面积和总体分布

本次重点调查湿地159个(附录3)，调查斑块4658块，总面积为258.01万公顷，占全区湿地总面积42.93%(图2-21)。在重点调查湿地中，天然湿地面积253.63万公顷，占重点调查湿地面积的98.30%，人工湿地面积4.38万公顷，占重点调查湿地总面积的1.70%。

在湿地中，河流湿地面积16.36万公顷，占重点调查湿地总面积的6.34%；湖泊湿地面积36.19万公顷，占总面积的14.03%；沼泽湿地面积201.08万公顷，占总面积的77.94%；人工湿地面积4.38万公顷，占总面积的1.70%(表2-19)。

表2-19 重点调查湿地面积统计

湿地类	湿地型	面积（公顷）	湿地类面积（公顷）	比例（%）
河流湿地	永久性河流	136472.97	163614.17	6.34
	洪泛平原湿地	9353.54		
	季节性河流	17787.66		
湖泊湿地	永久性淡水湖	68340.7	361890.77	14.03
	永久性咸水湖	216398.71		
	季节性淡水湖	15056.74		
	季节性咸水湖	62094.62		
沼泽湿地	藓类沼泽	352.15	2010822.55	77.94
	草本沼泽	994903.51		
	灌丛沼泽	156276.34		
	森林沼泽	375944.6		
	内陆盐沼	81148.63		
	季节性咸水沼泽	179986.06		
	沼泽花草甸	219864.19		
	地热湿地	2347.07		
人工湿地	库塘	40493.31	43751.22	1.70
	运河/输水河	1688.62		
	水产养殖场	1569.29		
合　计		2580078.71	2580078.71	100

内蒙古自治区重点调查湿地在地域上包括呼伦贝尔森林湿地、草原湿地，科尔沁草原湿地、沙地湿地，锡林郭勒草原湿地，浑善达克沙地湿地，阴山南北两麓草原湿地，鄂尔多斯草原湿地，毛乌素沙地湿地，巴丹吉林沙漠湿地。

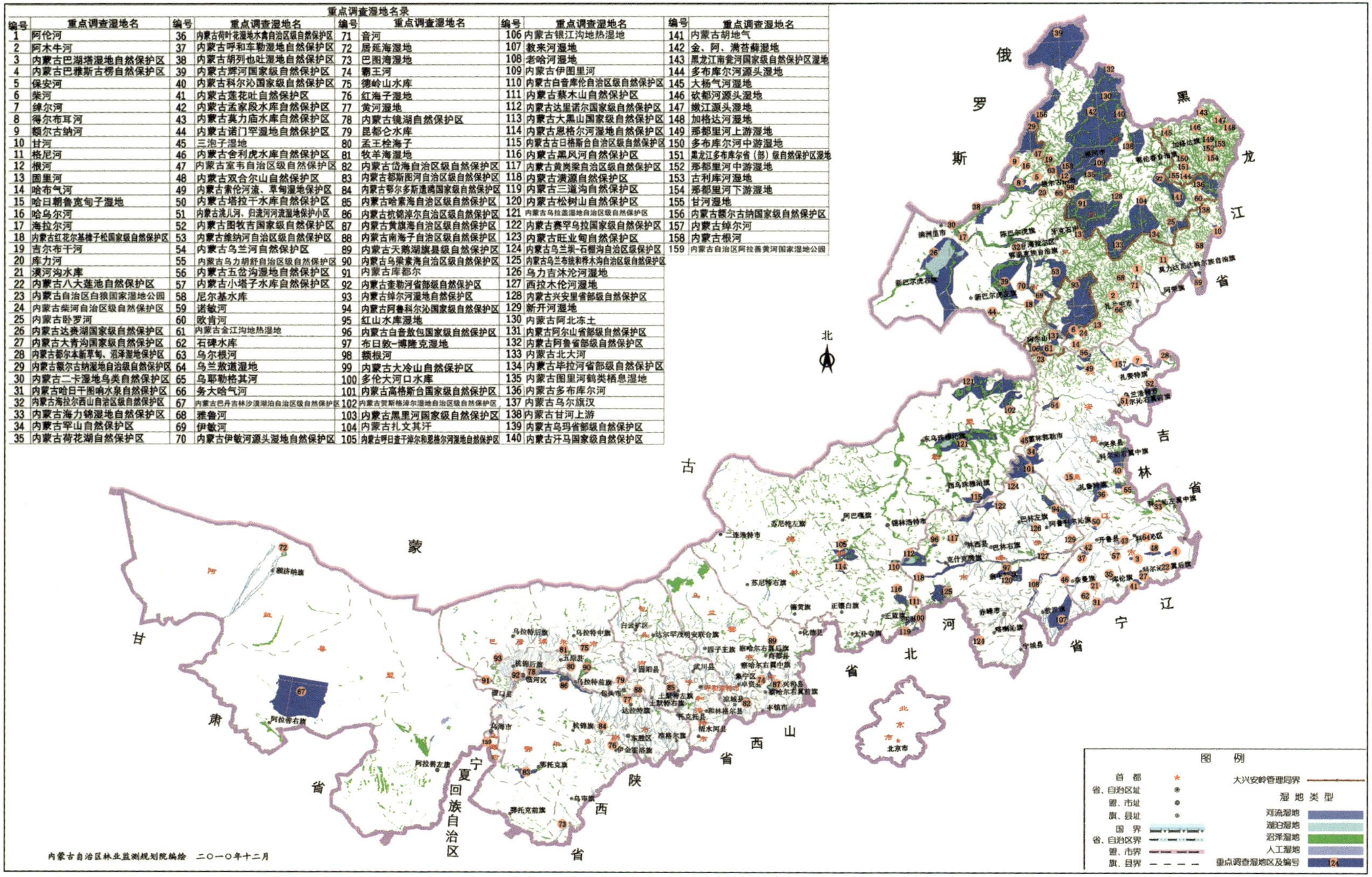

重点调查湿地名录

编号	重点调查湿地名	编号	重点调查湿地名	编号	重点调查湿地名	编号	重点调查湿地名	编号	重点调查湿地名
1	阿伦河	36	内蒙古荷叶花湿地水禽自治区级自然保护区	71	音河	106	内蒙古银江沟地热湿地	141	内蒙古胡地气
2	阿木牛河	37	内蒙古呼和车勒湿地自然保护区	72	居延海湿地	107	教来河湿地	142	金、阿、满苔藓湿地
3	内蒙古巴湖塔湿地自然保护区	38	内蒙古胡列也吐湿地自然保护区	73	巴图湾湿地	108	老哈河湿地	143	黑龙江南瓮河国家级自然保护区湿地
4	内蒙古巴雅斯古楞自然保护区	39	内蒙古辉河国家级自然保护区	74	霸王河	109	内蒙古伊图里河	144	多布库尔河源头湿地
5	保安河	40	内蒙古科尔沁国家级自然保护区	75	德岭山水库	110	内蒙古白音库伦自治区级自然保护区	145	大杨气河湿地
6	柴河	41	内蒙古莲花吐自然保护区	76	红海子湿地	111	内蒙古蔡木山自然保护区	146	砍都河源头湿地
7	绰尔河	42	内蒙古孟家段水库自然保护区	77	黄河湿地	112	内蒙古达里诺尔国家级自然保护区	147	嫩江源头湿地
8	得尔布耳河	43	内蒙古莫力庙水库自然保护区	78	内蒙古镜湖自然保护区	113	内蒙古大黑山国家级自然保护区	148	加格达河湿地
9	额尔古纳河	44	内蒙古诺门罕湿地自然保护区	79	昆都仑水库	114	内蒙古恩格尔河湿地自然保护区	149	那都里河上游湿地
10	甘河	45	三泡子湿地	80	孟王栓海子	115	内蒙古古日格斯台自治区级自然保护区	150	多布库尔河中游湿地
11	格尼河	46	内蒙古舍利虎水库自然保护区	81	牧羊海湿地	116	内蒙古黑风河自然保护区	151	黑龙江多布库尔省（部）级自然保护区湿地
12	根河	47	内蒙古室韦自治区级自然保护区	82	内蒙古岱海自治区级自然保护区	117	内蒙古黄岗梁自治区级自然保护区	152	那都里河中游湿地
13	固里河	48	内蒙古双合尔山自然保护区	83	内蒙古都斯图河自治区级自然保护区	118	内蒙古潢源自然保护区	153	古利库河湿地
14	哈布气河	49	内蒙古索伦河流、草甸湿地保护区	84	内蒙古鄂尔多斯遗鸥国家级自然保护区	119	内蒙古三道沟自然保护区	154	那都里河下游湿地
15	哈日朝鲁宽甸子湿地	50	内蒙古塔拉干水库自然保护区	85	内蒙古哈素海自治区级自然保护区	120	内蒙古松树山自然保护区	155	甘河湿地
16	哈乌尔河	51	内蒙古洮儿河、归流河河流湿地保护小区	86	内蒙古杭锦淖尔自治区级自然保护区	121	内蒙古乌拉盖湿地自治区级自然保护区	156	内蒙古额尔古纳国家级自然保护区
17	海拉尔河	52	内蒙古图牧吉国家级自然保护区	87	内蒙古黄旗海自治区级自然保护区	122	内蒙古赛罕乌拉国家级自然保护区	157	内蒙古绰尔河
18	内蒙古红花尔基樟子松国家级自然保护区	53	内蒙古维纳河自治区级自然保护区	88	内蒙古南海子自治区级自然保护区	123	内蒙古旺业甸自然保护区	158	内蒙古根河
19	吉尔布干河	54	内蒙古乌兰河自然保护区	89	内蒙古天鹅湖旗县级自然保护区	124	内蒙古乌兰坝-石棚沟自治区级保护区	159	内蒙古自治区阿拉善黄河国家湿地公园
20	库力河	55	内蒙古乌力胡舒自治区级自然保护区	90	内蒙古乌梁素海自治区级自然保护区	125	内蒙古乌兰布统和桦木沟自治区级自然保护区		
21	漠河沟水库	56	内蒙古五岔沟湿地自然保护区	91	内蒙古库都尔	126	乌力吉沐沦河湿地		
22	内蒙古八大莲池自然保护区	57	内蒙古小塔子水库自然保护区	92	内蒙古奎勒河省部级自然保护区	127	西拉木伦河湿地		
23	内蒙古自治区白狼国家湿地公园	58	尼尔基水库	93	内蒙古绰尔河湿地自然保护区	128	内蒙古兴安里省部级自然保护区		
24	内蒙古柴河自治区级自然保护区	59	诺敏河	94	内蒙古阿鲁科尔沁国家级自然保护区	129	新开河湿地		
25	内蒙古卧罗河	60	欧肯河	95	红山水库湿地	130	内蒙古阿北冻土		
26	内蒙古达赉湖国家级自然保护区	61	内蒙古金江沟地热湿地	96	内蒙古白音敖包国家级自然保护区	131	内蒙古阿尔山省部级自然保护区		
27	内蒙古大青沟国家级自然保护区	62	石碑水库	97	布日敦-博隆克湿地	132	内蒙古阿鲁省部级自然保护区		
28	内蒙古都尔本新草甸、沼泽湿地保护区	63	乌尔根河	98	额根河	133	内蒙古北大河		
29	内蒙古额尔古纳湿地自治级自然保护区	64	乌兰敖道湿地	99	内蒙古大冷山自然保护区	134	内蒙古毕拉河省部级自然保护区		
30	内蒙古二卡湿地鸟类自然保护区	65	乌耶勒格其河	100	多伦大河口水库	135	内蒙古图里河鹤类栖息湿地		
31	内蒙古哈日干图响水泉自然保护区	66	务大哈气河	101	内蒙古高格斯台国家级自然保护区	136	内蒙古多布库尔河		
32	内蒙古海拉尔西山自治区级自然保护区	67	内蒙古巴丹吉林沙漠湖泊自治区级自然保护区	102	内蒙古贺斯格淖尔湿地自治区级自然保护区	137	内蒙古乌尔旗汉		
33	内蒙古海力锦湿地自然保护区	68	雅鲁河	103	内蒙古黑里河国家级自然保护区	138	内蒙古甘河上游		
34	内蒙古罕山自然保护区	69	伊敏河	104	内蒙古扎文其汗	139	内蒙古乌玛省部级自然保护区		
35	内蒙古荷花湖自然保护区	70	内蒙古伊敏河源头湿地自然保护区	105	内蒙古呼日查干淖尔和恩格尔河湿地自然保护区	140	内蒙古汗马国家级自然保护区		

图 2-21 内蒙古重点调查湿地分布图

2　保护管理状况

重点调查湿地的水环境普遍受到湿地生境退化、水污染等影响，水源补给多为综合补给，水质整体表现为达到Ⅱ～Ⅳ类水质标准。

内蒙古自治区现有各级湿地类自然保护区84处，其中，国家级自然保护区18处（内蒙古达赉湖国家级自然保护区、内蒙古鄂尔多斯遗鸥国家级自然保护区同时也是国际重要湿地），自治区级自然保护区29处（表2-21），盟市、旗县级自然保护区37处。湿地自然保护区业务主管部门涉及政府、林业、环保部门。

重点调查湿地中，国际重要湿地（内蒙古达赉湖国家级自然保护区、内蒙古鄂尔多斯遗鸥国家级自然保护区）、国家级自然保护区（内蒙古辉河国家级自然保护区、内蒙古图牧吉国家级自然保护区、内蒙古科尔沁国家级自然保护区、内蒙古达里诺尔国家级自然保护区、内蒙古阿鲁科尔沁国家级自然保护区）、内蒙古额尔古纳湿地自治区级自然保护区、内蒙古荷叶花湿地水禽自治区级自然保护区等自治区级自然保护区，由于已落实湿地管理权属、机构和人员及相对稳定的资金支持，保护管理状况总体较好。而自治区级以下湿地自然保护区未建立保护区管理机构，没有管理资金，保护管理状况较差。

湖泊湿地植物资源面临多重威胁，其中工农业和生活污水排放，高密度围网养殖，以及采盐挖碱是主要威胁因子。湖区的过度开发致使湿地生物资源种类和数量减少，破坏湿地生态系统的相对稳定性。

重点调查湿地土地权属以国有为主，国有权属的湿地面积211.14万公顷，占重点调查湿地面积的81.83%，集体权属的湿地面积46.86万公顷，占重点调查湿地面积的18.16%。

第三章 湿地生物资源

第一节 湿地植物和植被

1 湿地植物区系和植物种类

1.1 内蒙古湿地植物物种组成与区系分布

内蒙古湿地植物物种统计，苔藓植物统计按照陈邦杰系统，蕨类植物统计按照秦仁昌系统，裸子植物统计按照郑万钧系统，被子植物统计按照恩格勒系统。

据初步统计，内蒙古共有湿地高等植物463种，隶属93科213属(详见附录1)。其中，苔藓类植物82种，隶属25科37属；蕨类植物11种，隶属4科4属；裸子植物3种，隶属1科3属；被子植物367种，隶属63科169属(单子叶植物143种，隶属18科66属；双子叶植物224种，隶属45科103属)。

1.1.1 科统计分析

含有30种以上的科有3个，即莎草科、毛茛科、禾本科，占总科数的3.2%。共有119种，隶属48属，分别占总属数的22.5%和总种数的25.7%。

含10~30种的科有18个，共125种，隶属35属，分别占总属数的16.4%和总种数的27.0%。

含10种以下的科有82个，共219种，隶属130属，分别占总属数的61.0%和总种数的47.3%。其中仅含1种的科计32个，占总科数的34.4%。

含5属以上的科有10个，依次排列是：禾本科30属；菊科9属；毛茛科9属；莎草科9属；蔷薇科7属；玄参科6属；石竹科5属；柳叶藓科5属；龙胆科5属；伞形科5属。此10科中按照所含种数的多少依次排列是：莎草科48种；禾本科40种；毛茛科31种；菊科21种；柳叶藓科17种；蔷薇科14种；玄参科13种；石竹科7种；龙胆科7种；伞形科5种。

1.1.2 属统计分析

含10种以上的属有5个，占总属数的2.3%，其中，泥炭藓属12种、柳属16种、蓼属11

种、毛茛属12种、薹草属22种；含5~9种的属13个，占总属数6.1%，包括眼子菜属9种、曲尾藓属7种、真藓属8种、镰刀藓属8种、木贼属8种、酸模属6种、柳叶菜属5种、婆婆纳属5种、蒿属7种、鬼针草属5种、莎草属5种、荸荠属5种、藨草属7种、鸢尾属5种；其余194属，每属仅含4种以下，占总属数的91.1%。

1.1.3 种统计分析

按照植物生活型来划分，在463种高等植物中，乔木、灌木仅有43种，占总种数的9.3%，主要集中在蔷薇科、杨柳科、桦木科中。草本植物占绝对优势，共有420种，占总种数的90.7%。

季节性咸水沼泽、内陆盐沼湿地以芨芨草、盐爪爪、碱蓬、角果碱蓬、海乳草、碱蒿、白茅、星星草等盐生植物为主。

淡水湿地分布的水生植物，按照生活型可划分为沉水植物、漂浮植物、浮叶植物、挺水植物和湿生植物。

湿地植物分布受水分因素的影响较大，尤其是水生湿地植物的种类，即具有地带性和地域性的特点，又具有隐域性特点。经外业调查，常见植物种包括：

(1)沉水植物：狸藻、金鱼藻、狐尾藻、菹草、小茨藻、大茨藻等；

(2)漂浮植物：紫萍、槐叶苹、眼子菜、浮萍等；

(3)浮叶植物：莕菜、睡莲、菱、毛茛、茶菱等。

(4)挺水植物：芦苇、水烛、荻、菰、碎米莎草、水葱、扁秆藨草、千屈菜、菖蒲、泽泻、灯心草等；

(5)湿生植物：稗、薹草、沿沟草、薏苡、忽略野青茅、发草、野黍、水麦冬、水甜茅、华扁穗草、苦荬菜、沙薹草、东方藨草等。

内蒙古湿地高等植物区系表明，湿地植物的分布受水分因素的影响较大，尤其是水生植物的种类，既具有地带性和地域性的特点，同时又具有隐域性特点。

1.1.4 区系分析

根据吴征镒(1991)中国种子植物属分布类型的划分系统，将内蒙古湿地种子植物172属划分为以下的分布区类型(表3-1)。

表3-1 内蒙古湿地种子植物属的分布类型统计表

分布类型	属数	占总属数比例(%)
1. 世界分布	50	29.1
2. 泛热带分布	12	7.0
3. 热带亚洲和热带美洲间断分布	1	0.6
4. 旧世界热带分布	4	2.3
5. 热带亚洲至热带大洋洲分布	1	0.6
6. 热带亚洲至热带非洲分布	1	0.6
7. 热带亚洲分布	2	1.2
8. 北温带分布	81	47.1
9. 东亚和北美洲间断分布	3	1.7

（续）

分布类型	属数	占总属数比例(%)
10. 旧世界温带分布	12	7.0
11. 温带亚洲分布	1	0.6
12. 地中海区、西亚至中亚分布	2	1.2
13. 东亚分布	2	1.2
合 计	172	100.0

1.2 内蒙古湿地种子植物区系特点

1.2.1 植物区系成分多样，在内蒙古隐域性分布的特点突出

中国种子植物属共有 15 个分布区类型，而此次调查发现，在内蒙古有 13 个类型，仅缺中亚分布和中国特有分布类型。北温带分布型有 81 属，占总属数的 47.1%；世界分布类型有 50 属，占总属数的 29.1%；其他分布类型共有 41 属，占总属数的 23.8%。由此可见，内蒙古湿地种子植物区系具有明显的温带性质。

在水生和盐生植被中，除了上述地带性成分外，发育着隐域区系成分或非地带性区系成分，如水葱属、香蒲属、眼子菜属、慈姑属等都是较为典型的隐域性区系成分。

1.2.2 湿地植物群落中优势种明显，覆盖度大

在不同生态环境中发育的湿地植物群落均有比较明显的优势种，在未受人为过度干扰的情况下，植被覆盖度多在 70% 以上，有时达到 100%。典型的有以下几种类型：季节性咸水沼泽和盐沼湿地中，芨芨草、盐爪爪、碱蓬、白茅、芦苇等群落，覆盖度 70% ~100%；湖泊湿地中，芦苇、水葱、菰、香蒲、眼子菜、稗等群落，覆盖度在 80% 以上；河洲滩湿地中，芦苇、水葱、三棱草、水蓼、荻等群落，覆盖度在 60% ~100% 之间。此外，在人为干扰严重或弃荒地上经常发育有狗尾草等单优势种群落。

1.2.3 双子叶植物丰富度较高，而单子叶植物在数量上占优势

在内蒙古湿地种子植物物种组成中，有双子叶植物 224 种，占总种数的 48.4%，其中，毛茛科最多，有 31 种，占双子叶植物总数的 13.8%。而双子叶植物种的科属数相对较多。

相比而言，单子叶植物种数相对较少，共有 143 种，占总种数的 30.9%，且集中分布于禾本科与莎草科，两科分别有 40 种和 48 种，占单子叶植物总数的 61.5%。各湿地植物群落中的建群种多为单子叶植物，盖度大，如季节性咸水沼泽和盐沼湿地的芨芨草群落，淡水湿地的芦苇群落等。这与湿地特殊的生态环境有很大关系，也与单子叶植物中有较多的广布种和隐域性的区系成分有关。

1.2.4 特有种较少

本次调查表明，内蒙古湿地种子植物区系中尚未发现自治区特有属种，绝大多数属在国内有广泛分布。

2 湿地植被类型和分布

依据植被型组—植被型—群系的分类系统，通过对全区 146 块重要湿地的 11867 个样方进行

调查。结果表明，内蒙古自治区湿地植被共有5个植被型组，11个植被型，72个群系。

2.1　针叶林(植被型组)

Ⅰ. 寒温性落叶针叶林(植被型)

(1)兴安落叶松林。分布于大兴安岭的河漫滩、平缓沟谷等地，盖度可达70%。

2.2　阔叶林(植被型组)

Ⅱ. 落叶阔叶林(植被型)

(2)辽宁桤木(水冬瓜赤杨)林。分布于大兴安岭的河漫滩、平缓沟谷、溪流边等地，多为小型群落，群落内冠层盖度达80%。

2.3　灌丛(植被型组)

Ⅲ. 落叶阔叶灌丛(植被型)

(3)油桦灌丛。分布于大兴安岭的河漫滩、沟谷等地。

(4)细叶沼柳灌丛。分布于大兴安岭谷地、溪边，盖度可达70%，高度可达3米。

(5)西伯利亚沼柳灌丛。外业调查时，内蒙古东部区常见群系，分布于河滩、湖滩，盖度约70%，高度3米左右。

(6)五蕊柳灌丛。内蒙古东部区河谷、河漫滩地有分布，盖度可达80%，高度可达3米。

(7)柳叶绣线菊灌丛。分布于东北山地，大兴安岭谷地、溪边，盖度可达70%，高度可达2米。

Ⅳ. 常绿阔叶灌丛(植被型)

(8)狭叶杜香灌丛。分布于大兴安岭的河漫滩、沟谷等地。

Ⅴ. 盐生灌丛(植被型)

(9)柽柳灌丛。分布于盐沼低地，群落总盖度可达80%，平均高度约3米，是一种盐分指示种。常见与碱蓬等伴生。

(10)碱蓬灌丛。分布于盐沼低地，群落总盖度可达40%，高度约40厘米。

(11)盐爪爪灌丛。分布于盐沼低地，群落总盖度可达40%，高度约40厘米。

2.4　草丛湿地植被型组

Ⅵ. 莎草型湿地植被组

(12)灰脉薹草群系。我区东部广泛分布，多生于河岸湿地踏头沼泽，多形成优势种群落，盖度在20%~90%不等，高度35~75厘米。

(13)乌拉草。在本区大兴安岭地区和呼伦贝尔草原区的河流两岸有不少分布，群落总盖度50%~60%，高度40~50厘米。可形成单优势种群落，还常与膨囊薹草、膜囊薹草、红穗薹草组成群落。

(14)薹草－沼针蔺。分布于本区大兴安岭东西两麓及呼伦贝尔－锡林郭勒草原区的河漫滩上，盖度60%~70%，高度30~40厘米。伴生植物种有内蒙古扁穗草、细灯心草、三棱藨草、矮藨草、牛鞭草、菵草、散穗早熟禾、巨序翦股颖、鹅绒委陵菜等。

(15)水葱。全区广泛分布，主要生于浅水沼泽，沼泽化草甸，形成块状分布的单优势群落。群落内盖度为70%左右，高度130厘米左右。

(16)东方藨草。分布于我区东部，生于浅水沼泽和沼泽草甸，盖度达60%，高度达90厘米。可形成单优势种群落。

(17)扁秆藨草。全区广泛分布，生于河边盐化草甸及沼泽中，可形成单优势种群落。盖度约60%，高度10~85厘米。

(18)单穗藨草。广泛分布于我区森林和草原地区的河、湖低地及浅水沼泽，盖度可达70%，高60~90厘米。可形成单优势种群落。

(19)荆三棱。主要分布于兴安盟，分布在浅水沼泽，盖度可达70%，高度70~100厘米。易形成单优势种群落，常见伴生种有水葱等。

(20)三棱藨草。广泛分布于本区草原区各地的河滩泛滥地及沙丘间滩地，群落内盖度40%~60%，高度30~50厘米。常形成群落的建群种，此外一些伴生的莎草类植物如东北藨草、扁秆藨草、紧穗三棱草、中间型荸荠等，其他伴生植物常有小灯芯草、细灯心草、海韭菜、菖蒲、沼生柳叶菜等。

(21)华扁穗草。广泛分布于我区中部盟市，主要生于盐化草甸、河边沼泽，易形成单优势种群落，盖度约40%，高度达30厘米。

(22)水莎草。分布于本区草原区，多生长于浅水沼泽、沼泽草甸和水边沙土上，可形成单优势种群落，盖度可达60%，高度在70厘米左右。

Ⅶ. 禾草型湿地植被型

(23)拂子茅。全区从西辽河流域到黄河沿岸地区的许多河漫滩、湖滨滩地、丘间凹地上的常见群系之一，群落内总盖度为60%~80%，高度50~100厘米，可与滨草、芦苇、羊草、赖草、芨芨草和杂类草等形成优势群落。常见伴生植物有羊草、无芒雀麦、裂叶蒿、细叶沙参、旋覆花、草地风毛菊、散穗早熟禾、草地早熟禾、假苇拂子茅、异燕麦、日阴菅、山野豌豆、野火球、直立黄芪、扁蓿豆、黄花菜、蓬子菜、狭叶青蒿、鹅绒委陵菜等。

(24)假苇拂子茅。在我区草原地带的各种湿地上和西北地区河流沿岸与湖盆洼地上较为常见。草群盖度40%~50%，高度在50厘米左右。常形成建群种，拂子茅、滨草、老芒麦、赖草、寸草苔可成为下层优势植物。

(25)散穗早熟禾群系。本区东北部海拉尔河、根河沿岸和大兴安岭两麓的许多河漫滩上均有散穗早熟禾的片段分布。可形成单一的优势群落，常与菵草、看麦娘、小叶章、牛鞭草、薹草属植物形成优势群丛，草群盖度80%~90%，高度80~100厘米。

(26)小叶樟。分布于本区呼伦贝尔草原区及大兴安岭北部山区的河漫滩上，作为建群种与其他占优势的禾草类和薹草类形成群落。草群盖度约80%，高度通常为70~80厘米。不同群落中分别伴有看麦娘、散穗早熟禾、菵草、芦苇、牛鞭草等。

(27)菵草。分布于全区各地的河谷泛滥低地上片段出现，群落面积不大，草群盖度70%~90%，高度45~60厘米。可形成单优势种，一般也与禾草类和莎草类构成草本层片的主要植物，如看麦娘、小叶章、牛鞭草、芦苇和膨囊薹草、丛薹草等。

(28)看麦娘。主要分布在本区呼伦贝尔和大兴安岭地区的河漫滩低地上，缺乏连续的大面积分布，多以小面积的群落片层与其他沼泽草甸群落或沼泽植被形成复合群落，如菵草、散穗早熟禾、草地早熟禾、小叶章、拂子茅、丛薹草、膨囊薹草、细灯心草、针蔺、东方藨草等。草群盖度可达80%，草层高度50~90厘米。

(29)牛鞭草。主要分布在本区西辽河平原、辽河平原及大兴安岭山地东南麓的河滩泛滥低地上，通常形成单一优势种，草群盖度50%~70%，高度60~80厘米。在一些成分较丰富的群落中，主要的次优势植物及伴生植物有小叶章、芦苇、荻、沼针蔺、细灯心草、草泽泻、花蔺、菖蒲、地榆等。

(30)荻。分布在本区西辽河及辽河平原地区季节性积水的泛滥低地上。通常形成单优势种群落，或与芦苇杂生。草群盖度70%~80%，高度150~180厘米。也可以与芦苇等植物组成混生群落，常见的伴生种有芦苇、拂子茅、草地早熟禾以及薹草属、藨草属、针蔺属的一些种类。

(31)芨芨草。分布于本区的荒漠区和草原区的河漫滩、干河谷、扇缘低地、湖盆洼地、丘间洼地等地下水埋藏不深的地带。群落内总盖度为50%~70%，高度70~150厘米，最高可达300厘米。易形成单一优势群落，也可与野黑麦、碱茅、星星草、赖草、羊草、拂子茅、芦苇、寸草、蒙古韭、细枝盐爪爪、中亚紫菀木、白刺等组成共优群落。

(32)星星草。广泛分布于本区的草原地区，多出现在河漫滩、沟谷洼地和湖滨滩地的盐化草甸上。群落内总盖度为40%~50%，高度20~30厘米。与野黑麦、芨芨草、杂类草等形成共优群落，常见的植物种有碱地风毛菊、盐生车前、马蔺、蒲公英、西伯利亚蓼、碱蒿、碱地肤、角果碱蓬、西伯利亚滨藜等。

(33)赖草。常见于本区中、西部地区的丘间谷地、沙丘间滩地、湖盆外围与河滩地的弱盐化草甸土上。群落内总盖度60%~70%，高度30~100厘米。可形成优势种，也可与以寸草苔或芨芨草为次优势种形成优势群落，其他伴生植物有星星草、碱茅、芦苇、马蔺、莳萝蒿、黑蒿、草地风毛菊、蒲公英、车前、西伯利亚蓼、苦马豆、甘草、披针叶黄华、小花棘豆、鹅绒委陵菜等。

(34)羊草。本区广泛分布，生于开阔平原、起伏的低山丘陵以及河滩和盐渍低地。可形成单一优势种群落，群落内盖度为60%~90%，高度50~80厘米。

(35)芦苇。最常见的湿地植被群系之一。主要分布于本区草原区及荒漠区的许多河流沿岸及湖滨低地。群落内总盖度为70%~90%，高度150~250厘米。易形成单一优势种。常见伴生植物有荻、水葱、三棱藨草、狭叶香蒲、小香蒲、匍根甜茅、菵草、野稗、短穗看麦娘、线叶眼子菜、针蔺、石龙芮、沼委陵菜、泽芹、水蓼等。

(36)菰。分布于本区大兴安岭南麓和辽河平原，生于水中或水泡子边缘，可形成单一优势种群落，盖度可达70%，高度约150厘米。

(37)狗尾草。全区广泛分布，主要生长在河边、路边、荒地和坡地。易形成单一优势种群落，盖度可达100%，高度20~60厘米。

(38)狭叶甜茅。分布于本区大兴安岭地区、呼锡高原及辽河平原，生于草甸、湖泊及溪边沼泽地，可形成优势群落。群落内盖度40%~70%，高度约90厘米。

(39)水甜茅。分布于本区中、东部地区，生于河流、小溪、湖泊沿岸、泥潭和牧场中低湿地。易形成单一优势种群落。群落内盖度60%～90%，高度50～80厘米。

(40)稗。全区广泛分布，生于田野、耕地旁、宅旁、路边、沟渠边水湿地，盖度可达80%，高度约50厘米。伴生种有苦草、狗尾草等。

Ⅷ. 杂类草湿地植被型

(41)小香蒲。主要分布于大兴安岭南部、科尔沁、呼锡高原及东阿拉善，生于河、湖边浅水或河滩、低湿地，易形成单一种群落，除小香蒲为建群种以外也混生少量的东方香蒲、水烛或宽叶香蒲等。盖度约60%～80%，高度20～50厘米。常见伴生种水葱、芦苇、三棱藨草、荆三棱、泽泻、细灯心草、菵草、水蓼、穿叶眼子菜、浮萍等。

(42)水烛。主要分布于本区东部地区，生于河边、池塘、湖泊边浅水中。盖度约50%，高度2米左右。常见伴生种有菰、香蒲、芦苇等。

(43)菖蒲。全区广泛分布，生于沼泽、河流边，湖泊边。盖度约70%左右，高度约50厘米左右。常见伴生种有香蒲、水烛等。

(44)乳头灯心草。见于本区大兴安岭地区和呼锡高原，生于水边湿地、草甸和沼泽草甸。盖度约60%左右，高度50厘米左右。

(45)野慈姑。全区广泛分布，生于浅水及水边沼泽。盖度可达80%，高度在60厘米左右。常见伴生种有香蒲、菖蒲、芦苇等。

(46)水蓼。主要分布于本区中、东部地区，见于湖泊、河流等滩地及水体近水岸区生长。盖度在70%左右，高度约60厘米。

(47)西伯利亚蓼。主要分布在本区草原区的低湿地上。群落盖度40%～60%，高度约10厘米。可形成单一优势种，或与小型薹草或耐盐性禾草组成群落。

(48)薅草。主要发现于大兴安岭、科尔沁、呼锡高原、阴山及阴南丘陵，神域河滩草甸、沼泽草甸、水湿处。群落内盖度30%左右，高度70～150厘米。

(49)水芹。主要分布于辽河平原及科尔沁，生于池沼边，水沟旁，盖度60%左右。常见伴生种有红草、水蓼等。

(50)节节草。主要发现于兴安盟、通辽市、鄂尔多斯市、阿拉善盟，主要生长于水边、水沟洼地处。盖度50%左右，高度可达50厘米。常见伴生种有芦苇等。

(51)水木贼。主要分布于本区大兴安岭、辽河平原、呼锡高原，生于沼泽、踏头沼泽、湿草地浅水中。盖度30%～50%，高度40～60厘米。

(52)欧亚旋覆花。主要分布于本区中、东部地区，主要生长在河滩地，盖度70%左右。常见伴生种有牛鞭草、马兰、葎草等。

(53)马蔺。主要分布与本区典型草原带的河滩地、丘间盆地、沙丘间滩地及湖泡外围等地下水位较高处。群落盖度60%～70%，高度约40厘米。通常不形成单一优势种，而是与薹草、芨芨草、赖草或羊草和杂类草形成优势群落。

(54)千屈菜。主要分布于本区大兴安岭西部、北部和东部、燕山北部、辽河平原及鄂尔多斯，生于河边、下湿地、沼泽，盖度可达80%，高度40～100厘米，可形成单优势群落。

2.5 浅水植物湿地植被型组

Ⅸ. 漂浮植物型

(55)槐叶苹。主要分布于大兴安岭南部，生于池塘、水田或静水溪河中，盖度约50%左右。常见伴生种有浮萍等。

(56)浮萍。全区广泛分布，主要发育于较为平静的水体，盖度可达90%以上。

(57)品藻。全区广泛分布，生于静水中、河湖、池沼的边缘，盖度可达90%。

Ⅹ. 浮叶植物型

(58)荇菜。全区广泛分布，生于池塘或湖泊中，盖度可达80%以上。常见伴生种有眼子草、金鱼藻等。

(59)丘角菱。主要分布于科尔沁、辽河平原、阴南丘陵、鄂尔多斯，生于湖泊、池塘、旧河湾，盖度50%~70%。主要伴生种有浮萍等。

(60)格菱。主要分布于大兴安岭南部、科尔沁、辽河平原，生于湖泊、池塘、水泡子中，盖度约70%。

(61)东北菱。主要分布于大兴安岭南部和北部、科尔沁及辽河平原，生于湖泊、池塘、旧河湾中，盖度60%~80%。

(62)睡莲。主要分布于本区大兴安岭北部和南部以及辽河平原，生于池沼及河湾内，盖度可达70%以上。主要伴生种有槐叶萍、菱、浮萍等。

Ⅺ. 沉水植物型

(63)龙须眼子菜。全区广泛分布，生于浅河、池沼中，盖度30%~50%。常见伴生种有金鱼藻、狐尾藻等。

(64)小眼子菜。全区广泛分布，生于静水池沼及沟渠中，盖度40%左右。

(65)穿叶眼子菜。全区广泛分布，生于湖泊、水沟或池沼中，盖度30%~50%。常见伴生种有金鱼藻。

(66)菹草。在全区分布较广泛，生在静水池沼、沟渠中，盖度30%~50%。

(67)光叶眼子菜。主要分布于大兴安岭北部及辽河平原，生于池沼、泉水中，盖度70%左右。常见伴生种有穿叶眼子菜、菹草等。

(68)金鱼藻。全区广泛分布，主要分布在静水区浅水带，盖度可达70%。常见伴生种有小眼子菜等。

(69)狐尾藻。全区广泛分布，生于池塘、河边浅水中，盖度可达90%。常见伴生种有水鳖等。

(70)轮叶狐尾藻。主要分布于本区中、东部地区，生于池沼，盖度可达70%。常见伴生种有、金鱼藻、小眼子菜等。

(71)大茨藻。主要分布于通辽市、巴彦淖尔市、鄂尔多斯市，生于湖泊、池沼或水沟中，盖度约40%，常见伴生种有金鱼藻、苦草等。

(72)小茨藻。主要分布于兴安盟、巴彦淖尔市、鄂尔多斯市，生于小水沟或小池沼浅水中，盖度约50%。大茨藻、金鱼藻、狐尾藻等为常见伴生种。

3 湿地植物保护和利用情况

内蒙古自治区虽深居内陆，但湿地种类和类型多样，有4大类19型。区内有黄河水系、永定河水系、滦河水系、西辽河水系、嫩江水系、额尔古纳河水系6个外流水系及艾不盖河、乌拉盖河、弱水等众多内陆水系。因此，湿地植物资源种类较为为丰富，汇集了各种区系成分。因此，发挥湿地的资源优势，有效保护湿地资源，合理开发利用湿地植物资源，能获得较好的经济效益、社会效益和生态效益。

3.1 湿地植物的保护现状

长期以来的一系列湿地开发活动，特别是围垦、围网养殖、无需开凿河道、上游截水筑堤建坝、工业污染、农业面源污染等人为活动，使湿地自身生态功能逐步衰退，湿地生物多样性下降。

根据调查显示，内蒙古境内原有生物多样性丰富的湿地在不同程度上遭到破坏，有的甚至消失。因此需通过建立自然保护区、实施湿地保护与恢复项目等方式，积极维护湿地生物多样性，保护湿地生态环境、动植物重要栖息地及湿地植物资源。

3.1.1 湖泊、沼泽湿地植物保护现状

内蒙古湖泊、沼泽湿地资源众多，不仅具有广布全区的植被类型，还具有由东向西随气候带分布的不同典型植被类型。为了保护这些珍贵的湿地资源，全区已建有多个国家级、自治区级、盟(市)旗(县)级的河流、湖泊、沼泽湿地保护区，有内蒙古达赉湖国家级自然保护区、内蒙古辉河国家级自然保护区、内蒙古科尔沁国家级自然保护区等7处国家级湿地自然保护区，有内蒙古额尔古纳湿地自然保护区、内蒙古乌力乎舒自然保护区、内蒙古荷叶花湿地水禽自然保护区等47处自治区级自然保护区，以及有37处旗县级湿地自然保护区。

在本次调查中，虽未发现国家级重点保护湿地植物，但从总体而言，内蒙古湖泊、沼泽湿地植被类型尚属完整。

3.1.2 河流湿地植物保护现状

内蒙古境内分布有黄河、西辽河、额尔古纳河等大型河流，拥有丰富的河流洲滩湿地资源，这些湿地不仅是各种野生动物的重要栖息地，也是湿地植物资源集中分布区。以河流湿地为主要保护对象的保护区包括内蒙古额尔古纳湿地自治区级自然保护区、内蒙古杭锦淖尔自治区级自然保护区、内蒙古南海子自治区级自然保护区、内蒙古乌斯太国家湿地公园等。

3.2 湿地植物利用现状

针对湿地植被的不同类型和特点，人类开发了不同的利用模式。

3.2.1 开发生物造纸原料和观赏植物应用价值

内蒙古独特的气候条件及多样的湿地类型，为造纸、温室大棚保温材料和观赏植物的生长提供了优越的自然条件。内蒙古湿地挺水植物以芦苇、香蒲为主，芦苇是一种理想的生物造纸湿地植物；香蒲用于编制保温帘，是北方地区冬季蔬菜产业发展的重要保温材料。

此外，自治区内湿地植物的观赏价值也得到了开发，主要的观赏湿地植物有千屈菜、香蒲、

菖蒲、水葱、荷花、睡莲、黄花鸢尾、慈姑、泽泻、三棱草、苦草、荇逢草、芦苇、水芹、红蓼、芋、菰草、金鱼藻、狐尾藻、黑藻、眼子菜、菹草等。

3.2.2　开发旅游资源价值

近年来，湿地作为一种重要的旅游新资源，受到全区各地重视。据访问调查了解，内蒙古自治区境内以包头南海湖、呼和浩特哈素海、阿拉善腾格里月亮湖和巴丹吉林沙漠湖泊等为代表的湿地生态旅游区建设稳步发展建设，而湿地植被在生态旅游中充当着重要的角色。湿地旅游开发通常以原生自然景观为依托，加以合理的生态景观规划，借助生态工程技术，恢复退化湿地植被，发展可持续的生态旅游模式。如包头南海湖湿地生态旅游区，以芦苇沼泽形成独特的湿地景观，为南海湖湿地开展生态旅游提供了得天独厚的条件；杭锦淖尔湿地和月亮湖的自然芦苇荡景观为依托，开发了独具特色的生态旅游产业。

3.2.3　防治污染、改善湿地水质

湿地植物可直接吸收利用污水中可利用的营养物，并对重金属和一些有毒有害物质有一定的吸附和富集作用，将氧气输送给好氧微生物，增强和维持介质的水力传输能力。同时，湿地植物能有效拦截净化地表径流携带的泥沙和其他污染物，并通过“促淤效应”增加氮、磷悬浮物等污染物质的沉积，减轻水体的污染负荷，净化水质。

2010 年启动的乌梁素海湿地水环境治理项目，将湿地的植被恢复作为水环境治理的重要措施，重点恢复湿地区入湖口的芦苇等湿地植物。根据项目预期目标，项目建成后仅芦苇一种植物每年可从水中去除 COD、TN、TP 分别为 7405.38 吨/年、1327.86 吨/年和 192.14 吨/年，将使入湖水质有了很大的改善，夏季湿地出水水质为Ⅳ类或优于Ⅳ类，冰封期污染物也会有较大的消减。

3.2.4　湿地生物多样性保育

湿地植被为湿地鸟类和鱼类提供栖息繁衍场所和食物。如内蒙古达赉湖国家级自然保护区内，每年都有大量候鸟和旅鸟来此栖息繁殖，数量在 20 万只以上，其中有国家重点保护鸟类 20 多种。湿地内的沼柳、河柳等耐盐渍、枝条柔软的灌丛植物和芦苇等草本植物，构建了物种丰富的湿地生境，为核心区的水禽提供栖息地和觅食地，也为部分水禽提供栖息繁育的巢区。大茨藻、菹草、眼子菜、狐尾藻等，为植食游禽提供了丰富的食物。沉水植被表面的周丛生物是许多小型鱼类、螺类和虾蟹的饵料，同时也为它们提供了逃避敌害生物的避难所、栖息地。

3.3　湿地植物保护存在的问题

内蒙古自治区境内的湖泊众多，河网密布，水生植被繁茂，成分较为复杂，形成浮水、沉水、挺水等植物群落。但是内蒙古经济正处于高速发展时期，湿地生态环境保护与开发利用矛盾日益严峻，围湖造田、滩地造林、围网养殖、硬化堤岸建设以及工业、农业和生活污染物排放等等，对湖泊与河流湿地植被及生态功能造成了严重的负面影响。随着滩地和浅水水域的围垦，以及堤岸硬化工程的实施，使湖泊、河流湿地植被破坏严重，湿地生态功能丧失；随着围网养殖和入湖污染排放的增加，使水体富营养化程度增强，沉水植被面积和生物多样性日益减少。

第二节 湿地动物资源

野生动物是湿地生物多样性的重要组成部分，是国家的重要资源。湿地独特的生态环境，为野生动物提供了栖息繁衍地。内蒙古自治区丰富的湖泊、河流、滩涂等湿地生境是众多野生动物，特别是鱼类、鸟类、两栖类、爬行类动物的理想栖息繁衍场所，也为一些兽类提供了生存的必要条件，湿地类野生动物在全区野生动物资源中占据很大的比例。

1 湿地野生动物种类和特点

1.1 种类组成

根据调查，内蒙古自治区有湿地脊椎动物288种，隶属于6纲31目54科(详见附录2)。其中，圆口纲1目1科1种，鱼纲9目16科100种，两栖纲2目5科8种，爬行纲2目2科6种，鸟纲11目21科141种，哺乳纲6目9科32种。

1.2 湿地野生动物资源特点

1.2.1 野生动物资源丰富

内蒙古自治区湿地脊椎动物目、科、种分别占全区脊椎动物目、科、种总数的73.8%、48.2%和39.6%。其中，圆口类占全区圆口类总数的50.0%，鱼类种数占全区鱼类总种数的89.3%，湿地两栖类占100.0%，爬行类占22.2%，鸟类占31.9%，哺乳类占23.5%(表3-2)。

表3-2 内蒙古湿地脊椎动物基本情况

类别	湿地脊椎动物			全区脊椎动物			湿地脊椎动物占全区同类物种比例(%)		
	目数	科数	种数	目数	科数	种数	目数	科数	种数
圆口纲	1	1	1	1	1	2	100	100	50.0
鱼纲	9	16	100	10	18	112	90.0	88.9	89.3
两栖纲	2	5	8	2	5	8	100	100	100
爬行纲	2	2	6	3	7	27	66.7	28.6	22.2
鸟纲	11	21	141	19	61	442	57.9	34.4	31.9
哺乳纲	6	9	32	7	20	136	85.7	45.0	23.5
合计	31	54	288	42	112	727	73.8	48.2	39.6

1.2.2 珍稀及保护物种比例高

在湿地鸟类中，国家重点保护鸟类有29种，其中，有国家Ⅰ级保护鸟类8种，分别是白鹳、东方白鹳、黑鹳、中华秋沙鸭、白头鹤、丹顶鹤、白鹤、遗鸥；有国家Ⅱ级保护鸟类21种，主要有鸳鸯、黄嘴白鹭、白琵鹭、疣鼻天鹅、大天鹅、小天鹅、灰鹤、白枕鹤、蓑羽鹤等。

在湿地哺乳类中，有国家Ⅱ级保护动物4种，分别是雪兔、水獭、马鹿、驼鹿。

1.2.3 野生经济动物资源丰富

内蒙古湿地野生经济动物资源丰富，其中鱼类是湿地中经济动物种类最多、经济价值最高的湿地动物种类。最常见的经济鱼类有哲罗鱼、草鱼、鲢鱼、鲫鱼、鲶鱼、鲤鱼等。内蒙古境内的湖泊从东到西所分布的鱼类有较大的差异，内蒙古呼伦湖的主要经济鱼类有鲤、鲫、黑斑狗鱼、鲶鱼等，中蒙边界的贝尔湖以产鲫鱼为主。内蒙古其他湖泊主要产鲫鱼、东北雅罗鱼，在含盐量较低的岱海除出产鲤鱼外，还放流了草鱼、鲢鱼。诸多的鱼类是各种水禽的重要食物，在保育湿地水禽方面发挥了重要的作用。

两栖爬行动物资源也具有较大的经济价值，中华蟾蜍、花背蟾蜍、黑斑蛙对防治农田害虫具有良好的效果，中华蟾蜍还是重要的药用动物和实验动物。湿地野生的鳖是具有很高经济价值的滋补食品和名贵菜肴。

1.3 常见湿地动物种类

内蒙古自治区有湿地脊椎动物288种，动物种类包括兽类、鸟类、两栖类、爬行类、鱼类及无颌的圆口类。

1.3.1 兽 类

本次在湿地和水域记录的兽类有32种，占全区兽类总种数的23.5%。主要有麝鼠、黑线仓鼠、东方田鼠、莫氏田鼠、布氏田鼠、狗獾、水獭、狍等。其中麝鼠、狗獾、水獭、狍等为主要经济兽类，水域生存的为水獭和麝鼠等。

1.3.2 鸟 类

已记录的水鸟及在湿地活动的鸟类有141种，隶属于11目21科。在湿地鸟类中，有国家Ⅰ级保护鸟类8种，有国家Ⅱ级保护鸟类21种，属《中日候鸟保护协定》规定的鸟类88种，属《中澳候鸟保护协定》规定的鸟类38种，属《濒危野生动、植物物种国际贸易公约》目录的鸟类15种。

1.3.3 两栖类

已记录的两栖类有8种，主要有极北鲵、东方铃蟾、中华蟾蜍、花背蟾蜍、无斑雨蛙、黑龙江林蛙、黑斑蛙、中国林蛙。

1.3.4 爬行类

已记录的水生和在湿地附近活动的爬行动物有6种，主要有鳖、黄脊游蛇、白条锦蛇、红点锦蛇、团花锦蛇、虎斑游蛇。

1.3.5 鱼 类

已记录的鱼类有9目16科100种，以鲤科鱼类为主，有59种，其次是鳅科，有20种。从主要生活水域和洄游习性来看，内蒙古鱼类大体分为3个类型。一是在江河、湖泊之间洄游的鱼类，称为半洄游性鱼类，该鱼类主要分布于额尔古纳河、嫩江、达里诺尔湖等地，如东北雅罗鱼、鲫鱼等；二是在湖泊中生长和繁殖的鱼类，不作有规律的洄游活动，称为定居性鱼类，在呼伦湖、达里诺尔、岱海、查干湖、乌梁素海等湖泊生活的鱼类属这类型，如鲤、鲫、鲌、鲶科等；三是河流、山溪定居性鱼类，如细鳞鱼、哲罗鱼、格氏北极茴鱼、黑斑狗鱼等。

2 湿地鸟类

2.1 种类和分布

内蒙古自治区湿地鸟类共有141种，隶属于11目21科(表3-3)。其中鹤形目种类最多，以涉禽和游禽为主，其次是雁形目与鸥形目的鸟类。在这141种湿地鸟类中，属于国家重点保护鸟类有29种，其中国家Ⅰ级保护鸟类8种，Ⅱ级保护鸟类21种。

非雀形目鸟类中的潜鸟目为海洋性鸟类，仅发现有潜鸟科1科1种，红喉潜鸟。

表3-3 内蒙古湿地鸟类种类基本情况

目　名	科　数	物种数	所占种比例(%)
1. 潜鸟目	1	1	0.71
2. 䴙䴘目	1	5	3.55
3. 鹈形目	2	3	2.13
4. 鹳形目	3	16	11.35
5. 雁形目	1	34	24.11
6. 隼形目	1	1	0.71
7. 鹤形目	3	13	9.22
8. 鸻形目	6	47	33.33
9. 鸥形目	1	17	12.06
10. 鸮形目	1	2	1.42
11. 佛法僧目	1	2	1.42
合　计	21	141	100

䴙䴘目有䴙䴘1科5种，小䴙䴘与凤头䴙䴘、黑颈䴙䴘分布广泛。

鹈形目有2科3种。鹈鹕科有斑嘴鹈鹕1种，见于赤峰克什克腾旗达里湖和呼伦贝尔达赉湖。鸬鹚科有1种，普通鸬鹚最为常见，主要分布于鱼类资源较为丰富的湖泊。

鹳形目有3科16种。鹭科种类最多，已知有11种，其中苍鹭、池鹭、大白鹭、夜鹭、黄斑苇鳽、大麻鳽较为常见，分布几乎遍布全区。鹳科有3种，东方白鹳分布广泛，多见于东部区；黑鹳分布最广遍布全区。鹮科有白琵鹭，[黑头]白鹮2种。白琵鹭分布较广，自东向西均有分布；[黑头]白鹮仅见于东部区。

雁形目仅有鸭科1科34种。其中雁属有6种，鸿雁、豆雁、灰雁较为常见，分布几乎遍及全区；白额雁和黑雁仅分布于东部区。天鹅属有3种，大天鹅全区绝大部分湖泊类型湿地均有分布，小天鹅常见于东部区较大的湖泊湿地。麻鸭属有2种，赤麻鸭与翘鼻麻鸭分布遍布及全区。河鸭属和潜鸭属在自治区内湿地有20种，其中以斑嘴鸭、绿翅鸭、赤膀鸭、绿头鸭、红头潜鸭、赤嘴潜鸭等较常见，全区各地广泛分布。秋沙鸭属自治区内见有3种，普通秋沙鸭分布范围较广且数量较多，中华秋沙鸭分布仅限于呼伦贝尔且数量很少，红胸秋沙鸭分布遍布全区且数量较少。

隼形目有1科1种。鹗，分布遍及全区属常见种。

鹤形目有3科14种。鹤科6种，其中以灰鹤、白枕鹤、蓑羽鹤较为常见，分布遍及全区各主要湿地区。秧鸡科种类较多，有6种，其中以黑水鸡和骨顶鸡较为常见，分布几遍及全区。

鸻形目自治区内湿地见有6科47种，分布于全区各种湿地中，也是湿地鸟类的重要组成成分。其中，彩鹬科1种，彩鹬，多见于乌梁素海、黄河两岸滩涂。鸻科11种，凤头麦鸡、灰头麦鸡和环颈鸻较为常见，遍布于全区各类湿地；黑翅长脚鹬和反嘴鹬分布范围也很广，且反嘴鹬多见于西部区；蛎鹬，本次仅见于乌梁素海，但其他地区湿地曾有过记录。鹬科本次调查记录到31种，其中白腰杓鹬、白腰草鹬、扇尾沙锥和丘鹬等分布较为广泛，此外小青脚鹬在黄河湿地有一定数量。燕鸻科1种，普通燕鸻较为常见，遍布全区。

鸥形目自治区内湿地分布有鸥科1科17种。其中以银鸥、渔鸥、白翅浮鸥、普通燕鸥和红嘴鸥等较为常见，分布遍布全区，多见于湖泊湿地。遗鸥主要分在内蒙古西部的鄂尔多斯，虽然繁殖地从陶－阿海子迁至到陕西省的红碱淖尔，但其主要栖息地仍在鄂尔多斯，目前鄂尔多斯境内的遗鸥种群仍然保持全世界最大的遗鸥种群数量。

鸮形目自治区湿地见有1科2种，即鸱鸮科毛腿渔鸮和褐渔鸮，见于东部区，数量稀少。

佛法僧目自治区内湿地见有1科2种，即翠鸟科普通翠鸟和蓝翡翠，分布广泛且较为常见。

2.2　栖息地及其保护状况

内蒙古自治区湿地鸟类资源丰富，而且国家重点保护及珍稀濒危鸟类较多，主要栖息地分布于自治区境内的各类湿地中。

在东部区，呼伦贝尔市已经建立了内蒙古达赉湖国家级自然保护区、内蒙古辉河国家级自然保护区、内蒙古额尔古纳湿地自治区级自然保护区、内蒙古二卡湿地市级自然保护区等湿地自然保护区；兴安盟已建立内蒙古科尔沁国家级自然保护区、内蒙古图牧吉国家级自然保护区、内蒙古荷叶花湿地水禽自治区级自然保护区等湿地自然保护区；赤峰市已建立内蒙古达里诺尔国家级自然保护区、内蒙古阿鲁科尔沁国家级自然保护区、内蒙古乌兰布统自治区级自然保护区等湿地自然保护区。

在中部区，锡林郭勒盟已建立内蒙古乌拉盖自治区级自然保护区、内蒙古贺斯格淖尔自治区级自然保护区、内蒙古白音库伦遗鸥自治区级自然保护区等湿地自然保护区；乌兰察布市已建立内蒙古黄旗海自治区级自然保护区、内蒙古岱海自治区级自然保护区等湿地自然保护区；呼和浩特市已建立内蒙古哈素海自治区级自然保护区。

在西部区，包头市已建立内蒙古南海子自治区级自然保护区；鄂尔多斯市已建立内蒙古鄂尔多斯遗鸥国家级自然保护区、内蒙古杭锦淖尔自治区级自然保护区、内蒙古都思图河自治区级自然保护区；巴彦淖尔市已建立内蒙古哈腾套海国家级自然保护区、内蒙古乌梁素海湿地水禽自然保护区；阿拉善盟已建立内蒙古巴丹吉林湖泊湿地自治区级自然保护区。

湿地自然保护区建立使得内蒙古自治区的湿地资源得到了有效保护，保护了从草原到沙地（沙漠）的湿地植被演替过程和完整的湿地生态系统，支持了丰富的湿地鸟类生物多样性和其他生物类群的多样性。但由于土地管理权属没有落实，各保护区或多或少受到一定的人为干扰，湿地鸟类自然栖息地破碎化严重。如鹤类以前分若干个小种群在各类湿地栖息繁殖，而近年来表现为越来越朝核心区集中，且数量整体呈下降趋势。同时，自治区级以下的自然保护区由于缺乏足够的资金支持，所以管理机构和管护人员没有落实，保护区缺乏有效的管理和保护。

第四章 湿地资源利用

第一节 湿地资源利用方式及其利用现状

1 湿地资源现状分析评价

湿地资源是包括水资源、土地资源、生物资源、景观资源、矿产资源、能源资源、人文等多种资源类别的综合体。

1.1 水资源

内蒙古自治区湿地水资源主要包括河流、部分湖泊和水库的淡水资源，以及永久性或季节性湖泊的咸水资源。

内蒙古自治区境内共有大小河流千余条，我国的第二大河——黄河，由宁夏石嘴山附近进入内蒙古，由南向北，围绕鄂尔多斯高原，形成一个马蹄形。黄河流域面积在1000平方公里以上的河流有107条；流域面积大于300平方公里的有258条。该流域有近千个大小湖泊。

根据《2010年内蒙古自治区水资源公报》，2010年，全区地表水资源为253.38亿立方米，地下水资源为227.65亿立方米扣除重复水量，水资源总量为388.54亿立方米。

同时，内蒙古水资源在地区、空间分布很不均匀，且与人口和耕地分布不相适应。东部地区黑龙江流域土地面积占全区的27%，耕地面积占全区的20%，人口占全区的18%，而水资源总量占全区的65%；中西部地区的西辽河、海滦河、黄河3个流域总面积占全区的26%，耕地占全区的30%，人口占全区的66%，但水资源仅占全区25%，其中除黄河沿岸可利用部分过境水外，大部分地区水资源紧缺。

而且，随着国家西部大开发战略的实施，内蒙古经济发展驶入快车道，丰富的自然资源给内蒙古经济发展带来了新契机。但是矿产资源的过度开采，水资源的不合理开发利用，对森林资源的过度砍伐以及过量获取湿地生物资源导致天然湿地日益减少，功能和效益下降。湿地生物多样性逐渐丧失；湿地水质碱化，湖泊萎缩；湿地水体污染，严重危及湿地生物的生存环境；水土流失加剧，河流湖泊泥沙淤积等等。湿地资源已遭受了严重破坏，其生态功能也严重受损，保护湿

地已到了刻不容缓的时候，

1.2　土地资源

内蒙古自治区地域辽阔，土地资源丰富。全区总土地面积 118.3 万平方公里，约占全国土地面积的 12.3%，在全国各省市区中仅次于新疆、西藏而位居第三。

天然草原辽阔，全区有天然草地 6397.50 万公顷，占土地总面积的 55.4%，是全国主要的畜牧业生产基地之一。其中典型草场分布范围最广，面积也最大，是内蒙古草原用地的主体。

内蒙古森林资源丰富，现有森林面积 2366.40 万公顷，活立木总蓄积为 136073.62 万立方米。其中，森林蓄积 117720.51 万立方米，占活立木总蓄积的 86.52%。区内大兴安岭原始林区是我国北方最大的原始林区。全区原始林面积 1905.60 万公顷，占全区森林面积的 80.53%；原始林蓄积 110146.56 万立方米，占全区森林蓄积的 93.57%。

全区次生林主要分部在大兴安岭山脉中段的次生林区及南段的罕山、宝格达山、克什克腾和迪彦庙林区，阴山山脉的大青山、蛮汉山、乌拉山林区，燕山山脉的茅荆坝林区，贺兰山林区和额济纳林区。全区次生林面积 523.77 万公顷，占全区森林面积的 22.13%；活立木蓄积 32306.74 万立方米，占全区活立木蓄积的 23.74%。

农耕地集中分布在嫩江平原、西辽河平原、河套和土默特平原，这些平原地区水热条件好，土层深厚，灌溉条件优越、土地生产潜力较大，是内蒙古主要的商品粮油生产基地。

1.3　生物资源

生物资源是湿地的重要组成部分，正是它们赋予湿地无穷的生命力和巨大的生产潜力。内蒙古自治区湿地虽然受人为生产生活干扰程度较高，但湿地生物资源相对较为丰富。以湿地动植物为例，此次调查发现内蒙古自治区有湿地高等植物 463 种，隶属 93 科 213 属。一些湿地植物长期以来被人类利用，如千屈菜、香蒲、菖蒲、睡莲、鸢尾、慈姑、泽泻、芦苇、菰草、苦草、金鱼藻、狐尾藻、黑藻、眼子菜、菹草等。湿地脊椎动物有 288 种，隶属于 6 纲 31 目 54 科。其中鸟类共有 141 种，隶属于 11 目 21 科，属于国家重点保护鸟类有 29 种，包括 I 级保护鸟类 8 种，II 级保护种类 21 种；鱼类 100 种，分隶于 9 目 16 科。

1.4　景观资源

内蒙古自治区湿地类型除沿海近海与海岸湿地外均有分布，湿地景观资源丰富。黄河滩涂、黄河故道湿地，达赉湖、达里淖尔、查干淖尔、岱海、巴丹吉林沙漠湖泊等数量众多的湖泊湿地，有黄河、滦河、西辽河、西拉木伦河、额尔古纳河等河流湿地；乌拉盖湿地区典型洪泛平原和沼泽湿地，红山水库、河套灌溉渠网、吉兰泰盐池等人工湿地。塞北高原湿地历来就吸引着四面八方的游客，近年来，湿地游逐渐成为生态旅游的热点。以此为契机，依托各地的湿地独具特色的湿地景观资源，内蒙古自治区已经建立多处湿地旅游小区。

1.5　人文资源

祖先们逐水而居，大河流域是很多民族的发祥地。他们崇拜敬仰水，发展与水相关的文化，他们用水维持自己的基本生活需要，较大规模的开发水资源。内蒙古自治区湿地开发利用开始于上世纪60年代，长期以来，湿地与周边农牧民相生相息，彼此影响，人文底蕴深厚。内蒙古的历史是草原文化的历史，同时也是草原民族与水共存共荣的历史，湿地的人文历史悠久且源远流长，反过来也赋予湿地更深邃的内涵和吸引力，如呼伦贝尔各民族文化、鄂尔多斯蒙古民族文化、锡林郭勒草原文化、阿拉善盟大漠文化等等千年来都离不开湿地。

2 湿地生态系统服务功能及利用状况评价

湿地是重要的国土资源和自然资源，具有多种功能。湿地与人类的生存、繁衍、发展息息相关，是自然界最富生物多样性的生态景观和人类最重要的生存环境之一。它不仅为人类的生产、生活提供多种资源，而且具有巨大的环境功能和效益，在抵御洪水、调节径流、蓄洪防旱、控制污染、调节气候、控制土壤侵蚀、促淤造陆、美化环境等方面有重要作用。因此，湿地被誉为“地球之肾”，与森林、海洋一起并称为全球三大生态系统。支持湿地生物多样性有助于维护生态系统与环境的有序及良性循环，具有极其重要的经济、生态和社会效益。内蒙古自治区幅员辽阔，地理环境复杂，气候多样，包括了《湿地公约》列出的除沿海近海与海岸湿地以外的全部湿地类型，保护好湿地具有特殊重要意义。

湿地是具有多种服务功能的独特生态系统，是重要的自然资源和人类生存环境资本，在支撑人类社会和谐发展和自然系统有序循环等方面有着举足轻重的作用。根据千年生态系统评估(The Millennium Ecosystem Assessment)框架，将湿地生态系统服务功能分为供给服务、调节服务、文化服务和支持服务等四个方面。

2.1 供给服务

湿地是重要的国土资源和自然资源，如同森林和海洋一样，具有多种功能。湿地不仅为人类提供大量食物、原料和水资源，而且在维持生态平衡、保持生物多样性和珍稀物种以及涵养水源、蓄洪防旱、降解污染等方面均能起到重要作用。专家们特别指出，在考虑淡水资源的问题时，许多人都忽视了淡水湿地的重要作用。淡水湿地是大自然中最大的滤水池，可以有效地蓄水、抵抗洪峰，并可作为直接利用的水源或补充水源。如果想要让湿地继续提供淡水，首先要保护湿地。

供给服务是指由生态系统产生的或提供的服务。内蒙古自治区湿地生态系统的供给服务功能主要包括如下几个方面:

2.1.1 提供淡水

水是生命之源，万物之本。生命起源于水生环境，人类的生存和发展离不开水。2010年全区水资源总量388.54亿立方米(地表水253.38亿立方米，地下水227.65亿立方米)，丰富的水资源保障了全区城乡工农牧业生产和人民生活对水资源的需求。但是，内蒙古水资源在地区、时空上分布不均匀，且与人口和耕地分布不相适应。东部地区黑龙江流域土地面积占全区的27%，耕地面积占全区的20%，人口占全区的18%，而水资源总量占全区的65%，占全区均值的3.6倍。

2.1.2 提供食物和原材料

湿地是地球上生产力最高的生态系统，其总体生产力是一般农田的二至四倍，为人类提供了丰富的食物和生产生活原材料，包括肉类、水果、蔬菜、药材、盐、建材、泥炭、树脂和生物化学品等。

内蒙古自治区水域辽阔，河流纵横。鱼类饵料资源丰富，加之良好的水域理化性状和优越的气候条件，很适合鱼类的养殖。鱼类生产有着悠久的历史，是全国北方地区淡水鱼生产的重要省份之一，水产养殖规模与产值较高。达赉湖、达里淖尔都是全国著名的产鱼湖泊。达赉湖有鱼类30多种，主要有鲤鱼、鲫鱼、鲇鱼等经济鱼类，此外，湖中还盛产白虾。达里淖尔湖区盛产鲫鱼和当地俗称华子鱼的瓦氏雅罗鱼。这些鱼都以肉鲜味美名誉四方。此外湖泊广阔的滩涂及河流两岸的坡地，都是牛、马、羊牲畜的天然牧场，湖滨则是人工驯养雁鸭等家畜的天然放养场。

内蒙古自治区湖泊湿地、库塘湿地还广泛种植芦苇、香蒲等经济作物，一些湿地植物的种植在当地形成了有巨大经济效益的产业，带动周边居民发展，如乌梁素海的芦苇，杭锦淖尔的香蒲等。湿地为内蒙古自治区经济发展，为农牧民增收做出了重要贡献。

2.1.3 保护遗传资源

湿地是陆地与水体的过渡地带，因此它同时兼具丰富的陆生和水生动植物资源，形成了其他任何单一生态系统都无法比拟的天然基因库和独特的生境。特殊的水文、土壤和气候提供了复杂且完备的动植物群落，它对于保护区域遗传资源，维持生物多样性方面具有难以替代的生态价值。此次湿地资源调查，内蒙古有湿地高等植物463种，隶属93科213属；湿地脊椎动物有288种，隶属于6纲31目54科，其中鸟类共有141种，隶属于11目21科，属于国家重点保护鸟类就有29种。

2.2 调节服务

调节服务是指由生态系统过程的调节功能所得到的益慧。内蒙古自治区湿地生态系统的调节服务功能主要包括如下几个方面：

2.2.1 净化水体

湿地具有很强的降解污染功能，许多湿地生长的湿地植物、微生物通过物理过滤、生物吸收和化学合成与分解等把人类排入湖泊、河流等湿地的有毒有害物质转化为无毒无害甚至有益的物质。湿地在降解污染和净化水质上的强大功能使其被誉为“地球之肾”。全区广阔的湿地对降解城乡污染、农业面源污染，维护生态系统平衡和全区生态环境质量发挥了巨大的作用。但由于过度排放，全区许多湿地污染严重，使湿地不堪重负，湿地的生态功能严重退化。“十一五”期间国家原则上批准《内蒙古乌梁素海流域水环境综合治理总体方案》，将湿地保护与恢复列为乌梁素海水环境治理的重要措施之一。以其就是利用湿地的降解污染和净化水质的功能致力于乌梁素海水环境的改善。经过项目实施后评估，恢复的湿地大大降低了该区域水体的富营养化程度，水质各项指标在冬季基本维持在Ⅳ类地表水水质标准，总氮、总磷浓度在全年平均水平较太湖水域低1～2个标准，其他营养盐水平也普遍较低。

2.2.2 调节气候

湿地对区域气候有巨大的调节作用，《湿地公约》和《联合国气候变化框架公约》均特别强调了湿地对调节区域气候的重要作用。湿地水分蒸发和植被叶面的水分蒸腾，使得湿地和大气之间不断地进行着能量和物质交换，从而保持当地的湿度和降水量。在有森林的湿地中，大量的降水通过树木被蒸发和转移，返回到大气中，然后又以雨的形式降到周围的地区。附近有沼泽湿地的区域产生的晨雾可减少土壤水分的丧失。湿地在增加局部地区空气湿度、削弱风速、缩小昼夜温差、降低大气含尘量等气候调节方面都具有明显的作用。

2.2.3 缓解自然灾害

蓄洪防旱，缓解自然灾害。内蒙古自治区湿地在控制洪水、调节水流方面功能巨大，在蓄水、调节河川径流、补给地下水和维持区域水平衡中发挥着重要作用。达赉湖、达里淖尔、岱海、乌梁素海等，在洪水季节调蓄洪水，保证了周边居民经济、生命安全；在干旱季节，为周边提供水源，保证农牧民生活用水和农牧民生产用水。由于近年来湿地面积不断减少，内蒙古自治区湿地蓄洪防旱能力大大衰减。

2.3 文化服务

文化服务是指由生态系统获取的非物质益惠。内蒙古自治区湿地生态系统的文化服务功能主要包括如下几个方面：

2.3.1 休闲和生态旅游

随着人们生活水平的提高，人们要求亲近自然、回归自然的要求也越来越高，而湿地恰能为人们的这种需求提供一个理想的归宿。目前湿地旅游已成为旅游业的新热点，达里淖尔湖泊闻名天下，黄河天堑气势宏伟，科尔沁、图牧吉洪泛平原湿地鹤飞燕舞，河套灌区塞外水乡闻名于天下，内蒙古自治区丰富的湿地资源吸引了众多的游人纷至沓来。特别是随着内蒙古自治区湿地生态旅游区的不断建设，湿地旅游越来越成为湿地经济文化效益的重要体现者。至2010年5月，内蒙古自治区已经建立各种生态旅游区或生态旅游小区20余处。以达里淖尔湿地生态旅游区为例，2010年全年接待游客10万人次，创收近2000万元。作为我国北方塞外草原，2010年以湿地旅游为主的旅游业全年实现总收入10亿元。据推算，全区每年到湿地风景区旅游的人数近千万。

2.3.2 教育价值

湿地生态系统、丰富的水生动植物及其遗传基因，为教育和科学研究提供了宝贵的实验基地。湿地保护区、湿地公园等都是宣传湿地知识，开展湿地科普教育的重要地点，例如内蒙古科尔沁国家级自然保护区、内蒙古图牧吉国家自然保护区等每年接待游客人数都在数万人以上，都是人们认识湿地、体验湿地的重要场所。

2.3.3 审美价值、社会联系和地方感

景观是从一个地方或整个地区观看到的内容的总和。湿地常常是景观的关键内容，它为视野产生了多样性，并成为视野的焦点。一个景观或景观组成部分的美学意义依赖于线条、质地和土地利用的和谐性等因素。不同于高山峻岭那样具有挺拔、高耸的阳刚气势，湿地景观所具有的是向阴、低洼的优美、阴柔之风格。湿地对于区域景观美学价值的实现和维持具有非常重要的意义。

有些湿地是重要历史事件的发生地。如战场遗址、某个声明的发布地、最早的居民点或人类移居地等，这些湿地对研究历史非常重要。达赉湖湿地区广泛分布着数量众多的新石器时代早期留存的古文化遗址。现已发现100余处，这对研究该时期人类文化活动具有重要的意义。

2.4　支持服务

支持服务是指生态系统为提供其他服务(如供给服务、调节服务和文化服务)而必需的一种服务功能。全区湿地生态系统的支持服务功能主要包括如下几个方面:

2.4.1　水循环

地球上的水在太阳辐射和重力作用下，以蒸发、降水和径流等方式进行的周而复始的运动过程称为水循环。各种类型的湿地是地球水循环过程中径流的主要表现方式，也是海陆间大循环和陆地—大气小循环的主要场所。

2.4.2　提供栖息地

湿地能够为某些物种提供完成其全部或部分生命循环所需的全部因子。内蒙古自治区湿地生态系统可分为盐沼生态系统、沼泽生态系统、水生生态系统和沙地(漠)丘间低地湿地生态系统。湿地内物种丰富，有高等植物463种。

2.4.3　形成和保持土壤

湿地经常位于深水系统和高低系统之间的边缘，并且受深水系统和陆地系统的共同影响，陆地系统物质在水文过程中进入湿地系统，常常促进湿地下游独特土壤条件的形成。湿地土壤既是湿地化学转换发生的中介，也是大多植物可获得的化学物质最初的储存场所。内蒙古自治区湿地对于土壤形成和保持的作用主要表现在各大型河流形成冲积平原、洪泛平原形成上。

2.4.4　生物地球化学循环

在地球表层生物圈中，生物有机体经由生命活动，从其生存环境的介质中吸取元素及其化合物(常称矿物质)，通过生物化学作用转化为生命物质，同时排泄部分物质返回环境，并在其死亡之后又被分解成为元素或化合物(亦称矿物质)返回环境介质中。湿地作为全球三大生态系统，具有很高的生物多样性和生产力，是生物地球化学循环发生的最为重要的场所。

3　存在问题

3.1　对湿地的盲目开垦、改造和征占，湿地面积大幅度萎缩

内蒙古自治区境内围垦湿地现象较为普遍，围垦湿地使湿地面积缩小。例如，乌梁素海20世纪60年代湖面400平方公里；70年代因围垦，至2009年的30多年间，乌梁素海面积缩减了近294平方公里，湖面逐渐缩至约106平方公里。绰尔河流域至少有几万公顷的草木沼泽被围垦，这些沼泽变为耕地后给人们带来粮食的同时，也带来了一定的灾难。1998年发生的特大洪灾，除了持续降雨外，与失去几万公顷的泽沼湿地不无关联。此外，沼泽土被垦殖后，随着土壤水分的减少，嫌气环境变成了好气环境，于是有机质分解速度提高，土壤容量增大，孔隙度减少，土质变坏、退化，有的甚至荒漠化，给生态环境造成严重危害。

嫩江流域是我区泽沼湿地分布比较多的地区，近30年大规模农业开垦使天然湿地景观被农田景观取代，使得天然湿地面积锐减，即使残存的天然湿地也被道路、农田、渠系分割而破碎化，水源难以保证，湿地功能退化。

大兴安岭林区推广水湿地改造人工造林，使大量成片森林湿地消失，森林涵养水源能力下

降，森林环境发生变化。

此外，湿地资源减少还与各种工矿建设、城市建设、开发区建设、交通建设征占湿地有关。如乌拉盖开发区，先后有30家企业、3个国营农牧场落户开发区，使5000平方公里的湿地遭到破坏。乌拉盖湿地本是在锡林郭勒草原补给地下水、调节气候、保持生物多样性等方面具有无法替代的作用，这样惨遭破坏，对生态和环境贻害无穷。

3.2 水资源不合理利用，使河水断流、湖泊水库干涸

中西部地区，由于水资源不合理利用，许多湿地因为补给水源的不足而逐渐退化甚至消失。例如，居延海是干旱沙漠地区少有的湿地，有“沙漠明珠”之美誉。其湖水补给主要依赖黑河的来水。长期以来，随着中上游地区农业灌溉和兴建水库拦蓄水量的不断增加，使下游水量锐减甚至断流，从而引起居延海几近干涸，湖区植被衰退，绿洲生态已不复存在。从2000年起，国家对黑河水资源实行统一管理与调度，10年间基本保证每年定量向居延海调水，初步扭转了这一地区生态环境持续恶化的局面。乌拉盖湿地，是内蒙古东部高原上的一块草原明珠，从20世纪90年代初开始上游截水开垦造田，到后来的截水建库发展工业，致使乌拉盖湿地十多年连续萎缩。本次现地调查结果显示，该湿地基本上失去了湿地的特征。再如，岱海的入湖年均径流量4080立方米，因水库、塘坝截流、灌溉及地下渗水，实际入湖水量仅占流域流量的1/3。黄旗海入湖河流上游修建水库，减少了入湖水源，使得湖面在调查期干涸。奈曼旗西湖是科尔沁沙地湖泊，由于上游兴建水库近几年连续干旱和补水断流，该湖现已干涸，湖周围已形成流动沙丘链。西辽河流域因水库截留和大量利用地下水灌溉，其下游十几年无水可流。

3.3 湿地泥沙淤积与环境污染，使生物多样性遭到破坏

湿地资源在开发利用过程中不重视保护，致使湿地功能丧失。如呼伦贝尔市境内的二卡湿地，由于附近的扎来诺尔煤矿开采，破坏上游森林植被和草原植被，引起了水土流失，导致了湖泊泥沙淤积。乌梁素海湖泊湿地入湖水源为灌溉退水与雨季洪水，这些入湖水体夹带着泥沙淤积湖底，使湖水愈来愈浅，这对鱼类生长、繁殖与越冬极为不利。春季低水位期，水草的裸露及干枯，使鲤鱼、鲫鱼不能产卵或孵化；夏季水生植物生长旺盛，对鲢、鳙鱼生长不利；冬季冰下水层很浅，湖底水草多，加上底泥厚耗氧量大，对鱼类越冬构成威胁，曾发生两起大批死鱼事件。辉河、达赉湖、图牧吉、毛林郭勒、乌拉盖等是较大的芦苇生产基地，因过度刈割，其芦苇长势退化。

随着工农业的发展，给湿地环境带来了不同程度的污染。湖泊受污染导致湖水富营养化，水生物减少，水鸟种类和数量也随之减少。如河套地区每年有5亿立方米左右的农业灌溉退水和所属5个旗(县)大量工业废水及生活污水排入乌梁素海，其中含有大量的化肥和其他营养盐，使乌梁素海水体中总磷、总氮含量严重超标，水体中营养物质过多，大量芦苇和沉水植物生长很快，加之水流不畅，致使水体处于严重的缺氧状态，富营养化问题严重。此外，达里诺尔曾为捕杀苇塘、草原上的红蜘蛛等害虫，采取大量喷洒药剂的方法，结果导致湖水理化性质突变，水生物种类和数量均发生较大变化，鸟类数量锐减。河套平原引黄灌溉，农田大量使用化肥农药污染水体，导致黄河水生动植物大量死亡，土壤进一步盐渍化。

3.4 湿地保护宣传力度小，公众保护湿地意识淡漠

我国从1992年加入《湿地公约》，湿地保护是项新兴事业。由于湿地保护宣传不够，对湿地价值和重要性缺乏认识，湿地保护和合理利用宣传教育滞后且力度较小，一些政府领导和社会公众依法保护湿地意识普遍淡漠，不能正确处理眼前利益和长远利益的关系，重开发利用轻保护现象严重。

3.5 湿地保护工程资金缺乏

用于湿地保护工程资金和管理经费严重不足甚至短缺，是湿地保护管理面临主要问题。湿地保护日常工作、湿地调查监测、湿地保护宣教、监督执法、队伍建设等方面因缺乏资金支持很难开展。大部分已建立的国家级、区级、旗县级自然保护区因缺乏资金投入建设工程不能实施，严重制约着自然保护区生存和发展。

3.6 湿地保护管理体系不完善

湿地保护管理、开发利用牵扯面广，大多数在湿地利用上分部门多头管理，保护上无任何责任，造成湿地保护缺乏综合协调管理和利用监督机制。各级政府部门在湿地保护管理工作中职责不清、机构不健全、管理体系不完善、管理机制尚未建立起来。此外，湿地管理人才缺乏和素质不高的问题也较为突出，影响湿地保护管理规范化、集约化、科学化发展。

3.7 湿地保护与利用缺乏区域性统一规划

湿地保护与利用是项系统工程，要将湿地保护利用从整个流域去考虑，任何干扰集水区上、中游的活动都将影响下游地区。必须实行集水区用水统一规划管理，不搞条块分割各行其是，确保整个流域(区域)水资源的合理利用。黑河干流水资源实施统一调度管理，为居延海蓄水就是最好的例证。因此，只有制定切合实际的水资源平衡利用规划并认真组织实施，做到水资源保护与利用相结合，才能确保湿地得到有效保护和恢复。

3.8 湿地保护管理法律法规不完善

目前，我国还没有关于湿地保护与利用的专门法律、法规，地方也没有出台关于湿地保护与利用的专门条例，已有相关法律、法规中有关湿地条款比较分散，不成系统，造成无法可依或法条相互交叉，难以发挥作用的局面。

由于长期以来人们对湿地生态价值认识不足，加上保护管理能力薄弱，内蒙古自治区存在湿地面积逐年减少、生态质量逐步降低、生态服务功能逐步退化的不良趋势。

第二节 湿地资源可持续利用前景分析

1 加强对现有湿地资源的抢救性保护

湿地生态系统是全区重要的自然生态资本，但其现状不容乐观，现有湿地资源整体上呈湿地面积逐步减小、生态质量逐步下降、生态服务功能逐步降低的趋势，全区现存的湿地均处于高强度的人为活动干扰状态下。合理利用湿地资源的首要前提就是要加强对现有资源的抢救性保护，彻底扭转目前湿地生态环境恶化的不利趋势，这也是合理利用湿地的最大资本。

2 制定科学湿地土地资源利用政策，因地制宜施行退田还湿或科学围垦

对于内陆淡水湿地生态系统，坚决杜绝随意侵占湿地和扭转湿地属性的行为发生，实行流域管理，合理分配水资源，严格禁止围垦、采挖、堤岸工程、景点建设、餐饮宾馆建设侵占湿地。对已经大面积围垦的湖泊水域，适时退田还湖(水、湿)。特别是对达赉湖、达里淖尔、乌梁素海、黄旗海、岱海、查干淖尔、科尔沁沙地湖泊群等，以及黄河、西辽河、额尔古纳河等流域侵占湿地的改造，应综合评估生态安全、防洪抗旱、经济可持续发展等方面需求。

3 控制围垦稻田的规模，维护水环境质量

科学合理安排淡水围网养殖业的发展，为社会提供了丰富的水产品，丰富了群众的食物来源，也为社会经济的发展做出了积极的贡献。但目前围网养殖业导致水体富营养化的负面效应表现突出，主要是由于围网养殖规模超过了水环境的生态承载力，同时围网养殖的密度和过量拖入饵料更加剧了水体恶化的趋势。因此，建议科学评估单个水体的生态承载力，控制围网养殖的规模，或者采用科学的技术控制高密度围网养殖产生的污染，在提供足够的水产品，丰富居民食物来源的同时，维护水环境质量。

4 合理利用湿地景观资源，发展湿地生态旅游

在维护湿地生态平衡、保护湿地功能和生物多样性的前提下，通过建立湿地保护区、湿地公园等方式，开展湿地生态旅游，展示湿地自然景观和独特的生物多样性、湿地文化，发挥湿地公园湿地休闲、湿地科普教育等方面的作用，最大限度发挥湿地的经济、社会效益。

5 开展湿地资源可持续利用示范，加强引导和推介

湿地资源只有被科学利用才能产生积极的综合效益，而湿地资源是水资源、土地资源、生物资源、景观资源、矿产资源、能源资源等多种资源类别的综合体，涉及林业、农业、渔业、能源、矿产、水利、土地等多个行业，湿地资源合理利用必须充分发挥其各个组成资源类别的效益。但湿地的概念、湿地的价值和功能、湿地保护管理均还没有被公众广泛接受。建议根据不同地区湿地资源的特征及与当地公众、社会的关系，建立各种类型的湿地可持续利用示范，如开阔水域生态养殖、高效生态农业、农牧渔复合经营、退田还湖(水)等。

第五章 湿地资源评价

第一节 湿地生态状况

1 水资源状况

1.1 降水量

根据《2010年内蒙古自治区水资源公报》，2010年，内蒙古自治区平均降水量260.6毫米，折合降水总量3014.3亿立方米，比上年(2009年)增加12.5%，比多年平均值减少7.6%，属平水年份。全区范围内降水量与多年平均值相比，变化幅度在-50%~30%之间。

全区降水量时空分布极不均匀，总体趋势是由东向西逐渐递减。各行政分区年降水量与多年平均值相比较，大部分地区呈减少趋势，减幅在2.4%~21.3%之间。兴安盟减幅最大，达21.3%。年降水量最高值出现在呼伦贝尔市，为1003.70毫米，最低值出现在阿拉善盟，为186.21毫米。

各流域分区降水量与多年平均值比较，松花江流域、内陆河流域、黄河流域均在减少，分别减少11.1%、11.1%和1.8%。

年内降水量主要集中在汛期的6~9月份，最高值出现在松花江流域呼伦贝尔市境内的三连站，为781.2毫米；最低值出现在内陆河流域阿拉善盟境内的额济纳旗站，为25.4毫米。

1.2 地表水资源量

2010年，内蒙古自治区地表水资源量253.38亿立方米，折合年径流深21.9毫米，比上年(2009年)减少3.8%，与多年平均值比较减少37.7%。

与降水量相同，全区地表水量时空分布也不均匀，总体趋势是由东向西逐渐递减，各行政分区地表水量最高值出现在呼伦贝尔市，为208.69亿立方米，最低值出现在乌海市，为0.12亿立方米。

东部地区赤峰市、通辽市与上年比较增幅分别为37.7%、3.5%，呼伦贝尔市、兴安盟减幅分别为5.9%、10.4%；西部区除乌海市和阿拉善盟与上年持平，其余均呈增加趋势，增加幅度在18.2% ~67.5%。

与多年平均值比较，东部区均呈减少趋势，呼伦贝尔市减幅最小，为30.0%，通辽市减幅最大，为68.3%；西部区除包头市呈增加趋势外，其余地区均呈减少趋势，减幅在0.3% ~69.0%之间，锡林郭勒盟减幅最大，为69.0%。

各流域分区地表水量最高值出现在嫩江流域，为128.21亿立方米；最低值出现在辽河干流域，为0.28亿立方米。

各流域分区与多年平均比较，均有不同幅度减少，减幅在34.5% ~60.5%，辽河流域减幅最大，为60.5%。

2010年，全区入境水量为2.0054亿立方米。

1.3 地下水资源量

地下水资源量是指直接接收大气降水和地表水体补给，且矿化度小于2克/升的浅层含水层的动态水量。

2010年全区地下水资源量227.65亿立方米。其中，平原区地下水资源量为140.74亿立方米，山丘区地下水资源量为110.78亿立方米，平原区与山丘区地下水资源量重复计算量为23.88亿立方米。2010年全区地下水资源量比多年平均值减少4.5%。

各行政分区地下水量最高值出现在呼伦贝尔市，为71.22亿立方米，最低值出现在乌海市，为0.33亿立方米。

各流域分区与多年平均值比较，辽河流域增幅4.1%，其余流域均呈减少趋势，减幅在2.7% ~13.2%之间。其中，内陆河流域减幅最大，为13.2%。与上年相比，松花江流域减幅5.0%，滦河流域减幅27.3%，其他地区呈增加趋势，增幅在4.5% ~31.3%之间，辽河流域增幅最大，为31.3%。

1.4 水资源总量

2010年，全区水资源总量为388.54亿立方米。其中，地表水资源量为253.38亿立方米，地下水资源量为227.65亿立方米，地表水与地下水重复计算量为92.49亿立方米，平均产水模数为3.36万立方米/平方公里。总水资源量与多年平均值比较减少30.8%，比上年增加2.74%。

各流域、行政分区水资源量见表5-1、表5-2。

1.5 用水量

2010年，全区总用水量181.90亿立方米，比上年增加0.4%，其中，农田灌溉用水量127.10亿立方米，占总用水量的69.9%，林牧渔用水量12.96亿立方米，工业用水量22.58亿立方米，城镇公共用水量2.83亿立方米，生活用水量6.66亿立方米，生态用水量9.78亿立方米。

用水量最大的是巴彦淖尔市，为48.60亿立方米，占全区用水量的26.7%。

2　水环境质量

2.1　河流水质

2010 年，全区地表水主要河流按丰水、枯水期和全年期，依据《地表水环境质量标准》(GB 3838—2002)分别进行评价，参评河段长 4410.9 公里(按水功能区划分)。全年符合地表水环境质量标准的Ⅰ类～Ⅲ类水体占 45.4%；Ⅳ类～劣Ⅴ类水体占 54.6%，比去年同期减少 2.6%，重污染河段较上年相比呈减少趋势。

主要超标项目为氨氮含量、总氮含量、高锰酸盐指数、化学需氧量。超标严重河段情况见表 5-1、表 5-2。

表 5-1　2010 年内蒙古各流域河流全年严重超标河段一览表

流域	河流	代表站	评价类别	超标项目及超标倍数
松花江	霍林河	吐列毛都	劣Ⅴ类	总氮(5.78)、高锰酸盐指数(0.52)
		白云胡硕	劣Ⅴ类	总氮(4.09)、高锰酸盐指数(0.30)
	乌不勒坤都冷河	巴雅尔图胡硕	劣Ⅴ类	总氮(2.56)、高锰酸盐指数(0.83)生化需氧量(0.41)、氟化物(0.01)
辽河	西辽河	麦新(西)	劣Ⅴ类	总氮(1.92)、化学需氧量(1.12)、生化需氧量(0.48)
	乌力吉木仁河	梅林庙(二)	劣Ⅴ类	总氮(3.01)、高锰酸盐指数(0.83)、生化需氧量(0.19)、氟化物(0.88)
		福山地	劣Ⅴ类	氨氮(3.15)
	胜利河	鲁北(二)	劣Ⅴ类	总氮(4.26)、化学需氧量(1.05)、生化需氧量(0.58)、氟化物(0.85)
	老哈河	太平庄(二)	劣Ⅴ类	氨氮(27.9)、化学需氧量(3.35)、生化需氧量(3.50)、挥发酚(2.81)、氟化物(0.21)
	英金河	六大份	劣Ⅴ类	氨氮(35.70)、化学需氧量(5.76)、生化需氧量(18.66)、挥发酚(10.98)、六价铬(0.45)
		八家	劣Ⅴ类	氨氮(9.70)、化学需氧量(4.46)、生化需氧量(1.91)、氟化物(0.15)、挥发酚(0.12)、六价铬(0.02)
黄河	小黑河	西二道河	劣Ⅴ类	氨氮(23.52)、化学需氧量(3.18)、挥发酚(3.40)
	乌梁素海退水渠	西山嘴(退四)	劣Ⅴ类	汞(6.00)、高锰酸盐指数(0.73)、氟化物(0.43)

表 5-2 2010 年内蒙古各流域二级区全年水质不同类别河段一览表

流域二级区名称	评价河长（公里）	各流域超标河长（公里）	各流域超标河长占评价河长比例（%）	全年期分类河长（公里）						主要超标污染物
				Ⅰ	Ⅱ	Ⅲ	Ⅳ	Ⅴ	劣Ⅴ	
额尔古纳河	712.1	492.0	69.1			220.1	140.5	351.5		化学需氧量
嫩江	1306.2	583.7	44.7			722.5	202.9		380.8	总氮、高锰酸盐指数、化学需氧量、生化需氧量、氟化物
西辽河	1487.5	1093.5	73.5		179.0	215.0		400.5	693.0	氨氮、总氮、高锰酸盐指数、化学需氧量、生化需氧量、氟化物
滦河及冀东沿海	321.2				321.2					
兰州 - 河口镇	267.2	73.3	27.4			193.9	12. 9		60.4	氨氮、挥发酚、高锰酸盐指数、化学需氧量
内蒙古高原内陆区	316.7	166.7	52.6			150.0	166.7			高锰酸盐指数
合　计	4410.9	2409.2	54.6		500.2	1501.5	523.0	752.0	1134.2	总氮、氨氮、挥发酚、高锰酸盐指数、化学需氧量等

2.2 河流泥沙

2010 年，全区平均悬移质输沙模数为 152.23 吨/平方公里，比多年平均值(265 吨/平方公里)少 42.6%。全区个河流悬移质输沙量为 17610 万吨，属少沙年份。

全区输沙模数西部最高值在黄河流域的包头市境内，实测最大值红沙坝站，为 995 吨/平方公里；东部最高值在西辽河流域的赤峰市境内，实测最大值乌丹站，为 1906 吨/平方公里。

3 湿地生态状况评价

3.1 湿地生态状况评价方法

3.1.1 湿地生态状况评价指标体系

湿地生态状况直接反映湿地生态系统的健康水平，也是评价湿地生态功能是否正常发挥和满足人类需要的重要依据。湿地生态状况采用自然状况和人为干扰两大指标进行综合评价(表 5-3)。

表 5-3　湿地生态状况评价指标体系一览表

一级	二级	三级	因子
自然指标	景观指标	自然湿地率	自然湿地面积/湿地总面积
		湿地密度	平均斑块面积/湿地总面积
		湿地斑块密度	湿地斑块数/湿地总面积
	生物多样性指标	单位面积物种多度	物种数量/湿地面积
		植物覆盖度	植被面积/湿地面积
		外来物种入侵	有、无
	水环境指标	污染物	有、无
		富营养	贫、中、富 3 级
		水质级别	Ⅰ、Ⅱ、Ⅲ、Ⅳ、Ⅴ 5 级
人为干扰指标	社会指标	人口密度	人口数量/重点调查面积
		利用情况	工(旅游)、农、水、未 4 级
	威胁指标	威胁因子数量	数量
		威胁程度	安全、轻、重 3 级

3.1.2　湿地生态状况评价指标量化

对评价指标采用层次分析方法(AHP)和德尔菲法进行分级和赋值，并确定指标权重。各指标标准值计算：

(1)自然湿地率，湿地密度，湿地斑块密度，单位面积物种多度，植被覆盖度，人口密度六个指标根据大小分为五级，分别赋值 1、3、5、7、9，指标值越高反映的生态状况越好。

(2)外来物种入侵，污染物两个指标，分两个等级，“有”赋值 2，“无”赋值 8。

(3)营养状况分三级，贫营养赋值 8，中营养赋值 5，富营养赋值 2。

(4)水质级别分五级，分别赋值 9、7、5、3、1。

(5)利用情况分四级，工业(旅游)赋值 3，农业(种植、牧业、林业)赋值 5，水源地赋值 7，未利用赋值 9。

(6)威胁因子数量，分为十级，采用“10 - 数量”来赋值。

(7)威胁程度分为三级，安全赋值 8，轻度赋值 5，重度赋值 2。

3.1.3　湿地生态状况评价指标权重

湿地生态状况评价各指标权重确定见表 5-4。

表 5-4　湿地生态状况评价指标体系权重表

一级	权重	二级	权重	三级	权重
自然指标	0.6	景观指标	0.10	自然湿地率	0.03
				湿地密度	0.012
				湿地斑块密度	0.018
		生物多样性指标	0.45	单位面积物种多度	0.108
				植物覆盖度	0.108
				外来物种入侵	0.054

(续)

一级	权重	二级	权重	三级	权重
自然指标	0.6	水环境指标	0.45	污染物	0.054
				富营养	0.081
				水质级别	0.135
人为干扰指标	0.4	社会指标	0.40	人口密度	0.064
				利用情况	0.096
		威胁指标	0.60	威胁因子数量	0.084
				威胁程度	0.156

3.1.4 湿地生态状况评价计算方法

根据统计学累计求和公式，计算每处重点调查湿地生态状况综合得分：

$$Z = \sum P \times n$$

其中：Z——综合得分；P——指标值；n——指标权重。

根据综合得分，对重点调查湿地的生态状况进行综合评定，再利用统计学的自然断点法(natural breaks)对重点调查湿地的生态状况综合得分进行划分，分为好、中、差三个等级。

3.2 湿地生态状况评价

依据第二次内蒙古自治区湿地资源调查数据，综合利用反映湿地生态状况的自然湿地面积、生物多样性、水环境及湿地利用和受威胁状况等方面指标，对本次重点调查湿地进行湿地生态状况综合评价，评价结果见表5-5。

表5-5 内蒙古重点调查湿地生态状况综合评价表

重点调查湿地	综合得分	评价等级
内蒙古鄂尔多斯遗鸥国家级自然保护区	2.15	差
红海子湿地	2.65	差
霸王河	2.96	差
内蒙古黄旗海自然保护区	2.97	差
内蒙古塔拉干水库自然保护区	2.97	差
内蒙古莫力庙水库自然保护区	2.99	差
内蒙古小塔子水库自然保护区	3.06	差
内蒙古哈素海级自然保护区	3.21	差
黄河湿地	3.28	差
内蒙古舍利虎水库自然保护区	3.32	差
内蒙古岱海级自然保护区	3.35	差
石碑水库	3.41	差
内蒙古南海子自然保护区	3.48	差
内蒙古海力锦湿地自然保护区	3.51	差
内蒙古呼日查干淖尔和恩格尔河湿地自然保护区	3.52	差

（续）

重点调查湿地	综合得分	评价等级
内蒙古乌梁素海自然保护区	3.53	差
德岭山水库	3.55	差
孟王栓海子	3.60	差
内蒙古八大莲池自然保护区	3.61	差
内蒙古镜湖湿地自然保护区	3.62	差
内蒙古巴雅斯古楞自然保护区	3.62	差
昆都仑水库	3.64	差
红山水库湿地	3.65	差
内蒙古呼和车勒湿地自然保护区	3.66	差
内蒙古巴湖塔湿地自然保护区	3.67	差
乌兰敖道湿地	3.68	差
内蒙古孟家段水库自然保护区	3.72	差
内蒙古荷花湖自然保护区	3.75	差
内蒙古天鹅湖自然保护区	3.79	差
内蒙古阿鲁科尔沁国家级保护区	3.79	差
新开河湿地	3.81	差
内蒙古哈日干图响水泉保护区	3.84	差
巴图湾湿地	3.93	差
内蒙古贺斯格淖尔自然保护区	3.93	差
漠河沟水库	3.93	差
内蒙古乌兰布统和桦木沟保护区	3.93	差
内蒙古白音敖包国家级保护区	4.00	差
内蒙古都斯图河自治区级保护区	4.00	差
内蒙古松树山自然保护区	4.00	差
西拉木伦河湿地	4.00	差
内蒙古莲花吐自然保护区	4.02	差
教来河湿地	4.03	差
布日敦－博隆克湿地	4.06	差
内蒙古黑里河国家级自然保护区	4.10	差
牧羊海湿地	4.11	差
老哈河湿地	4.12	差
乌力吉沐沦河湿地	4.12	差
内蒙古双合尔山自然保护区	4.16	差
内蒙古大冷山自然保护区	4.17	差
居延海湿地	4.19	差
多伦大河口水库	4.29	差

（续）

重点调查湿地	综合得分	评价等级
内蒙古白音库伦遗鸥自治区级自然保护区	4.30	差
内蒙古杭锦淖尔自然保护区	4.30	差
内蒙古达里诺尔国家级保护区	4.35	差
内蒙古大黑山国家级自然保护区	4.37	差
内蒙古乌拉盖湿地自然保护区	4.37	差
内蒙古乌兰坝－石棚沟保护区	4.37	差
内蒙古达赉湖国家级自然保护区	4.38	差
内蒙古恩格尔河湿地自然保护区	4.41	差
三泡子湿地	4.41	差
内蒙古荷叶花湿地水禽自治区级自然保护区	4.42	差
内蒙古三道沟自然保护区	4.42	差
内蒙古自治区阿拉善黄河国家湿地公园	4.46	差
内蒙古蔡木山自然保护区	4.47	差
哈日朝鲁宽甸子湿地	4.48	差
海拉尔河	4.57	差
内蒙古巴丹吉林沙漠湖泊保护区	4.59	差
内蒙古黑风河自然保护区	4.60	差
内蒙古大青沟国家级自然保护区	4.74	差
内蒙古旺业甸自然保护区	5.06	中
音河	5.14	中
内蒙古海拉尔西山自然保护区	5.16	中
尼尔基水库	5.17	中
古利库河湿地	5.18	中
那都里河上游湿地	5.18	中
那都里河中游湿地	5.18	中
伊敏河	5.18	中
砍都河源头湿地	5.20	中
大杨气河湿地	5.22	中
多布库尔河中游湿地	5.22	中
甘河湿地	5.22	中
黑龙江多布库尔自然保护区	5.22	中
那都里河下游湿地	5.22	中
嫩江源头湿地	5.22	中
黑龙江南瓮河国家级自然保护区湿地	5.23	中
内蒙古二卡湿地鸟类自然保护区	5.26	中
内蒙古辉河国家级自然保护区	5.26	中

（续）

重点调查湿地	综合得分	评价等级
加格达河湿地	5.28	中
内蒙古乌力胡舒自然保护区	5.31	中
绰尔河	5.33	中
内蒙古索伦河流、草甸湿地保护区	5.39	中
内蒙古额尔古纳湿地自然保护区	5.44	中
内蒙古图牧吉国家级自然保护区	5.44	中
内蒙古室韦自然保护区	5.46	中
多布库尔河源头湿地	5.50	中
内蒙古洮儿河、归流河河流湿地保护小区	5.57	中
内蒙古科尔沁国家级自然保护区	5.58	中
内蒙古多布库尔河	5.68	中
格尼河	5.72	中
根河	5.72	中
内蒙古绰尔河	5.72	中
内蒙古胡地气	5.74	中
内蒙古卧罗河	5.74	中
甘河	5.75	中
欧肯河	5.78	中
内蒙古绰尔河湿地自然保护区	5.81	中
内蒙古都尔本新草甸、沼泽湿地保护区	5.82	中
内蒙古五岔沟湿地自然保护区	5.83	中
哈布气河	5.84	中
务大哈气河	5.84	中
内蒙古罕山自然保护区	5.90	中
内蒙古乌兰河自然保护区	5.93	中
内蒙古黄岗梁自然保护区	5.94	中
保安河	5.95	中
内蒙古赛罕乌拉国家级保护区	5.96	中
额根河	5.96	中
乌耶勒格其河	5.97	中
内蒙古高格斯台罕乌拉国家级自然保护区	5.98	中
乌尔根河	5.98	中
内蒙古柴河自然保护区	5.99	中
内蒙古潢源自然保护区	6.02	好
固里河	6.02	好
内蒙古伊敏河源头湿地保护区	6.03	好

（续）

重点调查湿地	综合得分	评价等级
内蒙古古日格斯台国家级自然保护区	6.09	好
内蒙古自治区白狼国家湿地公园	6.14	好
雅鲁河	6.14	好
库力河	6.19	好
内蒙古阿尔山自然保护区	6.19	好
额尔古纳河	6.21	好
内蒙古维纳河自然保护区	6.21	好
内蒙古金江沟地热湿地	6.21	好
内蒙古奎勒河自然保护区	6.24	好
柴河	6.24	好
内蒙古银江沟地热湿地	6.30	好
阿伦河	6.31	好
得尔布耳河	6.31	好
诺敏河	6.31	好
哈乌尔河	6.36	好
吉尔布干河	6.36	好
内蒙古根河	6.38	好
内蒙古扎文其汗湿地	6.50	好
内蒙古红花尔基樟子松国家级自然保护区	6.51	好
内蒙古胡列也吐湿地自然保护区	6.56	好
阿木牛河	6.56	好
内蒙古北大河	6.61	好
内蒙古图里河鹤类栖息湿地	6.61	好
内蒙古库都尔	6.65	好
内蒙古乌尔旗汉	6.65	好
内蒙古伊图里河	6.65	好
内蒙古甘河上游	6.71	好
内蒙古诺门罕湿地自然保护区	6.72	好
内蒙古乌玛自然保护区	6.78	好
内蒙古阿鲁省部级自然保护区	7.00	好
内蒙古额尔古纳国家级保护区	7.00	好
内蒙古阿北冻土	7.08	好
内蒙古毕拉河自然保护区	7.08	好
内蒙古汗马国家级自然保护区	7.08	好
内蒙古金、阿、满苔藓湿地	7.08	好
内蒙古兴安里自然保护区	7.08	好

通过湿地生态评价结果分析，内蒙古自治区湿地生态状况总体中等，存在一定的威胁。在159个重要湿地中，生态状况好、中、差的数量分别占重要湿地数量的24.53%、32.08%和43.40%。生态状况好、中等级的湿地均分布于东北林区及东部地区，湿地生态状况差的湿地主要分布在中西部。

内蒙古自治区湿地主要分布在东部地区，且湿地面积比较大，生物多样性偏高，特别是植物物种种类和植物多度要比西部地区丰富。中西部地区分布湿地数量和面积较小，污染物、富营养、水质级别、人口密度、利用情况、威胁因子数量等几项指标均高于东部地区湿地，绝大部分湿地存在污染情况，盐碱化程度较高。因此，内蒙古自治区重点调查湿地的生态状况，自西向东呈逐渐优化趋势，这与自治区自西向东的地形地貌、森林分布和气象条件等自然生态环境的变化趋势相吻合。

值得注意的是，虽然东部地区湿地生态状况总体情况较好，但部分地区存在一定的污染、农业开垦及过度放牧等情况。而且，生态状况评价等级相对较高的湿地，以森林采伐、采集等为代表的湿地利用程度有增强趋势，湿地威胁因子的干扰强度在逐渐增加。

第二节
湿地受威胁状况

由于长期干旱，人口增长、人类活动频繁，全区湿地普遍缺水，面积不断萎缩。加上湿地资源过度开发利用，导致河流水量锐减、湖泊水富营养化、沼泽干涸，致使生物多样性受损，土地沙化现象严重。再加上湿地管理体制不顺畅、投入严重不足，湿地受到各种因子的威胁现象普遍，全区湿地总体受威胁状况评价等级为轻度。

1　威胁因子

内蒙古湿地的威胁因子主要有基建和城市建设、围垦、泥沙淤积、污染、过度捕捞和采集、水利工程和引排水的负面影响、盐碱化、过牧、森林采伐、沙化、气候变化等，其中围垦、水利工程和引排水的负面影响、污染、过牧、盐碱化、气候变化和沙化对湿地的威胁相对较重。

1.1　基　建

内蒙古自治区地处我国北疆，能源资源富集，煤炭资源储量极为丰富，探明储量达7200亿吨，居全国第一。党的十六大以来，以科学发展观为指导，内蒙古经济社会持续快速发展。为适应内蒙古经济社会发展的需要，围绕强化交通运输保障目标，全区加快了公路、铁路建设的步伐，内蒙古公路、铁路运输和建设事业取得了显著的成就。

到2010年全区公路通车里程达到15.7万公里，公路网密度达到13.3公里/百平方公里。从2005年到2010年，高速公路由1001公里发展到2365公里；一级公路由2139公里发展到3387公里；高等级公路由1.15万公里发展到1.8万公里，高级次高级路面由3.1万公里发展到5.4万公里，分别是“十五”期末的1.58倍和1.74倍。

到2010年内蒙古境内铁路营业里程8700公路，在建里程4200公路，到2015年，内蒙古营业里程将达到1.5网公里以上。

由此可见，这些大型的基础建设项目必将对沿线的河流、沼泽等湿地造成一定破坏，在建成后的运营期间对湿地的生态环境也将形成持续的负面效应。另外，各地为开发湿地生态旅游进行旅游基础设施建设，各类开发区在建设过程中亦要消耗和占用一定的湿地资源，对湿地景观也会造成一定影响。因此，在各项基础设施建设中，努力把握经济与生态的平衡，注重人文与自然的有机结合是非常重要的。

1.2 围 垦

内蒙古土地辽阔，耕地资源得天独厚，全区拥有农耕地1亿亩以上。农作物主要种植地区是河套－土默川平原、西辽河平原、嫩江西岸平原和广大丘陵山区。

河套、土默川、西辽河平原有“谷仓”和“塞外米粮川”之称，不仅是内蒙古粮食和经济作物的主要产区，也是国家农业开发的重点地区。目前，全区马铃薯、向日葵播种面积、产量均居全国第一位；玉米产量居第五位；莜麦、荞麦、绿豆等杂粮杂豆品质优良，是我国小杂粮三大产区之一。

改革开放30多年来，全区粮食产量逐年增加，农业经济发展迅猛。与此同时，大片的林地和沼泽被开垦为农田，如兴安盟、通辽市、赤峰市沿嫩江、西辽河、老哈河、西拉木仁河、乌力吉木仁河等河岸两侧的沼泽湿地所剩无几。本次调查，根据内蒙古自治区农牧业厅提供的数据显示，有水稻田8.40万公顷，大部分集中在该地区。

近几年，随着农业税免征、农业补贴政策的激励，以及粮食价格的逐年提高，农民的种植积极性空前高涨。受短期利益的驱使，一些河流湖泊源头及两岸的大片湿地被开垦为农田，大量的洪泛平原湿地已变成耕地和建设用地。

另外，在本次调查中发现，临近城市地带的河流湿地，原来划定的用于行洪的洪泛平原湿地大多面积已经减小或已逐渐消失，以内蒙古南海湿地保护区最为典型。

1.3 泥沙淤积和沙化

内蒙古湿地受泥沙淤积的威胁主要集中在西部的乌海市、巴彦淖尔市的河套平原及鄂尔多斯市。由于开垦和过牧使沙地植被盖度下降，加上春季大风吹蚀，乌兰布和沙漠及库布齐沙漠逐渐向东扩展，覆盖湿地、阻淤河道，黄河流域的湿地受沙化和泥沙淤积影响较大。

内蒙古煤炭资源较为丰富，大量的煤炭开采引起地下水位逐年下降，破坏了水资源的补径排的平衡，从而导致湿地面积的大幅减少，沙化、荒漠化趋于加重。

1.4 污 染

内蒙古湿地受污染状况比较普遍，受影响较多的主要是河流和湖泊，但污染程度较轻。在城镇周边，污染源主要来自城镇生活污水和生活垃圾，对流经河流污染较大。

内蒙古处于我国北部边疆，矿产资源丰富，一些高耗能、高污染项目发展较快。由于污染物治理措施滞后，大量的工业污水、工业废渣排入河流给河流带来不同程度的污染，使区域内湿地生态环境遭到不可恢复的破坏。

在河套地区对湖泊和沼泽的污染主要来自农田退水，由于农田施肥结构不合理和农药的大量使用，土壤中残留的大量人工化学成分随雨水流入湖泊和沼泽，使鱼类种群数量下降，湿地植被种类和植被类型发生改变。

1.5　过度捕捞和采集

内蒙古的江河湖泊众多，鱼类资源比较丰富，各类天然湖泊和人工库塘均有不同程度的养殖活动。河流中的鱼类由于过度捕捞和水体污染，种群数量减少。内蒙古东北林区的泥炭资源开发、苔藓和越橘等植物的采集等活动处于无序状态，对湿地资源和湿地环境造成了不同程度的破坏。

1.6　水利工程

内蒙古的水利工程主要包括库塘建设、引排水工程、防洪工程等。在这些工程中，大多数是从开发利用湿地水资源的角度出发，主要用于农业灌溉、水力发电、防洪排涝、旅游等。从湿地生态角度来讲，这些工程的建设截流、消耗大量水资源，对湿地的环境和湿地的发展都存在负面影响。如居延海由于20世纪上游的水利工程建设，一度干涸，2002年在国务院的协调下，河水流入东居延海，湿地生态系统得到逐步恢复。

1.7　盐碱化

内蒙古的湿地盐碱化主要分布在中西部地区，特别是西部较多。由于该地区地下水位较高，水分循环较慢，无机盐在地表集聚，并随着地表径流汇集于地势低洼的沼泽、湖泊中。沼泽和湖泊中的水体得不到补充和交换，矿化度不断升高，盐碱化不断加剧。全区西部地区湿地的盐碱化是自然力长期作用的结果，人力很难改善和转变，采取为湿地引水和促进水交换相结合是缓解盐碱化的唯一途径。

1.8　过　牧

自治区可利用草场面积6818万公顷，占全国可利用草场面积的1/5以上，畜牧业综合生产能力居全国五大牧区之首。畜种资源丰富多样，乌珠穆沁肥尾羊、阿尔巴斯白绒山羊等优良品种闻名遐迩，在质量、规模等各方面都具备了产业化开发的基础和条件。牛奶产量居全国第一位，羊肉产量居全国第二位，牛肉产量居全国第十位。

自治区成立以来，全区牲畜头数增长了十倍之多，放牧与湿地保护的矛盾日趋加重。由于超载放牧，可利用草场日趋萎缩，导致大量的畜群涌入湿地，致使大量珍贵的湿地退化成沙地，低湿草原的植被破坏，同时对湿地蓄洪减灾、削减洪峰能力的影响也十分显著。

1.9　气候变化

自21世纪以来，内蒙古遭受了长期持续的干旱天气，加之多年以来，地表水过量利用，地下水超采，许多河道断流，湖泊沼泽萎缩干涸，水位下降，使湿地减少。如呼伦湖这个全国第四大淡水湖，水位下降，水域面积萎缩，蓄水量减少，补济水源的两条河流克鲁伦河、乌尔逊河先后出现过断流，干枯的湖底一片白沙，贝壳随处可见。

2 重点调查湿地受威胁状况

本次调查，对全区159块重点调查湿地的受威胁状况做了专项调查(表5-6)。重点湿地处于安全状态的有44块，占27.67%；处于轻度受威胁状态的有101块，占63.52%；处于重度受威胁状态的14块，占8.81%。由此可见，内蒙古湿地受到威胁的占重点湿地面积的72.33%，表现为普遍性特征的威胁因子主要有森林采伐、水利工程、围垦、过牧、沙化、盐碱化、污染等。

按区域分，中西部湿地主要受到围垦、过牧、盐碱化、沙化、水利工程、泥沙淤积等因子威胁；东部湿地主要受到森林采伐、采集等因子威胁。大兴安岭林区湿地处于安全和受轻度威胁状况，而中西部地区湿地处于轻度和重度威胁。其中，基建、引排水工程等因子在威胁因子中趋于主导地位，不得不引起各部门的重视(图5-6)。

表5-6 内蒙古自治区各重点调查湿地受威胁状况一览表

序号	重点调查湿地名称	湿地面积(公顷)	湿地类型	分布旗县(市、区)	主要威胁因子	受威胁状况等级
1	阿伦河	8083.93	沼泽湿地	阿荣旗	过牧、围垦	轻度
2	阿木牛河	2612.99	沼泽湿地	牙克石市、扎兰屯市	围垦、过牧	安全
3	巴图湾湿地	906.75	人工湿地	乌审旗	水利工程、围垦	轻度
4	霸王河	109.76	河流湿地	集宁区	污染、水利工程、沙化	重度
5	保安河	2645.14	沼泽湿地	额尔古纳市	森林采伐、过牧	轻度
6	布日敦－博隆克湿地	890.85	河流湿地	翁牛特旗	围垦、过牧	轻度
7	柴河	1024.86	沼泽湿地	扎兰屯市	森林采伐、采集	安全
8	绰尔河	958.17	河流湿地	扎兰屯市	森林采伐、围垦	轻度
9	大杨气河湿地	12346.55	沼泽湿地	加格达奇	森林采伐、围垦	轻度
10	得尔布耳河	10216.72	沼泽湿地	额尔古纳市	森林采伐、采集	轻度
11	德岭山水库	226.32	人工湿地	乌拉特中旗	过牧、垦殖	轻度
12	多布库尔河源头湿地	30941.91	沼泽湿地	加格达奇	森林采伐、围垦	轻度
13	多布库尔河中游湿地	18861.08	沼泽湿地	加格达奇	森林采伐、围垦	轻度
14	多伦大河口水库	3473.93	沼泽湿地	多伦县	泥沙淤积、沙化、污染	轻度
15	额尔古纳河	44641.13	沼泽湿地	陈巴尔虎旗、额尔古纳市、新巴尔虎左旗	森林采伐、过牧、气候干旱	轻度
16	额根河	3240.59	沼泽湿地	额尔古纳市	森林采伐、气候干旱	轻度
17	甘河	5992.11	沼泽湿地	莫力达瓦达斡尔族自治旗	森林采伐、围垦	轻度
18	甘河湿地	27580.39	沼泽湿地	加格达奇	围垦、采集	轻度

（续）

序号	重点调查湿地名称	湿地面积（公顷）	湿地类型	分布旗县（市、区）	主要威胁因子	受威胁状况等级
19	格尼河	11801.23	沼泽湿地	阿荣旗、莫力达瓦达斡尔族自治旗	围垦、采集	轻度
20	根河	10842.03	沼泽湿地	额尔古纳市、根河市	森林采伐、采集	轻度
21	古利库河湿地	54347.89	沼泽湿地	加格达奇	围垦、采集	轻度
22	固里河	3454.28	沼泽湿地	扎兰屯市	围垦、过牧	轻度
23	哈布气河	1155.44	沼泽湿地	扎兰屯市	森林采伐、围垦	轻度
24	哈日朝鲁宽甸子湿地	519.75	沼泽湿地	扎鲁特旗	围垦、过牧	轻度
25	哈乌尔河	4684.31	沼泽湿地	额尔古纳市	森林采伐、气候干旱	轻度
26	海拉尔河	102271.98	沼泽湿地	陈巴尔虎旗、海拉尔区、鄂温克族自治旗、牙克石市、新巴尔虎左旗	污染、过牧，基建、沙化	轻度
27	黑龙江多布库尔自然保护区	29134.09	沼泽湿地	加格达奇	垦殖、森林采伐	轻度
28	黑龙江南瓮河国家级自然保护区湿地	78415.87	沼泽湿地	加格达奇	围垦、采集	轻度
29	红海子湿地	851.94	沼泽湿地	伊金霍洛旗	盐碱化	轻度
30	红山水库湿地	2797.36	人工湿地	敖汉旗、翁牛特旗	围垦、泥沙淤积	轻度
31	黄河湿地	59181.75	河流湿地	内蒙古境内沿黄旗县	围垦、泥沙淤积、污染、盐碱化	重度
32	吉尔布干河	1043.14	沼泽湿地	额尔古纳市	过牧、森林采伐	轻度
33	加格达河湿地	1983.56	沼泽湿地	加格达奇	围垦、采集	轻度
34	教来河湿地	2201.07	河流湿地	敖汉旗	水利工程、围垦	轻度
35	居延海湿地	5881.87	湖泊湿地	额济纳旗	水利工程和排水、气候干旱	轻度
36	砍都河源头湿地	10673.93	沼泽湿地	加格达奇	森林采伐、围垦	轻度
37	库力河	2903.52	沼泽湿地	额尔古纳市	过牧、采集	轻度
38	昆都仑水库	123.53	人工湿地	包头市昆都仑区	沙化、气候干旱	安全
39	老哈河湿地	1272.25	河流湿地	敖汉旗、翁牛特旗	水利工程、围垦	轻度
40	孟王栓海子	249.17	湖泊湿地	五原县	污染、盐碱化	轻度
41	漠河沟水库	102.5	人工湿地	库伦旗	水利工程、围垦	轻度
42	牧羊海湿地	2743.01	沼泽湿地	乌拉特中旗	盐碱化、过牧、围垦	轻度
43	那都里河上游湿地	20172.41	沼泽湿地	加格达奇	围垦、采集	轻度
44	那都里河下游湿地	11590.09	沼泽湿地	加格达奇	围垦、采集	轻度
45	那都里河中游湿地	26317.43	沼泽湿地	加格达奇	围垦、采集	轻度

（续）

序号	重点调查湿地名称	湿地面积（公顷）	湿地类型	分布旗县（市、区）	主要威胁因子	受威胁状况等级
46	内蒙古阿北冻土	24434. 1	沼泽湿地	根河市	森林采伐、采集	安全
47	内蒙古阿尔山自然保护区	8700. 72	沼泽湿地	鄂伦春自治旗、扎兰屯市、阿尔山市	森林采伐	安全
48	内蒙古阿鲁科尔沁国家级保护区	23328. 03	沼泽湿地	阿鲁科尔沁旗	过牧、沙化	轻度
49	内蒙古阿鲁省部级自然保护区	8608. 78	沼泽湿地	根河市	森林采伐	安全
50	内蒙古八大莲池自然保护区	315. 90	沼泽湿地	科尔沁左翼后旗	过牧、气候干旱	轻度
51	内蒙古巴丹吉林沙漠湖泊保护区	5836. 22	沼泽湿地	阿拉善右旗	气候干旱	安全
52	内蒙古巴湖塔湿地自然保护区	289. 08	湖泊湿地	科尔沁左翼后旗	过牧、气候干旱	轻度
53	内蒙古巴雅斯古楞自然保护区	999. 78	湖泊湿地	科尔沁左翼后旗	过牧、气候干旱	轻度
54	内蒙古自治区白狼国家湿地公园	949. 47	沼泽湿地	阿尔山市	森林采伐、采集	轻度
55	内蒙古白音敖包国家级保护区	654. 55	沼泽湿地	克什克腾旗	过牧	轻度
56	内蒙古白音库伦遗鸥自然保护区	3676. 65	沼泽湿地	锡林浩特市	过牧、气候干旱	轻度
57	内蒙古北大河	49938. 54	沼泽湿地	鄂伦春自治旗	森林采伐、采集	安全
58	内蒙古毕拉河自然保护区	9332. 90	沼泽湿地	鄂伦春自治旗	采集、森林采伐	安全
59	内蒙古蔡木山自然保护区	639. 47	沼泽湿地	多伦县	泥沙淤积、过牧	轻度
60	内蒙古柴河自然保护区	2024. 52	沼泽湿地	扎兰屯市	森林采伐、采集	安全
61	内蒙古绰尔河湿地自然保护区	15777. 07	沼泽湿地	扎赉特旗	过牧、沙化、围垦	轻度
62	内蒙古绰尔河	29044. 43	沼泽湿地	牙克石市、扎兰屯市	森林采伐、采集	安全
63	内蒙古达赉湖国家级自然保护区	283963. 57	湖泊湿地	满洲里市、新巴尔虎右旗、新巴尔虎左旗	捕捞、过牧、气候干旱	轻度
64	内蒙古达里诺尔国家级保护区	38784. 03	湖泊湿地	克什克腾旗	过牧、气候干旱	轻度

（续）

序号	重点调查湿地名称	湿地面积（公顷）	湿地类型	分布旗县(市、区)	主要威胁因子	受威胁状况等级
65	内蒙古大黑山国家级自然保护区	823.65	河流湿地	敖汉旗	过牧、围垦、采集	轻度
66	内蒙古大冷山自然保护区	667.76	沼泽湿地	林西县	过牧、垦殖	轻度
67	内蒙古大青沟国家级自然保护区	73.11	人工湿地	科尔沁左翼后旗	气候干旱、沙化	安全
68	内蒙古岱海级自然保护区	10160.27	湖泊湿地	凉城县	盐碱化、围垦	轻度
69	内蒙古都尔本新草甸、沼泽湿地保护区	1724.69	沼泽湿地	扎赉特旗	过牧、沙化、围垦	轻度
70	内蒙古都斯图河自治区级保护区	4693.51	沼泽湿地	鄂托克旗	过牧、沙化	轻度
71	内蒙古多布库尔河	33778.19	沼泽湿地	鄂伦春自治旗	森林采伐、采集	安全
72	内蒙古额尔古纳国家级保护区	7972.99	沼泽湿地	额尔古纳市	采集	安全
73	内蒙古额尔古纳湿地自然保护区	45876.37	沼泽湿地	额尔古纳市	围垦、过牧、气候干旱	轻度
74	内蒙古鄂尔多斯遗鸥国家级自然保护区	1283.80	沼泽湿地	鄂尔多斯市东胜区	盐碱化、气候干旱	重度
75	内蒙古恩格尔河湿地自然保护区	6959.97	沼泽湿地	苏尼特左旗	过牧、沙化	轻度
76	内蒙古二卡湿地鸟类自然保护区	6805.90	沼泽湿地	满洲里市	过牧，围垦	轻度
77	内蒙古甘河上游	13457.61	沼泽湿地	鄂伦春自治旗	森林采伐、采集	安全
78	内蒙古高格斯台罕乌拉国家级自然保护区	9095.45	沼泽湿地	阿鲁科尔沁旗	气候干旱、过牧	安全
79	内蒙古根河	84047.44	沼泽湿地	牙克石市、根河市	森林采伐、采集	安全
80	内蒙古古日格斯台国家级自然保护区	8336.76	沼泽湿地	西乌珠穆沁旗	过牧，采集	安全
81	内蒙古哈日干图响水泉保护区	15.00	人工湿地	奈曼旗	过牧、气候干旱	轻度
82	内蒙古哈素海级自然保护区	4159.36	湖泊湿地	土默特左旗	盐碱化、围垦	轻度
83	内蒙古海拉尔西山自然保护区	800.81	沼泽湿地	海拉尔区	污染、基建、过牧	安全

（续）

序号	重点调查湿地名称	湿地面积（公顷）	湿地类型	分布旗县(市、区)	主要威胁因子	受威胁状况等级
84	内蒙古海力锦湿地自然保护区	38276.49	沼泽湿地	科尔沁左翼中旗	围垦、过牧	轻度
85	内蒙古罕山自然保护区	1394.04	沼泽湿地	扎鲁特旗	过牧、采集	安全
86	内蒙古汗马国家级自然保护区	35435.59	沼泽湿地	根河市	气候干旱、采集	安全
87	内蒙古杭锦淖尔自然保护区	11050.51	沼泽湿地	杭锦旗	盐碱化、围垦、过牧	轻度
88	内蒙古荷花湖自然保护区	91.14	河流湿地	库伦旗	围垦、盐碱化、过牧、沙化	重度
89	内蒙古荷叶花湿地水禽保护区	6906.42	沼泽湿地	扎鲁特旗	过牧、候干旱	轻度
90	内蒙古贺斯格淖尔自然保护区	17121.90	沼泽湿地	东乌珠穆沁旗	过牧、水利工程	重度
91	内蒙古黑风河自然保护区	9419.89	沼泽湿地	正蓝旗	过牧、沙化	轻度
92	内蒙古黑里河国家级自然保护区	144.18	河流湿地	宁城县	过牧、采集	轻度
93	内蒙古红花尔基樟子松国家级自然保护区	346.72	沼泽湿地	鄂温克族自治旗	过牧、沙化	安全
94	内蒙古呼和车勒湿地自然保护区	22.72	沼泽湿地	奈曼旗	围垦、过牧、水利工程	重度
95	内蒙古呼日查干淖尔和恩格尔河湿地自然保护区	14178.21	湖泊湿地	阿巴嘎旗	盐碱化、过牧	轻度
96	内蒙古胡地气	11067.66	沼泽湿地	鄂伦春自治旗	森林采伐、采集	安全
97	内蒙古胡列也吐湿地自然保护区	22865.15	沼泽湿地	陈巴尔虎旗	过牧、过度捕捞	安全
98	内蒙古黄岗梁自然保护区	173.23	河流湿地	克什克腾旗	过牧、采集	安全
99	内蒙古黄旗海自然保护区	13868.20	湖泊湿地	察哈尔右翼前旗	水利工程、盐碱化、围垦	重度
100	内蒙古潢源自然保护区	191.10	人工湿地	克什克腾旗	过牧，气候干旱	轻度
101	内蒙古辉河国家级自然保护区	109335.99	沼泽湿地	鄂温克族自治旗	过牧、气候干旱	轻度

（续）

序号	重点调查湿地名称	湿地面积（公顷）	湿地类型	分布旗县（市、区）	主要威胁因子	受威胁状况等级
102	内蒙古金、阿、满苔藓湿地	105673.69	沼泽湿地	额尔古纳市、根河市	森林采伐、采集	安全
103	内蒙古金江沟地热湿地	1427.72	沼泽湿地	阿尔山市	森林采伐	安全
104	内蒙古镜湖湿地自然保护区	159.65	沼泽湿地	巴彦淖尔市临河区	围垦、污染	轻度
105	内蒙古科尔沁国家级自然保护区	17908.14	沼泽湿地	科尔沁右翼中旗	过牧、沙化、围垦	轻度
106	内蒙古库都尔	58185.73	沼泽湿地	牙克石市	森林采伐、采集	安全
107	内蒙古奎勒河自然保护区	9791.18	沼泽湿地	鄂伦春自治旗	森林采伐	安全
108	内蒙古莲花吐自然保护区	28.78	人工湿地	科尔沁左翼后旗	过牧、沙化	安全
109	内蒙古孟家段水库自然保护区	2864.38	人工湿地	奈曼旗	污染、水利工程、过牧	轻度
110	内蒙古莫力庙水库自然保护区	2163.29	人工湿地	科尔沁区	污染，水利工程、过牧	重度
111	内蒙古南海子自然保护区	1263.59	沼泽湿地	包头东河区	基建、污染、围垦	重度
112	内蒙古诺门罕湿地自然保护区	346.66	沼泽湿地	新巴尔虎左旗	过牧、气候干旱	安全
113	内蒙古赛罕乌拉国家级保护区	2360.34	沼泽湿地	巴林右旗	气候干旱、过牧	安全
114	内蒙古三道沟自然保护区	1706.82	沼泽湿地	多伦县	过牧、沙化	轻度
115	内蒙古舍利虎水库自然保护区	1421.26	人工湿地	奈曼旗	污染、过牧、气候干旱	重度
116	内蒙古室韦自然保护区	9789.15	沼泽湿地	额尔古纳市	过牧、垦殖	轻度
117	内蒙古双合尔山自然保护区	1745.36	沼泽湿地	科尔沁左翼后旗	过牧、气候干旱	轻度
118	内蒙古松树山自然保护区	5402.95	沼泽湿地	翁牛特旗	过牧、沙化	轻度
119	内蒙古索伦河流、草甸湿地保护区	1103.60	沼泽湿地	科尔沁右翼前旗	围垦、滥捕、采集	轻度
120	内蒙古塔拉干水库自然保护区	1442.69	人工湿地	开鲁县	污染，水利工程、过牧	重度
121	内蒙古洮儿河、归流河河流湿地保护小区	246.09	河流湿地	乌兰浩特市	污染、围垦	轻度

（续）

序号	重点调查湿地名称	湿地面积（公顷）	湿地类型	分布旗县(市、区)	主要威胁因子	受威胁状况等级
122	内蒙古天鹅湖自然保护区	1152.42	湖泊湿地	察哈尔右翼后旗	盐碱化、过牧、沙化	轻度
123	内蒙古图里河鹤类栖息湿地	35749.93	沼泽湿地	牙克石市	森林采伐、采集	安全
124	内蒙古图牧吉国家级自然保护区	21590.63	沼泽湿地	扎赉特旗	过牧、沙化	轻度
125	内蒙古旺业甸自然保护区	146.50	沼泽湿地	喀喇沁旗	过牧、垦殖	安全
126	内蒙古维纳河自然保护区	18443.16	沼泽湿地	鄂温克族自治旗	采集、过牧、气候干旱	轻度
127	内蒙古卧罗河	10715.32	沼泽湿地	鄂伦春自治旗	森林采伐、采集	安全
128	内蒙古乌尔旗汉	58399.48	沼泽湿地	牙克石市	森林采伐、采集	安全
129	内蒙古乌拉盖湿地自然保护区	222024.32	沼泽湿地	东乌珠穆沁旗	盐碱化、沙化	轻度
130	内蒙古乌兰坝－石棚沟保护区	711.10	河流湿地	巴林右旗、巴林左旗	过牧、采集	轻度
131	内蒙古乌兰布统和桦木沟保护区	7007.33	沼泽湿地	克什克腾旗	过牧、沙化	轻度
132	内蒙古乌兰河自然保护区	5093.09	沼泽湿地	科尔沁右翼前旗	过牧、沙化、围垦	轻度
133	内蒙古乌力胡舒自然保护区	14591.08	沼泽湿地	科尔沁右翼中旗	牧牧、围垦、沙化	轻度
134	内蒙古乌梁素海自然保护区	36355.62	沼泽湿地	乌拉特前旗	污染、盐碱化	重度
135	内蒙古乌玛自然保护区	13429.07	沼泽湿地	额尔古纳市	森林采伐	安全
136	内蒙古五岔沟湿地自然保护区	2738.81	沼泽湿地	阿尔山市、扎赉特旗	围垦、采集、森林采伐	安全
137	内蒙古小塔子水库自然保护区	752.84	人工湿地	通辽市科尔沁区	污染、水利工程、过牧	重度
138	内蒙古兴安里自然保护区	16615.14	沼泽湿地	牙克石市	采集、森林采伐	安全
139	内蒙古伊敏河源头湿地保护区	2010.90	沼泽湿地	鄂温克族自治旗	过牧、森林采伐	安全
140	内蒙古伊图里河	20749.13	沼泽湿地	牙克石市	森林采伐、采集	安全
141	内蒙古银江沟地热湿地	919.35	沼泽湿地	阿尔山市	森林采伐、采集	安全

（续）

序号	重点调查湿地名称	湿地面积（公顷）	湿地类型	分布旗县(市、区)	主要威胁因子	受威胁状况等级
142	内蒙古扎文其汗湿地	9266.52	沼泽湿地	鄂伦春自治旗	森林采伐、采集	安全
143	嫩江源头湿地	13976.95	沼泽湿地	加格达奇	森林采伐、围垦	轻度
144	尼尔基水库	17990.42	人工湿地	莫力达瓦达斡尔族自治旗	过牧	安全
145	诺敏河	13079.14	河流湿地	莫力达瓦达斡尔族自治旗	围垦、过牧	轻度
146	欧肯河	1547.55	沼泽湿地	莫力达瓦达斡尔族自治旗	森林采伐、围垦	轻度
147	三泡子湿地	487.96	湖泊湿地	扎鲁特旗	围垦、过牧	轻度
148	石碑水库	38.8	人工湿地	奈曼旗	围垦、过牧	重度
149	乌尔根河	1736.56	沼泽湿地	额尔古纳市	过牧、采集	轻度
150	乌兰敖道湿地	136.04	湖泊湿地	科尔沁左翼后旗	围垦、过牧	轻度
151	乌力吉沐沦河湿地	1351	河流湿地	巴林左旗	水利工程、围垦	轻度
152	乌耶勒格其河	1222.78	沼泽湿地	额尔古纳市	过牧、采集	轻度
153	务大哈气河	760.68	沼泽湿地	扎兰屯市	森林采伐、围垦	轻度
154	西拉木伦河湿地	30017.72	河流湿地	阿鲁科尔沁旗、巴林右旗、克什克腾旗、林西县、翁牛特旗	水利工程、围垦	轻度
155	新开河湿地	1298.74	河流湿地	阿鲁科尔沁旗、开鲁县	过牧、围垦	轻度
156	雅鲁河	5935.31	河流湿地	牙克石市、扎兰屯市	污染、垦殖、过牧	轻度
157	伊敏河	18394.01	沼泽湿地	鄂温克族自治旗、海拉尔区	过牧、沙化	轻度
158	音河	2761.58	沼泽湿地	阿荣旗、扎兰屯市	围垦、过牧	轻度
159	内蒙古自治区阿拉善黄河国家湿地公园	61.42	河流湿地	阿拉善左旗	围垦、泥沙淤积、污染盐碱化	轻度

第三节 湿地资源变化及其原因分析

本次调查，全区调查湿地总面积 435.71 万公顷①(不包括稻田)。1996 年首次湿地资源调查，湿地总面积 424.50 万公顷(不包括稻田)。与首次调查相比，内蒙古湿地总面积增加了 11.21 万公顷。

变化的原因主要有两个方面：一是本次调查技术方法和调查标准均有改变，使湿地区划更加精确，避免了大面积笼统区划所造成的各种土地类型夹杂其中的弊端，也解决了河流湿地无法调

① 为了同口径比较、分析、评价两次湿地资源结果及变化情况，所以两次湿地资源调查成果比较统计数据不包括内蒙古加格达奇林区的湿地面积。

查而使用统计数字造成较大误差的问题；二是由于第一次全区湿地资源调查结果统计数据不包括内蒙古加格达奇林区的湿地面积。

1 面积100公顷以上的湿地变化情况

1.1 第一次全区湿地资源调查结果(1996年，以下简称上次)

内蒙古自治区有湿地424.50万公顷，其中，天然湿地420.07万公顷，占湿地总面积98.96%；人工湿地4.43万公顷，占湿地总面积1.04%。

在天然湿地中，湖泊湿地49.51万公顷，河流湿地60.75万公顷，沼泽湿地309.81万公顷。

1.2 第二次全区湿地资源调查结果(2010年，以下简称本次)

内蒙古自治区有湿地435.71万公顷，其中，天然湿地422.57万公顷，占湿地总面积96.98%；人工湿地13.14万公顷，占湿地总面积3.02%。

在天然湿地中，湖泊湿地56.04万公顷，河流湿地40.08万公顷，沼泽湿地326.45万公顷。

在实际调查湿地中，第二次面积100公顷以上湿地与上次调查相比，增加了18.59万公顷。详见表5-7。

表5-7 内蒙古面积100公顷以上各湿地类变化情况统计表（万公顷）

湿地类	河流湿地	湖泊湿地	沼泽湿地	人工湿地	合 计
1996年	60.75	49.51	309.81	4.43	424.50
2010年	39.53	52.07	344.40	7.09	443.09
差值(本次－上次)	－21.22	2.56	34.59	2.66	18.59
变化率(差值/上次×100)	－34.93	5.17	11.16	60.05	4.38

注：不包括稻田。

从表5-7中可以看出，本次调查与上次调查相比，面积100公顷以上河流湿地减少21.22万公顷，湖泊湿地、沼泽湿地和人工湿地均有增加，沼泽湿地增加面积最多，为34.59万公顷(图5-1)。

2 两次湿地资源调查成果比较分析

2.1 全区湿地总面积增加原因分析

本次湿地资源调查湿地总面积比上次增加了18.59万公顷，主要有以下原因：

(1)上次湿地调查范围为100公顷(含100公顷)以上的湖泊湿地、沼泽湿地、人工湿地进行调查，所以对8～100公顷之间的洪泛平原没有做调查，也没有做湿地调查斑块区划。因此，8～100公顷之间的洪泛平原湿地全部纳入了河流湿地。

本次湿地调查对≥8公顷以上的洪泛平原湿地进行了相对较准确的调查，并划入沼泽湿地中，所以沼泽湿地总面积增加大，从而使湿地总面积增加。

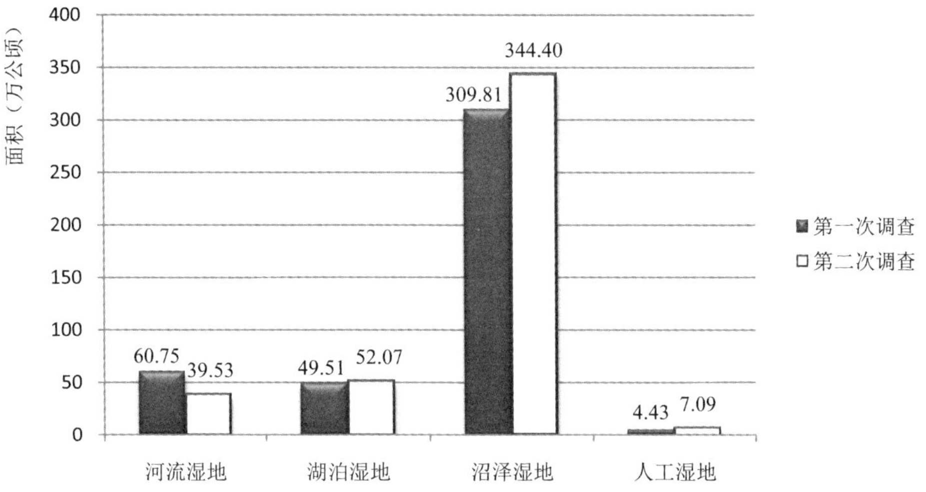

图 **5-1**　内蒙古两次调查湿地类面积变化图

(2)上次湿地调查对人工沟渠湿地调查时仅统计了主要供水沟渠，对密集的人工沟渠不做统计。

本次湿地调查，采用遥感卫片与地形图结合判读的方式，对内蒙古自治区的沟渠进行了准确调查，使得人工湿地面积有一定增加。

(3)本次湿地调查与上次湿地调查的技术方法不同，特别是本次湿地调查增加了湿地调查区划的内容，这样做能够最大限度地减少湿地面积丢失，与上次调查比较在客观上也会使湿地面积增加。

2.2　全区自然湿地面积变化原因分析

本次湿地资源调查，天然湿地面积增加较为明显，比上次增加了 15.93 万公顷。在自然湿地类中，沼泽湿地增加幅度较大，增加面积为 34.59 万公顷，湖泊湿地增加了 2.56 万公顷，河流湿地减少幅度较大，减少了 21.22 万公顷。

(1)河流湿地比较及原因分析。两次调查结果比较显示，全区河流湿地面积减少了 21.22 万公顷。其主要原因：一是大兴安岭河流湿地两侧的洪泛平原均≥8 公顷，本次湿地调查根据规程的要求将其划入沼泽湿地，导致本次湿地调查沼泽湿地增加幅度较大，河流湿地减少幅度较大；二是近十年全区大力兴修水库，把许多河道截为水库，使得人工库塘面积有所增加，河流湿地面积有所减少；三是两次湿地调查工作技术手段和技术方法的差异，必然会使最终的结果产生一定的差距。

(2)沼泽湿地比较及原因分析。两次调查结果比较显示，全区沼泽湿地面积增加 34.59 万公顷。其主要原因：一是本次湿地调查按规程把≥8 公顷洪泛平原划入了沼泽湿地，如大兴安岭林区，沼泽面积增加幅度较大；二是是受气候干旱的影响，湖泊湿地逐渐萎缩转变为沼泽湿地，使得沼泽面积有所增加。

(3)湖泊湿地比较及原因分析。两次调查结果比较显示，全区湖泊湿地面积增加 2.56 万公顷。主要原因是两次湿地调查工作技术手段和技术方法的差异，产生的误差所致。此外，上次湿地调查时居延海由于长期处于干涸状态，没有调查统计，本次调查居延海完全恢复了湿地的全貌，根据当地实际情况进行了调查统计，其湖泊湿地面积为0.35万公顷。仅此一块湿地就为本次湿地调查湖泊面积增加0.35万公顷。

由此得出，自然湿地面积有所增加主要原因是两次的调查方法和采用的技术手段不同，客观原因所占份额很小。

2.3 全区人工湿地面积变化原因分析

两次调查结果比较，全区人工湿地面积增加2.66万公顷。

人工湿地增加的主要原因：一是两次调查的方法和技术手段不同所致；二是气候干旱和十年来兴修水利，建设了数量较多的人工库库塘、输水渠道，同时，也把一些原来是天然湿地的河流、湖泊改造成人工湿地；三是上次湿地资源调查对密集的人工沟渠不做统计，本次湿地调查均将其纳入人工湿地，导致人工湿地面积有所增加。

第六章
湿地保护与管理

第一节 湿地保护管理现状

1 湿地立法

2007 年 5 月 31 日内蒙古自治区第十届人民代表大会第二十八次会议通过《内蒙古自治区湿地保护条例》，2007 年 9 月 1 日开始实施。《包头市南海子湿地自然保护区条例》于 2008 年 6 月 1 日正式实施，《包头市湿地保护条例》于 2010 年 12 月 1 日正式实施。达赉湖湿地保护立法正在进行中，其他盟市的湿地保护立法也在准备当中，全区的湿地保护立法使内蒙古的湿地保护工作走上法制化的轨道。

2 湿地保护管理体系建设

国家级和自治区级湿地自然保护区均已建立了管理机构，部分盟(市)和旗(县)级湿地自然保护区也建立了管理机构。自治区、盟(市)、旗(县)在林业部门设置了湿地管理职能机构，配备了管理人员。全区已初步建立起湿地保护管理体系，湿地保护工作正逐步走向规范化管理。

3 湿地自然保护区建设

全区各部门已建各级湿地及含有重要湿地自然保护区共 84 处，其中 18 处国家级(包括 2 处国际重要湿地——达赉湖湿地和鄂尔多斯遗鸥湿地)，自治区级湿地自然保护区 29 处，盟(市)、旗(县)级自然保护区 37 处。这些湿地自然保护区的建立，对保护典型湿地生态系统、生物多样性、水禽栖息地等发挥了重要作用，加快了实施抢救性保护湿地的建设进程。

4 湿地保护工程

全国第一个湿地保护工程规划从 2006 年开始实施，内蒙古列入《全国湿地保护工程实施规划 2005 ~2010 年》的项目从 2006 ~2010 年进行了实施。湿地保护工程的实施，提高了保护湿地的能力，改善了湿地的生态环境。

根据自治区发改委和国家林业局的安排，从2008年开始我们进行了全区湿地“十二五”规划调研和编制工作，完成了《全国湿地保护工程实施规划2010~2015年》内蒙古部分的编制工作。

5 湿地公园建设管理

湿地公园的建设工作也得到了发展。在《内蒙古自治区湿地保护条例》中专门设立了一条有关湿地公园建立和管理的条款。目前，内蒙古经国家林业局批准建设国家级湿地公园2处，已建立地方级湿地公园1处。按照国家林业局湿地保护管理中心要求编制了内蒙古湿地公园中长期规划。

6 水资源合理调配与管理

从2000年起，国家对黑河水资源实行统一管理与调度，多次调黑河水进入居延海，初步扭转了这一地区生态环境持续恶化的局面。达赉湖“引河济湖”项目，将建立合理、长效的湖泊引水调度机制和运行方式，改善达赉湖水环境，遏止达赉湖富营养化趋势的进一步发展，扩大水域面积，恢复湖区周边的湿地生态，珍禽栖息地生境将得到较好的保护，可使达赉湖珍稀鸟类及多样性生物物种的种群与数量有较大的增长。

7 国际、国内交流与合作

多年来内蒙古开展了多项湿地保护国际交流合作项目。1994年达赉湖自然保护区与俄罗斯和蒙古联合建立了达乌尔国际自然保护区。2002年联合挪威、瑞典开展乌梁素海水体富营养化综合治理项目。额尔古纳湿地被澳大利亚列为青年大使发展项目。2008年达赉湖保护区与加拿大阿尔波塔省赞马湖保护区就湿地保护管理方面进行了合作。

内蒙古与国内也积极开展了交流合作项目。2003年科尔沁自然保护区列入国家林业局GEF白鹤项目区，探索研究保护白鹤栖息地和湿地水资源共管的途径。内蒙古各地每年都积极参与国内科研院所以及其他省市的科研教学、研讨会、论坛，以及各种湿地保护活动。通过国际国内的合作交流，湿地保护区工作者学到了许多湿地保护的经验和技术，并提高了保护区的知名度，为今后的保护工作奠定了基础。

8 湿地资源调查工作

我国自从1992年7月31日加入《湿地公约》以来，湿地的保护管理工作进入了一个快速发展阶段，内蒙古自治区湿地保护工作也取得进一步发展。

1995~2000年，根据国家林业局的统一部署，开展了首次全区湿地调查工作，调查了湿地10000公顷以上面积的湖泊等重点湿地18块，调查面积为123.80万公顷；100公顷以上的湖泊、沼泽、水库等一般湿地2616块，调查面积为318. 8万公顷。调查结果显示，内蒙古自治区湿地总面积为424.5万公顷，分布有4大类型13种类型湿地，除因远离海洋而没有近海及海岸湿地外，分布有河流湿地、湖泊湿地、沼泽及人工湿地3种类型和永久性河流、季节性或间歇性河流、洪泛平原、永久性淡水湖、季节性淡水湖、永久性成水湖、季节性咸水湖、水库、藓类沼泽、草本沼泽、灌丛沼泽、森林沼泽、内陆沼泽13种类型。完成了《内蒙古自治区湿地资源调查报告》。

9　湿地保护宣传

中央电视台《人与自然》栏目组三次来到内蒙古鄂尔多斯自然保护区实地拍摄专题片《鄂尔多斯高原上的——遗鸥》，并于1998年9月30日在中央一套节目播出。内蒙古湿地自然保护区还与《内蒙古日报·新闻周刊》合作举办了"保护共有家园"有奖征文活动，共刊登《为大鸨建个安全的家》等28篇获奖作品。2002年2月2日，参加了国家林业局和中央电视台举办的第6个"世界湿地日"宣传活动。

10　积极组织参与国际GEF白鹤项目

内蒙古达赉湖国家级自然保护区在1994年与俄罗斯联邦和蒙古国建立了达乌尔国际自然保护区，主要宗旨是保护三国相邻的自然保护区，以达到共同保护湿地以及湿地赖以生存的水禽及其栖息地。通过国际间合作与交流，提高了内蒙古达赉湖国家级自然保护区的保护力度和管理水平，培养了保护区管理能力并激发了科研人员的研究热情。内蒙古科尔沁国家级自然保护区被选入GEF白鹤中国项目区，自2003年启动，开展基础调查和项目的培训，及水源供给合作项目的研究工作，充分体现了国家级自然保护区的科研能力和合作水平。为使GEF白鹤中国项目顺利开展，保护区克服了经济欠发达地区经费和基础设施不足的现状，积极努力的工作，项目达到预期效果。

第二节 存在的主要问题

1　公众湿地保护和管理意识不强

我国从1992年加入《国际湿地公约》，湿地保护是一项新兴事业。到目前，了解湿地概念的各阶层的人数非常有限，对湿地在人们的生产和生活中所起的作用和湿地保护的重要性认识不足，湿地保护和合理利用宣传教育滞后。一些领导和社会公众依法保护湿地意识淡薄，不能正确处理眼前利益和长远利益的关系，集中表现在重开发利用轻保护管理现象严重。

2　湿地过度利用的危害严重

由于内蒙古中西部地区常年干旱少雨，个别地区水资源消耗不合理，缺乏综合的管理，加之受河流和水源的上游流量限制，使区域性的湿地生态系统遭到破坏，湖水富营养化严重，湿地生物多样性减少，野生动物的栖息地及繁殖地的威胁严重，尤其是水禽的栖息地及水禽的生存威胁更加严重。土地沙漠化进度加快，内蒙古东部地区洪水泛洪区被垦沼造田。

3 湿地管理利益部门众多协调难度大

湿地是多资源组成的资源复合体，湿地保护管理涉及的利益部门众多。内蒙古自治区涉及湿地管理的部门有林业、环保、水利、农牧渔业、农垦、国土等多个部门，这与湿地作为一个生态系统提出并纳入政府日常管理工作的时间太晚有关系。各个业务部门分别管理湿地生态系统内部的一个资源主体，并均有相应的法规作为行政管理的依据，如渔业部门负责渔业资源的保护和渔政管理，水利部门负责水资源的调配和水利防洪的管理等等。要素式、部门分割式管理模式体制与湿地生态系统本身的特性不相适应，割裂了管理的系统性，造成湿地保护与围垦、城市化进程、旅游开发、水利防洪设施建设、地下水开采、水资源调配等诸多冲突。林业部门牵头与组织协调的职责难于落实，很难协调各相关部门基于部门利益对湿地的各种管理需求，责任和义务分离，管理权利分割，很大程度上制约了湿地保护工作的有效开展。

4 湿地保护区体系不完善

内蒙古虽然已经相继建立了一批湿地保护区，但由于缺乏规划，保护区的布局不合理，许多重点湿地区域仍未建立保护区，覆盖全区重点湿地的保护区体系仍未形成。一些重要的湿地面临多种威胁，急需通过建立保护区来加强保护。由于投入不足，一些已经建立的湿地保护区缺乏专业人才，监测设施落后，甚至有的是批而不建，没有专门的机构和人员。

5 湿地科研监测技术落后

我国湿地利用历史由来已久，湿地管理和科研却起步较晚，对湿地的系统研究相对滞后和薄弱。现有湿地研究多局限于湿地功能、现状评估、湿地基本生态过程等方面。对湿地的监测主要局限于对水质污染、水文、关键物种等个别指标的监测，监测设备和手段较落后。由于缺乏投入和技术支持，内蒙古自治区还没有开始湿地监测站点建设。

第三节 保护与管理建议

1 加强湿地保护和管理职能的建设，协调各部门行动

湿地保护和管理是一项政策性、专业性强的业务工作，需要各部门相互支持与密切配合。因此，自治区应加强湿地保护和管理的职能建设，林业主管部门要主动协调有关部门加强联系，及时沟通信息，做好服务工作。

2 统筹规划，实现湿地资源的科学管理

根据全区湿地资源普查的基础以及近几年的管理和建设的成绩和经验，制定湿地资源保护和利用的总体规划，优先保护和恢复湿地的生态功能，保障湿地生态系统功能的正常发挥。

3 加强湿地保护和管理宣传和教育以及立法

加强对湿地各有关部门的行政、技术、生产人员的宣传工作，以及湿地周边社区的宣传教育工作，提高对湿地保护和管理的支持和认识。内蒙古已在2007年5月31日通过了《内蒙古自治区湿地保护条例》，为下一步尽快制定和完善内蒙古自治区基层湿地保护和管理的立法工作，使内蒙古的湿地保护工作走上法制化的轨道打好基础。争取做到每个湿地类型自然保护区都有各自的管理办法。

4 加强湿地类型自然保护区和湿地监测研究的建设

对已经建立的湿地类型自然保护区、国家湿地公园，要加强机构、人员、经费等方面的建设，应尽快建立湿地监测研究网络，全面准确掌握湿地资源的动态变化，为合理利用和保护管理湿地资源提供科学依据，建立湿地以及湿地类型自然保护区数据库。

5 加强湿地保护和科研的国际合作与交流

根据湿地类型自然保护区主要保护对象和栖息繁殖的物种，依据国际条约，开展广泛的国际间的合作与研究工作。积极争取列入国际重要湿地。

6 建立健全各级湿地保护管理机构

任何一项事业的发展必须有专门的机构和专业的人员队伍。一方面要建立自治区、盟(市)、旗(县)各级湿地保护管理专门的机构，并明确职责；另一方面要配备懂专业的管理人才，加强对各级保护管理人员的能力培训，不断提高队伍思想素质和业务素质。对于湿地保护区和湿地公园要建立专门的管理机构，其建设和管理要强化科技支撑，并加强专业化培训。

附录1　内蒙古湿地调查区域植物名录

序号	科	属	种名	
			中文名	拉丁名
一、苔藓植物				
1	毛叶苔科	毛叶苔属	毛叶苔	*Ptilidium ciliare*
2	裂叶苔科	挺叶苔属	小挺叶苔	*Anastophyllum minutum*
3		细裂瓣苔属	二裂细裂瓣苔	*Barbilophozia kunzeana*
4	齿萼苔科	裂萼苔属	多苞裂萼苔	*Chiloscyphus Polyanthus*
5	地钱科	地钱属	地钱	*Marchantia plymorpha*
6	钱苔科	浮苔属	浮苔	*Riccocarpus natans*
7		钱苔属	叉钱苔	*Riccia fluitans*
8	泥炭藓科	泥炭藓属	尖叶泥炭藓	*Sphagnum capillifolium*
9			狭叶泥炭藓	*Sphagnum cuspidatum*
10			锈色泥炭藓	*Sphagnum fuscum*
11			白齿泥炭藓	*Sphagnum girgensohnii*
12			毛壁泥炭藓	*Sphagnum imbricatum*
13			垂枝泥炭藓	*Sphagnum jensenii*
14			中位泥炭藓	*Sphagnum magellanicum*
15			稀孔泥炭藓	*Sphagnum oligoporum*
16			广舌泥炭藓	*Sphagnum russowii*
17			粗叶呢炭藓	*Sphagnum squarrosum*
18			偏叶呢炭藓	*Sphagnum subsecundum*
19			细叶泥炭藓	*Sphagnum teres*
20	牛毛藓科	角齿藓属	角齿藓	*Ceratodon purpureus*
21		牛毛藓属	黄牛毛藓	*Ditrichum pallidum*
22	曲尾藓科	曲尾藓属	细助曲尾藓	*Dicranum bonjeanii*
23			长叶曲尾藓	*Dicranum elongatum*
24			折叶曲尾藓	*Dicranum fragillifolium*
25			棕色曲尾藓	*Dicranum fuscescens*
26			波叶曲尾藓	*Dicranum polysetum*
27			曲尾藓	*Dicranum scoparium*
28			邹叶曲尾藓	*Dicranum undulatum*
29	凤尾藓科	凤尾藓属	卷叶凤尾藓	*Fissdens cristatus*
30			欧洲凤尾藓	*Fissdens osmundoides*

（续）

序号	科	属	种	
			中文名	拉丁名
31	丛藓科	拟合睫藓属	拟合睫藓	*Pseudosymblepharis papillosrla*
32	葫芦藓科	葫芦藓属	葫芦藓	*Funaria hygrometrica*
33	真藓科	丝瓜藓属	泛生丝瓜藓	*Pohlia cruda*
34			黄丝瓜藓	*Pohlia nutans*
35			卵蒴丝瓜藓	*Pohlia proligera*
36			大丝瓜藓	*Pohlia sphagnicola*
37		薄囊藓属	薄囊藓	*Leptobryum pyriforme*
38		真藓属	高山真藓	*Bryum alpinum*
39			极地真藓	*Bryum arcticum*
40			真藓	*Bryum argenteum*
41			丛生真藓	*Bryum caespiticium*
42			刺叶真藓	*Bryum cirrhatum*
43			黄色真藓	*Bryum pallescens*
44			拟三列真藓	*Bryum pseudotriquetriquetrum*
45			垂蒴真藓	*Bryum uliginosum*
46	皱蒴藓科	皱蒴藓属	异枝皱蒴藓	*Aulacomnium heterostichum*
47			沼泽皱蒴藓	*Aulacomnium palustre*
48			大皱蒴藓	*Aulacomnium turgidum*
49	寒藓科	寒藓属	三叶寒藓	*Meesia triquetra*
50			钝叶寒藓	*Meesia uliginosa*
51	珠藓科	泽藓属	泽藓	*Philonotisfontana*
52			齿缘泽藓	*Philonotis seriata*
53	水藓科	水藓属	水藓	*Fontinalis antipyretica*
54	万年藓科	万年藓属	万年藓	*Climacium dendroides*
55	薄罗藓科	细罗藓属	细罗藓	*Leskeella nervosa*
56	羽藓科	沼羽藓属	狭叶沼羽藓	*Helodium paludosum*
57	柳叶藓科	湿原藓属	湿原藓	*Calliergon cordifolium*
58			大叶湿原藓	*Calliergon giganteum*
59			蔓枝湿原藓	*Calliergon sarmentosum*
60			黄色湿原藓	*Calliergon stramineum*
61		大湿原藓属	大湿原藓	*Calliergonella cuspidata*
62		细湿藓属	黄叶细湿藓	*Campylium chrysophyllum*
63			长肋细湿藓	*Campylium polygamum*
64			仰叶细湿藓	*Campylium stellatum*
65		牛角藓属	牛角藓	*Cratoneuron filicinum*
66		镰刀藓属	镰刀藓	*Drepanocladus aduncus*
67			多果镰刀藓	*Drepanocladus aduncus* var. *polycarpus*
68			大镰刀藓	*Drepanocladus exannulatus*

（续）

序号	科	属	种	
			中文名	拉丁名
69	柳叶藓科	镰刀藓属	浮生镰刀藓	*Drepanocladus fluitans*
70			褶叶镰刀藓	*Drepanocladus lycopodioides*
71			扭叶镰刀藓	*Drepanocladus revolvens*
72			粗助镰刀藓	*Drepanocladus sendtneri*
73			钩枝镰刀藓	*Drepanocladus uncinatus*
74	青藓科	青藓属	溪边青藓	*Brachythecium rivulare*
75		毛尖藓属	毛尖藓	*Cirriphyllum cirrosum*
76			粗助毛尖藓	*Cirriphyllum crassinervium*
77		毛青藓属	毛青藓	*Tomenthypnum nitens*
78	灰藓科	毛梳藓属	毛梳藓	*Ptilium crista-castrensis*
79	垂枝藓科	垂枝藓属	垂枝藓	*Rhytidium rugosum*
80	塔藓科	塔藓属	塔藓	*Hylocomium splendens*
81	金发藓科	仙鹤藓属	波叶仙鹤藓	*Atrichum undulatum*
82		金发藓属	大金发藓	*Polytrichum commune*
二、维管束植物				
（一）蕨类植物				
1	木贼科	木贼属	问荆	*Equisetum arvense*
2			水木贼	*Equisetum heleocharis*
3			木贼	*Equisetum hiemale*
4			犬问荆	*Equisetum palustre*
5			节节草	*Equisetum ramosissimum*
6			蔺木贼	*Equisetum scirpoides*
7			林木贼	*Equisetum sylvaticum*
8			兴安木贼	*Equisetum variegatum*
9	金星蕨科	沼泽蕨属	沼泽蕨	*Thelypteris palustris*
10	球子蕨科	球子蕨属	球子蕨	*Onoclea sensiblis*
11	槐叶苹科	槐叶苹属	槐叶苹	*Salvinia natans*
（二）裸子植物				
1	松科	落叶松属	兴安落叶松（落叶松）	*Larix gmelinii*
2		松属	偃松	*Pinus pumila*
3		云杉属	红皮云杉	*Picea koyamai* var. *ioraiensis*
（三）被子植物				
1	杨柳科	杨属	香杨	*Populus koreana*
2			甜杨	*Populus suaveolens*
3		柳属	沼柳	*Salix rosmarinifolia* var. *brachypoda*
4			河柳	*Salix gilgiana*
5			砂杞柳	*Salix klchiana*
6			朝鲜柳	*Salix koreensis*
7			五蕊柳	*Salix pentandra*
8			大黄柳	*Salix raddeana*

（续）

序号	科	属	种	
			中文名	拉丁名
9	杨柳科	柳属	粉枝柳	*Salix rorida*
10			细叶沼柳	*Salix rosmarinifolia*
11			西伯利亚沼柳	*Salix sibirica*
12			三蕊柳	*Salix triandra*
13			松江柳	*Salix sungkianica*
14			乌柳	*Salix cheilophila*
15			小穗柳	*Salix microstachya*
16			钻天柳	*Salix arbutifolia*
17			旱柳	*Salix matsudana*
18			卷边柳	*Salix siuzevii*
19	桦木科	赤杨属（桤木属）	辽东桤木（水冬瓜赤杨）	*Alnus sibirica*
20		桦木属	油桦	*Betula ovalifolia*
21			白桦	*Betula platyphylla*
22	荨麻科	冷水花属	透茎冷水花	*Pilea pumila*
23	蓼科	蓼属	两栖蓼	*Polygonum amphibium*
24			萹蓄	*Polygonum aviculare*
25			多叶蓼	*Polygonum foliosum*
26			水蓼	*Polygonum hydropiper*
27			狭叶水蓼	*Polygonum hydropiper* var. *angustifolium*
28			东北蓼	*Polygonum manshuricola*
29			东方蓼（红蓼）	*Polygonum orientale*
30			桃叶蓼（春蓼）	*Polygonum persicaria*
31			西伯利亚蓼	*Polygonum sibiricum*
32			戟叶蓼	*Polygonum thunbergii*
33			珠芽蓼	*Polygonum viviparum*
34		酸模属	皱叶酸模	*Rumex crispus*
35			毛脉酸模	*Rumex gmelinii*
36			齿果酸模	*Rumex dentatus*
37			刺酸模	*Rumex maritimus*
38			酸模	*Rumex acetosa*
39			巴天酸模	*Rumex patientia*
40	藜科	滨藜属	滨藜	*Atriplex patens*
41		盐爪爪属	盐爪爪	*Kalidium foliatum*
42			细枝盐爪爪	*Kalidium gracile*
43		碱蓬属	角果碱蓬	*Suaeda corniculata*
44			碱蓬	*Suaeda glauca*
45		藜属	藜	*Chenopodium album*
46			灰绿藜	*Chenopodium glaucum*

（续）

序号	科	属	种	
			中文名	拉丁名
47	石竹科	狗筋蔓属	狗筋蔓	*Cubalus baccifer*
48		剪秋萝属	浅裂剪秋萝	*Lychnis cognata*
49		漆姑草属	漆姑草（日本漆姑草）	*Sagina japonica*
50		蝇子草属	毛萼麦瓶草（蔓茎蝇子草）	*Silene repens*
51		繁缕属	翻白繁缕	*Stellaria discolor*
52			沼生繁缕（沼繁缕）	*Stellaria palustris*
53			垂梗繁缕	*Stellaria radians*
54	睡莲科	睡莲属	睡莲（茈珀花）	*Nymphaea tatragana*
55	金鱼藻科	金鱼藻属	金鱼藻	*Ceratophyllum demersum*
56			东北金鱼藻	*Ceratophyllum manshuricum*
57	毛茛科	乌头属	细叶乌头	*Aconitum macrorhynchum*
58			草地乌头	*Aconitum umbrosum*
59			白毛乌头	*Aconitum villosum*
60		银莲花属	钝裂银莲花	*Anemone obtusiloba*
61			大花银莲花	*Anemone silvestris*
62		水毛茛属	水毛茛	*Batrachium bungei*
63			小水毛茛	*Batrachium eradicatum*
64			北京水毛茛	*Batrachium pekinense*
65			毛柄水毛茛	*Batrachium trichophyllum*
66		驴蹄草属	白花驴蹄草	*Caltha natans*
67			驴蹄草	*Caltha palustris* var. *sibirica*
68			薄叶驴蹄草	*Caltha Palustris* var. *membranacea*
69			三角叶驴蹄草	*Caltha palustris* var. *sibirica*
70		铁线莲属	西伯利亚铁线莲	*Clematis sibirica*
71		碱毛茛属	水葫芦苗	*Halerpestes cymbalaria*
72			三裂碱毛茛	*Halerpestes tricuspis*
73		毛茛属	高原毛茛	*Ranunculus tanguticus*
74			茴茴蒜	*Ranunculus chinensis*
75			小掌叶毛茛	*Ranunculus gmelinii*
76			毛茛	*Ranunculus japonicus*
77			单叶毛茛	*Ranunculus monophyllus*
78			浮毛茛	*Ranunculus natans*
79			沼地毛茛	*Ranunculus radicans*
80			松叶毛茛	*Ranunculus reptans*
81			匍枝毛茛	*Ranunculus repens*
82			石龙芮	*Ranunculus sceleratus*
83			兴安毛茛	*Ranunculus japonicus* var. *smirnovii*
84			长嘴毛茛	*Ranunculus tachiroei*
85		唐松草属	高山唐松草	*Thalictrum alpinum*
86			箭头唐松草	*Thalictrum simplex*

（续）

序号	科	属	种	
			中文名	拉丁名
87	毛茛科	金莲花属	短瓣金莲花	*Tuollius ledebourii*
88	罂粟科	罂粟属	野罂粟	*Papaver nudicaule*
89	十字花科	碎米荠属	大叶碎米荠	*Cardamine macrophylla*
90			草甸碎米荠	*Cardamine pratensis*
91			小花碎米荠	*Cardamine parviflora*
92		蔊菜属	山芥叶蔊茶	*Rorippa barbareifolia*
93			球果蔊菜(风花菜)	*Rorippa globosa*
94			沼生蔊菜	*Rorippa islandica*
95	虎耳草科	金腰属	互叶金腰	*Chrysosplenium alternifolium*
96		梅花草属	梅花草	*Parnassia palustris*
97	蔷薇科	沼委陵菜属	沼委陵菜	*Comarum palustre*
98		蚊子草属	翻白蚊子草	*Filipendula intermedia*
99			光叶蚊子草	*Filipendula palmata* var. *glabra*
100			蚊子草	*Filipendula palmata*
101		委陵菜属	金露梅(金老梅)	*Dasiphora fruticosa*
102			星毛萎陵菜	*Potentilla acaulis*
103			鹅绒萎陵菜	*Potentilla anserina*
104			匍枝萎陵菜	*Potentilla flagellaris*
105		地榆属	地榆	*Sanguisorba officinalis*
106			细叶地榆	*Sanguisorba tenuifolia*
107		绣线菊属	楼斗叶绣线菊	*Spiraea aquilegifolia*
108			柳叶绣线菊(绣线菊)	*Spiraea salicifolia*
109		苹果属	山丁子(山荆子)	*Malus baccata*
110		蔷薇属	刺蔷薇	*Rosa acicularis*
111	豆科	山黧豆属	山黧豆	*Lathyrus quinguenervius*
112		车轴草属	野火球	*Trifolium lupihaster*
113			白车轴草	*Trifolium repens*
114		野豌豆属	广布野豌豆	*Vicia crcca*
115	牻牛儿苗科	老鹳草属	毛蕊老鹳草	*Geranium eriostemon*
116			兴安老鹳草	*Geranium maximowiczii*
117			大花老鹳草	*Geranium transbaicalicum*
118			老鹳草	*Geranium wilordii*
119	蒺藜科	白刺属	大白刺	*Nitraria roborowskii*
120	水马齿科	水马齿属	线叶水马齿	*Callitriche hermaphroditica*
121			沼生水马齿	*Callitriche palustris*
122	凤仙花科	凤仙花属	水金凤	*Impatiens noli-tangere*
123	藤黄科	金丝桃属	黄海棠	*Hypericum ascyron*
124			短柱金丝桃	*Hypericum hookerianum*
125	柽柳科	柽柳属	柽柳	*Tamarix chinensis*

（续）

序号	科	属	种	
			中文名	拉丁名
126	堇菜科	堇菜属	鸡腿堇菜	*Viola acuminata*
127			溪堇菜	*Viola episesila*
128			堇菜	*Viola verecunda*
129	千屈菜科	千屈菜属	千屈菜	*Lythrum salicaria*
130	柳叶菜科	柳叶菜属	毛脉柳叶菜	*Epilobium amurense*
131			多枝柳叶菜	*Epilobium fastigiatoramosum*
132			柳叶菜	*Epilobium hirsutum*
133			沼生柳叶菜	*Epilobium palustre*
134			小花柳叶菜	*Epilobium parviflorum*
135	菱科	菱属	菱角（丘角菱）	*Trapa japonnica*
136			格菱	*Trapa pseudoincisa*
137			冠菱	*Trapa litwinowii*
138			东北菱	*Trapa manshurica*
139	小二仙草科	狐尾藻属	穗状狐尾藻	*Myriophyllum spicatum*
140			轮叶狐尾藻（狐尾藻）	*Myriophyllum verticillatum*
141	杉叶藻科	杉叶藻属	杉叶藻	*Hippuris vulgaris*
142	伞形科	毒芹属	毒芹	*Cicuat virosa*
143		蛇床属	蛇床	*Cnidium monnieri*
144		水芹属	水芹	*Oenanhe javanica*
145		茴芹属	东北茴芹	*Pimpinella thellungiana*
146		泽芹属	泽芹	*Sium suave*
147	山茱萸科	山茱萸属	红瑞木	*Cornus alba*
148	鹿蹄草科	鹿蹄草属	鹿蹄草（圆叶鹿蹄草）	*Pyrola rotundifolia*
149	杜鹃花科	地桂属	甸杜（地桂）	*Chamaedaphne calyculata*
150		杜香属	狭叶杜香	*Ledum palustre* var. *angustum*
151			宽叶杜香	*Ledum palustre* var. *dilatatum*
152		杜鹃花属	小叶杜鹃	*Rhododendron parvifolium*
153		越橘属	毛蒿豆（小果红莓苔子）	*Vaccinium microcarpum*
154			越橘	*Vaccinium vitis-idaea*
155			笃斯越橘	*Vaccinium uliginosum*
156	报春花科	点地梅属	东北点地梅	*Androsace filiformis*
157			小点地梅	*Androsace gmelini*
158		海乳草属	海乳草	*Glaux maritima*
159		报春花属	粉报春	*Primula farinosa*
160	龙胆科	龙胆属	假水生龙胆	*Gentiana pseudoaquatica*
161			龙胆	*Gentiana scabra*
162		花锚属	花锚	*Halenia corniculata*
163			椭圆叶花锚	*Halenia elliptica*
164		睡菜属	睡菜	*Menyanthes trifoliata*
165		荇菜属	荇菜	*Nymphoides peltatum*

（续）

序号	科	属	种	
			中文名	拉丁名
166	龙胆科	獐牙菜属	瘤毛獐牙菜	*Swertia pseudochinensis*
167	花荵科	花荵属	花荵	*Polemonium caeruleum*
168	紫草科	勿忘草属	辽西勿忘草(承德勿忘草)	*Myosotis bothriospermoides*
169			湿地勿忘草	*Myosotis. caespitosa*
170		附地菜属	朝鲜附地菜	*Trigonotis coreana*
171			水甸附地菜	*Trigonotis myosotidea*
172	唇形科	水棘针属	水棘针	*Amethystea coerulea*
173		薄荷属	兴安薄荷	*Mentha dahurica*
174			薄荷	*Mentha haplocalyx*
175		黄芩属	纤弱黄芩	*Scutellaria dependens*
176			塔头狭叶黄芩	*Scutellaria regeliana* var. *ikonnikovii*
177		水苏属	毛水苏	*Stachys baicalensis*
178	玄参科	母草属	陌上菜	*Lindernia procumbens*
179		通泉草属	弹刀子菜	*Mazus stachydifolius*
180		沟酸浆属	沟酸浆	*Mimulus tenellus*
181		马先蒿属	大花马先蒿(野苏子)	*Pedicularis grandiflora*
182			沼生马先蒿	*Pedicularis palustris*
183			旌节马先蒿	*Pedicularis sceptrum-carolinum*
184			穗花马先蒿	*Pedicularis spicata*
185		玄参属	玄参	*Scrophularia ningpoensis*
186		婆婆纳属	北水苦荬	*Veronica anagallis-aquatica*
187			长果水苦荬	*Veronica anagalloides*
188			兔儿尾苗	*Veronica longitolia*
189			蚊母草	*Veronica peregrina*
190			水苦荬	*Veronica undulata*
191	胡麻科	茶菱属	茶菱	*Trapella sinensis*
192	狸藻科	狸藻属	细叶狸藻	*Utricularia minor*
193			狸藻(闸草)	*Utricularia vulgaris*
194	车前科	车前属	车前	*Plantago asiatica*
195			平车前	*Plantago depressa*
196	茜草科	拉拉藤属	北方拉拉藤	*Galium boreale*
197			三瓣猪殃殃(小叶猪殃殃)	*Galium trifidum*
198			蓬子菜	*Galium verum*
199	忍冬科	忍冬属	蓝靛果忍冬	*Lonicera caerulea* var. *edulis*
200			小花金银花(金银忍冬)	*Lonicera maackii*
201	败酱科	缬草属	毛节缬草(缬草)	*Valeriana officinalis*
202	葫芦科	盒子草属	盒子草	*Actinostemma tenerum*
203	桔梗科	半边莲属	山梗菜	*Lobelia sessilifolia*

（续）

序号	科	属	种	
			中文名	拉丁名
204	菊科	蒿属	碱蒿	*Artemisisa anethifolia*
205			莳萝蒿	*Artemisisa anethoides*
206			柳叶蒿	*Artemisisa integuifolia*
207			宽叶蒿	*Artemisisa latifolia*
208			野艾蒿	*Artemisisa lavandulaefolia*
209			白叶蒿	*Artemisisa leucophylla*
210			水蒿（蒌蒿）	*Artemisisa selengensis*
211		鬼针草属	柳叶鬼针草	*Bidens ceraua*
212			大狼杷草	*Bidens frondosa*
213			羽叶鬼针草	*Bidens maximowicziana*
214			小花鬼针草	*Bidens parviflora*
215			狼杷草	*Bidens tripartita*
216		鼠麹草属	湿生鼠麹草	*Gnaphalium tranzschelii*
217		旋覆花属	欧亚旋覆花	*Inula britannica*
218			线叶旋覆花	*Inula lineariaefolia*
219		小苦荬菜属	抱茎苦荬菜（抱茎小苦荬）	*Ixeridium sonchifolium*
220		橐吾属	蹄叶橐吾	*Ligularia fischerii*
221		风毛菊属	羽叶风毛菊	*Saussurea maximowicaii*
222		千里光属	琥珀千里光	*Senecio ambraceus*
223		蒲公英属	芥叶蒲公英	*Taraxacum brassicaefolium*
224			碱地蒲公英	*Taraxacum borealisinense*
225	香蒲科	香蒲属	水烛	*Typha angustifolia*
226			宽叶香蒲	*Typha latifolia*
227			拉氏香蒲（无苞香蒲）	*Typha laxmannii*
228			小香蒲	*Typha minima*
229	黑三棱科	黑三棱属	线叶黑三棱	*Sparganium angustifolium*
230			矮黑三棱	*Sparganium minimum*
231			小黑三棱	*Sparganium simplex*
232			黑三棱	*Sparganium stoloiferum*
233	眼子菜科	眼子菜属	单果眼子菜	*Potamogeton acutifolius*
234			菹草	*Potamogeton crispus*
235			眼子菜	*Potamogeton distinctus*
236			光叶眼子菜	*Potamogeton lucens*
237			钝脊眼子菜	*Potamogeton octandrus* var. *miduhikimo*
238			内蒙眼子菜	*Potamogeton Pectinatus* var. *interruptus*
239			穿叶眼子菜	*Potamogeton perfoliatus*
240			小眼子菜	*Potamogeton pusillus*
241			龙须眼子菜（篦齿眼子菜）	*Potamogeton pectinatus*
242	茨藻科	角果藻属	角果藻	*Zannichellia palustris*

（续）

序号	科	属	种	
			中文名	拉丁名
243	茨藻科	茨藻属	纤细茨藻	*Najas gracillima*
244			大茨藻	*Najas marina*
245			小茨藻	*Najas minor*
246	水麦冬科	水麦冬属	海韭菜	*Triglochin maritimum*
247			水麦冬	*Triglochin palustre*
248	泽泻科	泽泻属	草泽泻	*Alisma gramineum*
249			泽泻	*Alisma plantago-aquatica*
250		慈姑属	浮叶慈姑	*Sagittaria natans*
251			野慈姑(慈姑)	*Sagittaria trifolia*
252	花蔺科	花蔺属	花蔺(猪尾巴菜)	*Butomus umbellatus*
253	禾本科	芨芨草属	芨芨草	*Achnatheherum. splendens*
254		看麦娘属	看麦娘	*Alopeculus aequalis*
255			长芒看麦娘	*Alopeculus longiaristatus*
256		荩草属	荩草	*Arthraxon hispidus*
257		菵草属 ·	菵草	*Beckmannia syzigachne*
258		拂子茅属	拂子茅(狼尾草)	*Calamagrostis epigejos*
259			假苇拂子茅	*Calamagrostis pseudophragmites*
260		沿沟草属	沿沟草	*Catabrosa aquatica*
261		薏苡属	薏苡	*Coix lacryma-jobi*
262		野青茅属	大叶章	*Deyeuxia langsdorffii*
263			小叶章	*Deyeuxia angustifolia*
264			忽略野青茅(小花野青茅)	*Deyeuxia neglecta*
265		发草属	发草	*Deschampsia caespitosa*
266		虉草属	虉草	*Phalaris arundinacea*
267		稗属	长芒稗	*Echinochloa caudata*
268			稗	*Echinochloa crusgalli*
269			无芒稗	*Echinochloa crusgalli* var. *mitis*
270		野黍属	野黍	*Eriochloa villosa*
271		甜茅属	狭叶甜茅	*Glyceria spiculosa*
272			东北甜茅	*Glyceria triflora*
273		牛鞭草属	牛鞭草	*Hemarthria Japonica*
274		茅香属	茅香	*Hierochloe odorata*
275		白茅属	白茅	*Imperata cylindrica*
276		荻属	荻	*Triarrhena sacchariflora*
277		稷属(黍属)	黍(稷)	*Panicum miliaceum*
278		芦苇属	芦苇	*Phragmites australis*
279		早熟禾属	早熟禾	*Poa annua*
280			草地早熟禾	*Poa pratensis*
281			散穗早熟禾	*Poa subfastigiata*

（续）

序号	科	属	种	
			中文名	拉丁名
282	禾本科	棒头草属	长芒棒头草	*Polypogon monspeliensis*
283		碱茅属	星星草	*Puccienllia tenuiflora*
284		鹅观草属	鹅观草	*Roegneria kamoji*
285		水茅属	水茅	*Scolochloa festucacea*
286		菰属	菰	*Zizania caduciflora*
287		披碱草属	披碱草	*Elymus dahuricus*
288		隐子草属	无芒隐子草	*Cleistogenes songorica*
289		赖草属	赖草	*Leymus secalinus*
290			羊草	*Leymus chinensis*
291		狗尾草属	狗尾草	*Setaria viridis*
292		虎尾草属	虎尾草	*Chloris virgata*
293	莎草科	扁穗草属	华扁穗草	*Blysmus sinocompressus*
294		薹草属	灰脉薹草	*Carex appendiculata*
295			麻根薹草	*Carex arnellii*
296			丛薹草	*Carex caespitosa*
297			扁囊薹草	*Carex coriophora*
298			莎薹草	*Carex bohemica*
299			弯囊薹草（皱果薹草）	*Carex dispalata*
300			无脉薹草	*Carex enervis*
301			异鳞薹草	*Carex heterolepis*
302			日本薹草	*Carex japonica*
303			显脉薹草	*Carex kirganica*
304			毛薹草	*Carex lasiocarpa*
305			疏薹草（稀花薹草）	*Carex laxa*
306			尖嘴薹草	*Carex leiorhyncha*
307			沼薹草	*Carex limosa*
308			乌拉草	*Carex meyeriana*
309			青藏薹草	*Carex moorcroftii*
310			直穗薹草	*Carex orthostachys*
311			疣囊薹草	*Carex pallida*
312			粗脉薹草	*Carex rugulosa*
313			大针薹草	*Carex uda*
314			膨囊薹草	*Carex lehmanii*
315			寸草	*Carex duriuscula*
316		莎草属	球穗莎草（异型莎草）	*Cyperus difformis*
317			头穗莎草（头状穗莎草）	*Cyperus glomeratus*
318			碎米莎草	*Cyperus iria*
319			黄颖莎草（具芒碎米莎草）	*Cyperus microiria*
320			毛笠莎草（三轮草）	*Cyperus orthostachyus*

（续）

序号	科	属	种	
			中文名	拉丁名
321	莎草科	荸荠属	扁基荸荠	*Heleocharis fennica*
322			卵状荸荠(卵穗荸荠)	*Heleocharis soloniensis*
323			具槽秆荸荠	*Heleocharis valleculosa*
324			牛毛毡	*Heleocharis yokoscensis*
325			羽毛荸荠	*Heleocharis wichurai*
326		羊胡子草属	细秆羊胡子草	*Eriophorum gracile*
327			东方羊胡子草	*Eriophorum polystachion*
328			红毛羊胡子草	*Eriophorum russeolu*
329		飘拂草属	飘拂草(两歧飘拂草)	*Fimbristylis dichotoma*
330		水莎草属	花穗水莎草	*Juncellus pannonicus*
331			水莎草	*Juncellus serotinus*
332		扁莎属	球穗扁莎	*Pycreus globosus*
333			槽鳞扁莎	*Pycreus korshinskyi*
334		藨草属	东方藨草	*Scirpus orientalis*
335			扁秆藨草	*Scirpus. planiculmis*
336			单穗藨草(东北藨草)	*Scirpus radicans*
337			球穗藨草	*Scirpus strobilinus*
338			水葱藨草(水葱)	*Scirpus validus*
339			荆三棱	*Scirpus yagara*
340			海三棱藨草	*Scirpus mariqueter*
341	天南星科	菖蒲属	菖蒲	*Acoras calamus*
342		水芋属	水芋	*Calla palustris*
343	浮萍科	浮萍属	浮萍	*Lemna minor*
344			品藻	*Lemna trisulca*
345		紫萍属	紫萍(水萍)	*Spirodela polyrhiza*
346	谷精草科	谷精草属	宽叶谷精草	*Eriocaulon robustius*
347	鸭跖草科	水竹叶属	疣草	*Murdannia keisak*
348		鸭跖草属	鸭跖草	*Commelina communis*
349	雨久花科	雨久花属	雨久花	*Monochoria korsakowii*
350			鸭舌草	*Monochoria vaginalis*
351	灯心草科	灯心草属	乳头灯心草	*Juncus papillosus*
352			洮南灯心草	*Juncus taonanensis*
353		地杨梅属	多花地杨梅	*Luzula multiflora*
354			火红地杨梅	*Luzula rufescens*
355	百合科	重楼属	北重楼	*Paris verticillata*
356		鹿药属	三叶鹿药	*Smilacina trifolia*
357		藜芦属	兴安藜芦	*Veratrum dahuricum*
358			毛穗藜芦	*Veratrum maackii*

（续）

序号	科	属	种	
			中文名	拉丁名
359	鸢尾科	鸢尾属	溪荪	*Iris sanguinea*
360			紫苞鸢尾	*Iris ruthenica*
361			北陵鸢尾	*Iris typhifolia*
362			单花鸢尾	*Iris uniflora*
363			马蔺	*Iris lactea* var. *chinensis*
364	兰科	手参属	手掌参(手参)	*Gymnadenia conopsea*
365		沼兰属	沼兰	*Malaxis monophyllos*
366		红门兰属	宽叶红门兰	*Orchis latifolia*
367		绶草属	绶草	*Sprianthes sinensis*

附录2　内蒙古湿地调查区域动物名录

序号	目	科	种	
			中文名	拉丁名
			(一)鱼　类	
1	七鳃鳗目	七鳃鳗科	雷氏七鳃鳗	*Lampetra reissneri*
2	鲟形目	鲟科	鳇鱼	*Huso dauricus*
3			施氏鲟	*Acipenser schrencki*
4	鲑形目	鲑科	哲罗鱼	*Hucho taimen*
5			细鳞鱼(细鳞鲑)	*Brachymystax lenok*
6			乌苏里白鲑	*Coregonus ussuriensis*
7			卡达白鲑	*Coregonus chadary*
8		茴鱼科	格氏北极茴鱼(黑龙江茴鱼)	*Thymallus arcticus grubei*
9		狗鱼科	黑斑狗鱼	*Esox rericherti*
10	鲤形目	鲤科	马口鱼	*Opsariichthys bidens*
11			中华细鲫	*Aphyocypris chinensis*
12			青鱼	*Mylopharyngodon piceus*
13			鯮	*Luciobyama macrocephalus*
14			草鱼	*Ctenopharyngodon idellus*
15			真鲅	*Phoxinus phoxinus*
16			湖鲅	*Phoxinus percnurus*
17			洛氏鲅(拉氏鲅)	*Phoxinus lagowsrii*
18			吐鲁番鲅	*Phoxinus grumi*
19			花江鲅	*Phoxinus czeranowsrii*
20			东北雅罗鱼	*Leuciscus walecrii*
21			拟赤梢鱼	*Pseudaspius leptocephalus*
22			赤眼鳟	*Squaliobarbus curriculus*
23			鳤	*Ochetobius elongates*
24			鳡	*Elopichthys bambusa*
25			鰲	*Hemiculter leucisculus*
26			贝氏鰲	*Hemiculter bleekeri*
27			鲌(翘嘴鲌)	*Culter alburnus*
28			红鳍红鲌	*Erythroculter erythropterus*
29			蒙古红鲌	*Erythroculter mongolicus*
30			鳊	*Parabramis pekinensis*
31			鲂(三角鲂)	*Megalobrama terminalis*
32			团头鲂	*Megalobrama amblycephala*
33			银鲴	*Xenocypris argentea*
34			细鳞斜颌鲴(细鳞鲴)	*Xenocypris microlepis*
35			黑龙江鳑鲏	*Rhodeus sericeus*

（续）

序	科	属	种名 中文名	种名 拉丁名
36	鲤形目	鲤科	中华鳑鲏	*Rhodeus sinensis*
37			大鳍鱊	*Acheilognathus macropterus*
38			兴凯鱊	*Acheilognathus chankaensis*
39			唇䱻	*Hemibarbus labeo*
40			花䱻	*Hemibarbus maculates*
41			长吻䱻	*Hemibarbus longirostris*
42			条纹似白鮈	*Paraleucogobio strigatus*
43			麦穗鱼	*Pseudorasbora parva*
44			平口鮈	*Ladislauia taczanowskii*
45			华鳈	*Sarcocheilichthys sinensis*
46			黑鳍鳈	*Sarcocheilichthys nigripinnis*
47			高体鮈	*Gobio soldatovi*
48			凌源鮈	*Gobio lingyuanensis*
49			似铜鮈	*Gobio coriparoides*
50			犬首鮈	*Gobio cynocephalus*
51			棒花鮈	*Gobio rivuloides*
52			细体鮈	*Gobio tenuicorpus*
53			兴凯银鮈	*Squalidus chankaensis*
54			铜鱼	*Coreius heterodon*
55			北方铜鱼	*Coreius septentrionalis*
56			吻鮈	*Rhinogobio typus*
57			圆筒吻鮈	*Rhinogobio cylindricus*
58			大鼻吻鮈	*Rhinogobio nasutus*
59			棒花鱼	*Abbottina rivularis*
60			突吻鮈	*Rostrogobio amurensis*
61			似鮈	*Pseudogobio vaillanti*
62			蛇鮈	*Saurogobio dabryi*
63			花斑裸鲤	*Gymnocypris eckloni*
64			鲤	*Cyprinus carpio*
65			鲫	*Carassius auratus*
66			鳅鮀（潘氏鳅鮀）	*Gobiobotia pappenheimi*
67			鳙鱼	*Aristichthys nobilis*
68			白鲢（鲢）	*Hypophthalmichthys molitrix*
69		鳅科	北鳅	*Lefua costata*
70			北方条鳅	*Nemachilus nudus*
71			粗壮高原鳅（粒唇高原鳅）	*Triplophysa robusta*
72			短尾高原鳅	*Triplophysa brevicauda*
73			施氏高原鳅	*Triplophysa stoliczkae*
74			忽吉图高原鳅	*Triplophysa hutiertiuensis*
75			达里湖高原鳅	*Triplophysa dalaica*
76			巩乃斯高原鳅	*Triplophysa kungessana*
77			黄河高原鳅	*Triplophysa pappenheimi*
78			酒泉高原鳅	*Triplophysa hsutschouesis*

（续）

序	科	属	种名	
			中文名	拉丁名
79	鲤形目	鳅科	棱形高原鳅	*Triplophysa leptosoma*
80			乳突唇高原鳅（粒唇高原鱼鳅）	*Triplophysa papillosolabiata*
81			大鳍鼓鳔鳅	*Hedinichthys yarkandensis*
82			红唇薄鳅	*Leptobotia rubrilabris*
83			黄金薄鳅	*Leptobotia citrauratea*
84			黑龙江花鳅	*Cobitis lutheri*
85			花鳅	*Cobitis taenia*
86			泥鳅	*Misgurnus anguillicaududatus*
87			北方泥鳅	*Misgurnus bipartitus*
88			大鳞副泥鳅	*Paramisgurnus dabryanus*
89	鲶形目	鲶科	鲶鱼	*Silurus asotus*
90			怀头鲶	*Silurus soldatovi*
91		鲿科	黄颡鱼	*Pelteobagrus fulvidraco*
92			乌苏拟鲿	*Pseudobagrus ussuriensis*
93	鳕形目	鳕科	江鳕	*Lota lota*
94	鳉形目	青鳉科	青鳉	*Oryzias latipes*
95	刺鱼目	刺鱼科	中华多刺鱼	*Pungitius sinensis*
96	鲈形目	鮨科	鳜	*Siniperca chuatsi*
97		塘鳢科	黄黝鱼	*Hypseleotris swinhonis*
98			葛氏鲈塘鳢	*Perccottus glehni*
99		鰕虎鱼科	波氏栉鰕虎鱼	*Ctenogobius cliffordpopei*
100		杜父鱼科	黑龙江中杜父鱼	*Mesocottus haitej*
101	鳢形目	鳢科	乌鳢	*Channa argus*
（二）两栖类				
1	有尾目	小鲵科	极北鲵	*Salamandrella keyserlingii*
2	无尾目	盘舌蟾科（铃蟾科）	东方铃蟾	*Bombina orientalis*
3		蟾蜍科	中华蟾蜍	*Bufo gargaizans*
4			花背蟾蜍	*Bufo raddei*
5		雨蛙科	无斑雨蛙	*Hyla immaculata*
6		蛙科	黑斑蛙	*Rana nigromaculata*
7			中国林蛙	*Rana chensinensis*
8			黑龙江林蛙	*Rana amurensis*
（三）爬行类				
1	龟鳖目	鳖科	鳖	*Trionyx sinensis*
2	有鳞目（蛇亚目）	游蛇科	黄脊游蛇	*Coluber spinalis*
3			白条锦蛇	*Elaphe dione*
4			红点锦蛇	*Elaphe rufodorsata*
5			团花锦蛇	*Elaphe davidi*
6			虎斑游蛇（虎斑颈槽蛇）	*Rhabdophis tigrina*

（续）

序号	科名	属名	种名	
			中文名	拉丁名
(四)鸟　类				
1	潜鸟目	潜鸟科	红喉潜鸟	*Gavia stellata*
2	鸊鷉目	鸊鷉科	小鸊鷉	*Tachybaptus ruficollis*
3			角鸊鷉	*Podiceps auritus*
4			黑颈鸊鷉	*Podiceps nigricollis*
5			凤头鸊鷉	*Podiceps cristatus*
6			赤颈鸊鷉	*Podiceps grisegena*
7	鹈形目	鹈鹕科	斑嘴鹈鹕	*Pelecanus philippensis*
8		鸬鹚科	[普通]鸬鹚	*Phalacrocorax carbo*
9			红脸鸬鹚	*Phalacrocorax urile*
10	鹳形目	鹭科	苍鹭	*Ardea cinerea*
11			草鹭	*Ardea purpurea*
12			绿鹭	*Ardea striatus*
13			池鹭	*Ardeola bacchus*
14			大白鹭	*Egretta alba*
15			黄嘴白鹭	*Egretta eulophotes*
16			夜鹭	*Nycticorax nycticorax*
17			黄苇鳽	*Ixobrychus sinensis*
18			紫背苇鳽	*Ixobrychus eurhythmus*
19			栗苇鳽	*Ixobrychus cinnamomeus*
20			大麻鳽	*Botaurus stellaris*
21		鹳科	白鹳	*Ciconia Ciconia*
22			东方白鹳	*Ciconia boyciana*
23			黑鹳	*Ciconia nigra*
24		鹮科	[黑头]白鹮	*Threskiornis melanocephalus*
25			白琵鹭	*Platalea leucorodia*
26	雁形目	鸭科	黑雁	*Branta bernicla*
27			鸿雁	*Anser cygnoides*
28			豆雁	*Anser fabalis*
29			白额雁	*Anser albifrons*
30			灰雁	*Anser anser*
31			斑头雁	*Anser indicus*
32			大天鹅	*Cygnus cygnus*
33			小天鹅	*Cygnus columbianus*
34			疣鼻天鹅	*Cygnus olor*
35			赤麻鸭	*Tadorna ferruginea*
36			翘鼻麻鸭	*Tadorna tadorna*
37			针尾鸭	*Anas acuta*
38			绿翅鸭	*Anas crecca*
39			花脸鸭	*AnasFormosa*

（续）

序号	科名	属名	种名	
			中文名	拉丁名
40	雁形目	鸭科	罗纹鸭	*Anas falcate*
41			绿头鸭	*Anas platyrhynchos*
42			斑嘴鸭	*Anas poecilorhyncha*
43			赤膀鸭	*Anas strepera*
44			赤颈鸭	*Anas penelope*
45			白眉鸭	*Anas querquedula*
46			琵嘴鸭	*Anas clypeata*
47			赤嘴潜鸭	*Netta rufina*
48			红头潜鸭	*Aythya ferina*
49			白眼潜鸭	*Aythya nyroca*
50			青头潜鸭	*Aythya baeri*
51			凤头潜鸭	*Aythya fuligula*
52			斑背潜鸭	*Aythya marila*
53			鸳鸯	*Aix galericulata*
54			棉凫	*Nettapus coromandelianus*
55			斑脸海番鸭	*Melanitta fusca*
56			鹊鸭	*Bucephala clangula*
57			中华秋沙鸭	*Mergus squamatus*
58			红胸秋沙鸭	*Mergus serrator*
59			普通秋沙鸭	*Mergus. merganser*
60	隼形目	鹰科	鹗	*Pandion haliaetus*
61	鹤形目	三趾鹑科	黄脚三趾鹑	*Turnix tanki*
62		鹤科	灰鹤	*Grus grus*
63			白头鹤	*Grus monacha*
64			丹顶鹤	*Grus japonensis*
65			白枕鹤	*Grus vipio*
66			白鹤	*Grus leucogeranus*
67			蓑羽鹤	*Anthropoides virgo*
68		秧鸡科	普通秧鸡	*Rallus aquaticus*
69			斑胁田鸡	*Porzana paykullii*
70			花田鸡	*Porzana exquisite*
71			董鸡	*Gallicrex cinerea*
72			黑水鸡	*Gallinula chloropus*
73			白骨顶	*Fulica atra*
74	鸻形目	彩鹬科	彩鹬	*Rostratula benghalensis*
75		蛎鹬科	蛎鹬	*Haematopus ostralegus*
76		鸻科	凤头麦鸡	*Vanellus vanellus*
77			灰头麦鸡	*Vanellus cinereus*
78			灰斑鸻	*Pluvialis squatarola*
79			金[斑]鸻	*Pluvialis fulva*

（续）

序号	科名	属名	种名	
			中文名	拉丁名
80	鸻形目	鸻科	剑鸻	*Charadrius hiaticula*
81			金眶鸻	*Charadrius dubius*
82			环颈鸻	*Charadrius alexandrinus*
83			蒙古沙鸻	*Charadrius mongolus*
84			铁嘴沙鸻	*Charadrius leschenaultii*
85			东方鸻	*Charadrius veredus*
86			小嘴鸻	*Eudromias morinellus*
87		鹬科	小杓鹬	*Numenius minutus*
88			中杓鹬	*Numenius phaeopus*
89			白腰杓鹬	*Numenius arquata*
90			红腰杓鹬	*Numenius madagascariensis*
91			黑尾塍鹬	*Limosa limosa*
92			斑尾塍鹬	*Limosa lapponica*
93			红脚鹤鹬	*Tringa erythropus*
94			红脚鹬	*Tringa totanus*
95			泽鹬	*Tringa stagnatilis*
96			青脚鹬	*Tringa nebularia*
97			白腰草鹬	*Tringa ochropus*
98			林鹬	*Tringa glareola*
99			小青脚鹬	*Tringa guttifer*
100			矶鹬	*Tringa hypoleucos*
101			灰尾漂鹬	*Heteroscelus brevipes*
102			翘嘴鹬	*Xenus cinereus*
103			翻石鹬	*Arenaria interpres*
104			半蹼鹬	*Limnodromus semipalmatus*
105			孤沙锥	*Gallinago solitaria*
106			针尾沙锥	*Gallinago stenura*
107			大沙锥	*Gallinago megala*
108			扇尾沙锥	*Gallinago gallinago*
109			丘鹬	*Scolopax rusticola*
110			姬鹬	*Lymnocryptes minimus*
111			红胸滨鹬	*Calidris ruficollis*
112			长趾滨鹬	*Calidris subminuta*
113			青脚滨鹬(乌脚滨鹬)	*Calidris temminckii*
114			尖尾滨鹬	*Calidris acuminate*
115			黑腹滨鹬	*Calidris alpine*
116			弯嘴滨鹬	*Calidris ferruginea*
117			阔嘴鹬	*Limicola falcinellus*
118		反嘴鹬科	黑翅长脚鹬	*Himantopus himantopus*
119			反嘴鹬	*Recurvirostra avosetta*
120		燕鸻科	普通燕鸻	*Glareola maldivarum*

（续）

序号	科名	属名	种名	
			中文名	拉丁名
121	鸥形目	鸥科	黑尾鸥	*Larus crassirostris*
122			海鸥	*Larus canus*
123			银鸥	*Larus argentatus*
124			灰背鸥	*Larus schistisagus*
125			渔鸥	*Larus ichthyaetus*
126			遗鸥	*Larus relictus*
127			红嘴鸥	*Larus ridibundus*
128			棕头鸥	*Larus brunnicephalus*
129			小鸥	*Larus minutus*
130			黑嘴鸥	*Larus saundersi*
131			须浮鸥	*Chlidonias hybrida*
132			白翅浮鸥	*Chlidonias leucoptera*
133			黑浮鸥	*Chlidoniasniger*
134			鸥嘴噪鸥	*Gelochelidon nilotica*
135			红嘴巨鸥	*Hydroprogne caspia*
136			普通燕鸥	*Sterna nirundo*
137			白额燕鸥	*Sterna albifrons*
138	鸮形目	鸱鸮科	毛腿渔鸮	*Ketupa biaristoni*
139			褐渔鸮	*Ketupa zeylonensis*
140	佛法僧目	翠鸟科	普通翠鸟	*Alcedo atthis*
141			蓝翡翠	*Halcyno pileata*
（五）哺乳类				
1	食虫目	猬科	普通刺猬	*Erinaceus europaeus*
2			大耳猬	*Hemiechinus auritus*
3			达乌尔猬	*Hemiechinus dauricus*
4		鼩鼱科	小鼩鼱	*Sorex minutus*
5			中鼩鼱	*Sorex caecutiens*
6			普通鼩鼱	*Sorex araneus*
7			栗齿鼩鼱	*Sorex daphaenodon*
8			长爪鼩鼱	*Sorex unguiculatus*
9			北小麝鼩	*Crocidura suaveolens*
10			白腹麝鼩	*Crocidura leucodon*
11			大麝鼩	*Crocidura lasiura*
12	翼手目	蝙蝠科	鬣鼠耳蝠	*Myotis mystacinus*
13			伊氏鼠耳蝠	*Myotis ikonnikovi*
14			大鼠耳蝠	*Myotis myotis*
15			尖耳鼠耳蝠	*Myotis blythi*
16			水鼠耳蝠	*Vespertilio murinus*
17			普通蝙蝠	*Vespertilio murinus*
18			东方蝙蝠	*Vespertilio superans*

（续）

序号	科名	属名	种名	
			中文名	拉丁名
19	兔形目	兔科	雪兔	*Lepus timidus*
20	啮齿目	鼠科	巢鼠	*Micromys minutus*
21		仓鼠科	黑线仓鼠	*Cricetulus barabensis*
22			麝鼠	*Ondatra zibethica*
23			东方田鼠	*Microtus fortis*
24			莫氏田鼠	*Microtus maximowiczii*
25	食肉目	犬科	貉	*Nyctereutes procyonoides*
26		鼬科	水貂	*Mustela uison*
27			狗獾	*Meles meles*
28			水獭	*Lutra lutra*
29	偶蹄目	鹿科	马鹿	*Cervus elaphus*
30			驼鹿	*Cervus alces*
31			驯鹿	*Rangifer tarandus*
32			狍	*Capreolus capreolus*

附录3 内蒙古重点调查湿地概况

本次重点调查湿地159个，其中有国际重要湿地2处，分别为内蒙古达赉湖国家级自然保护区和内蒙古鄂尔多斯遗鸥国家级自然保护区；全区各级湿地自然保护区总计84处。以下对重点调查湿地按从东到西的顺序进行论述，自治区级以上的保护区分国家级和自治区级，自治区级以下级别的保护区不分级别，统称自然保护区。

1. 内蒙古达赉湖国家级自然保护区重点调查湿地

内蒙古达赉湖国家级自然保护区重点调查湿地范围面积74万公顷，湿地面积28.4万公顷，主要湿地类型为河流、淡水湖泊、咸水湖、沼泽和人工湿地。地理坐标为东经116°50′10″～118°10′10″，北纬47°45′50″～49°20′20″；位于呼伦贝尔市，行政区域包括：满洲里、新巴尔虎左旗和新巴尔虎右旗。

湿地高等植物11科25属33种。

湿地植被划分为3个植被型组，7个植被型，23个群系。

脊椎动物21目37科226种。其中，鱼类5目10科76种，两栖类2目4科7种，爬行类1目1科3种，鸟类10目18科123种，哺乳类3目4科17种。

国家重点保护野生动物24种。其中，国家Ⅰ级保护野生动物6种，国家Ⅱ级保护野生动物18种。在国家重点保护野生动物中，湿地鸟类22种，其中国家Ⅰ级保护鸟类6种，国家Ⅱ级保护鸟类16种。

于1990年建立自治区级自然保护区，1992年晋升为国家级自然保护区，受呼伦贝尔市人民政府管理，成立了保护区管理局。

主要受到过度捕捞、过牧威胁。

2. 内蒙古辉河国家级自然保护区重点调查湿地

内蒙古辉河国家级自然保护区重点调查湿地范围面积34.8万公顷，湿地面积10.9万公顷，主要湿地类型为河流、淡水湖泊、咸水湖和沼泽湿地。地理坐标为东经118°48′～119°45′，北纬48°10′～48°57′；位于呼伦贝尔市，行政区域包括：鄂温克族自治旗和新巴尔虎左旗。

湿地高等植物60科146属312种。

湿地植被划分为3个植被型组，7个植被型，23个群系。

脊椎动物22目36科204种。其中，鱼类5目7科57种，两栖类2目4科6种，爬行类1目1科2种，鸟类10目19科118种，哺乳类4目5科21种。

国家重点保护野生动物23种。其中，国家Ⅰ级保护野生动物7种，国家Ⅱ级保护野生动物16种。在国家重点保护野生动物中，湿地鸟类22种，其中国家Ⅰ级保护鸟类7种，国家Ⅱ级保护鸟类15种。

于1999年建立自治区级自然保护区，2002年晋升为国家级自然保护区，受鄂温克族自治旗人民政府管理，成立了保护区管理局。

主要受到过度放牧威胁。

3. 内蒙古额尔古纳湿地自治区级自然保护区重点调查湿地

内蒙古额尔古纳湿地自治区级自然保护区重点调查湿地范围面积9.6万公顷，湿地面积4.6万公顷，主要湿地类型为河流、淡水湖泊和沼泽湿地。地理坐标为东经119°18′00″～120°15′36″，北纬50°09′00″～50°31′12″；位于呼伦贝尔市的额尔古纳市。

湿地高等植物52科137属302种。

湿地植被划分为3个植被型组，7个植被型，23个群系。

脊椎动物20目32科193种。其中，鱼类6目7科72种，两栖类2目4科6种，爬行类1目1科2种，鸟类8目15科96种，哺乳类3目5科17种。

国家重点保护野生动物21种，全部为鸟类。其中，国家Ⅰ级保护鸟类6种，国家Ⅱ级保护鸟类15种。

于2003年建立自治区级自然保护区，受额尔古纳市人民政府管理，成立了保护区管理局。

主要受到过度放牧、开垦威胁。

4. 内蒙古二卡湿地水禽湿地盟市级自然保护区重点调查湿地

内蒙古二卡水禽湿地盟市级自然保护区重点调查湿地范围面积7000公顷，湿地面积6800公顷，主要湿地类型为河流、淡水湖泊、沼泽和人工湿地。地理坐标为东经117°44′~117°52′，北纬49°23′~49°31′；位于呼伦贝尔市的满洲里市。

湿地高等植物52科137属302种。

湿地植被划分为3个植被型组，7个植被型，23个群系。

脊椎动物纲20目35科208种。其中，鱼类6目8科62种，两栖类1目3科5种，爬行类1目1科3种，鸟类9目18科122种，哺乳类3目5科16种。

国家重点保护野生动物27种。其中，国家Ⅰ级保护野生动物8种，国家Ⅱ级保护野生动物19种。在国家重点保护野生动物中，湿地鸟类25种，其中国家Ⅰ级保护鸟类8种，国家Ⅱ级保护鸟类17种。

于1999年建立盟市级自然保护区，受满洲里市环境保护局管理，成立了保护区管理站。

5. 内蒙古海拉尔西山自治区级自然保护区重点调查湿地

内蒙古海拉尔西山自治区级自然保护区重点调查湿地范围面积1.5万公顷，湿地面积800公顷，主要湿地类型为淡水湖泊和沼泽湿地。地理坐标为东经119°30′33″~119°44′25″，北纬49°06′32″~49°16′06″；位于呼伦贝尔市的海拉尔区。

湿地高等植物65科151属317种。

湿地植被划分为4个植被型组，4个植被型，21个群系。

脊椎动物纲16目30科131种。其中，鱼类3目5科21种，两栖类2目3科5种，爬行类1目1科2种，鸟类7目16科86种，哺乳类3目5科17种。

国家重点保护野生动物13种，全部为鸟类。其中，国家Ⅰ级保护鸟类1种，国家Ⅱ级保护鸟类12种。

于2001年建立自治区级自然保护区，受海拉尔区人民政府管理，成立了保护区管理站。

主要受到过度放牧、开垦和城镇扩建威胁。

6. 内蒙古维纳河自治区级自然保护区重点调查湿地

内蒙古维纳河自治区级自然保护区重点调查湿地范围面积18.1万公顷，湿地面积1.8万公顷，主要湿地类型为河流、淡水湖泊和沼泽湿地。地理坐标为东经119°30′33″~119°44′25″，北纬49°06′32″~49°16′06″，位于呼伦贝尔市的鄂温克族自治旗。

湿地高等植物74科191属367种。

湿地植被划分为4个植被型组，6个植被型，8个群系。

脊椎动物20目34科193种。其中，鱼类6目9科71种，两栖类1目3科5种，爬行类2目2科3种，鸟类7目15科98种，哺乳类4目5科16种。

国家重点保护野生动物14种。其中，国家Ⅰ级保护野生动物1种，国家Ⅱ级保护野生动物13种。在国家重点保护野生动物中，湿地鸟类13种，其中国家Ⅰ级保护鸟类1种，国家Ⅱ级保护鸟类12种。

于2000年建立自治区级自然保护区，受鄂温克族自治旗林业局管理，成立了保护区管理站。

主要受到过度放牧、开垦威胁。

7. 内蒙古胡列也吐湿地自然保护区重点调查湿地

内蒙古胡列也吐旗级自然保护区重点调查湿地范围面积7.0万公顷，湿地面积2.3万公顷，主要湿地类型为河流、淡水湖泊和沼泽湿地。地理坐标为东经118°21′56″~118°51′51″，北纬49°36′20″~49°58′05″；位于呼伦贝尔市的陈巴尔虎旗。

湿地高等植物52科137属302种。

湿地植被划分为3个植被型组，8个植被型，50个群系。

脊椎动物纲19目34科158种。其中，鱼类3目6科25种，两栖类2目4科7种，爬行类2目2科5种，鸟类9目17科102种，哺乳类3目5科19种。

国家重点保护野生动物16种，全部为鸟类。其中，国家Ⅰ级保护鸟类5种，国家Ⅱ级保护鸟类11种。

于2000年建立旗级自然保护区，受陈巴尔虎林业局管理，成立了保护区管理站。

主要受到矿产资源开发威胁。

8. 内蒙古诺门罕湿地自然保护区重点调查湿地

内蒙古诺门罕湿地旗级自然保护区重点调查湿地范围面积700公顷，湿地面积300公顷，主要湿地类型为咸水湖泊和沼泽湿地。地理坐标为东经118°46′05″~118°50′30″，北纬47°45′~

47°50′15″；位于呼伦贝尔市的新巴尔虎左旗。

湿地高等植物52科137属302种。

湿地植被划分为3个植被型组，8个植被型，50个群系。

脊椎动物20目35科151种，其中，鱼类5目6科25种，两栖类2目4科7种，爬行类2目3科5种，鸟类7目17科95种，哺乳类4目5科19种。

国家重点保护野生动物15种，全部为鸟类。其中，国家Ⅰ级保护鸟类5种，国家Ⅱ级保护鸟类10种。

于1999年建立旗级自然保护区，受新巴尔虎右旗环境保护局管理，成立了保护区管理站。

主要受到草场过牧威胁。

9. 尼尔基水库重点调查湿地

内蒙古尼尔基水库旗级自然保护区重点调查湿地范围面积1.8万公顷，湿地面积1.8万公顷，主要湿地类型为咸水湖泊和沼泽湿地。地理坐标为东经124°27′～125°40′，北纬48°27′～49°05′；位于呼伦贝尔市的莫力达瓦达斡尔族自治旗。

湿地高等植物57科141属325种。

湿地植被划分为3个植被型组，8个植被型，50个群系。

脊椎动物17目29科133种。其中，鱼类5目8科45种，两栖类2目3科5种，爬行类1目1科2种，鸟类6目12科63种，哺乳类3目5科18种。

国家重点保护野生动物10种，全部为鸟类。其中，国家Ⅰ级保护鸟类3种，国家Ⅱ级保护鸟类7种。

于2002年建立水库，发电厂由松辽委管理，水库及周边由水利局、林业局和农牧局共同管理，成立了保护区管理站。

主要受到草场过牧、垦殖威胁。

10. 额尔古纳河重点调查湿地

额尔古纳河重点调查湿地范围面积6.4万公顷，湿地面积4.5万公顷；主要湿地类型为河流、

淡水湖泊和沼泽湿地。地理坐标为东经117°48′~120°00′，北纬49°29′~51°30′；位于呼伦贝尔市，行政区域包括：额尔古纳市、鄂伦春族自治旗。

湿地高等植物52科137属302种。

湿地植被划分为4个植被型组，9个植被型，50个群系。

脊椎动物20目34科176种。其中，鱼类5目8科45种，两栖类2目3科4种，爬行类2目2科2种，鸟类8目17科109种，哺乳类3目4科16种。

国家重点保护野生动物25种。其中，国家Ⅰ级保护野生动物7种，国家Ⅱ级保护野生动物18种。在国家重点保护野生动物中，湿地鸟类24种，其中国家Ⅰ级保护鸟类7种，国家Ⅱ级保护鸟类17种。

受额尔古纳林业局管理。

无威胁。

11. 海拉尔河重点调查湿地

海拉尔河重点调查湿地范围面积6.4万公顷，湿地面积4.5万公顷，主要湿地类型为河流、淡水湖泊和沼泽湿地。地理坐标为东经117°49′~121°16′，北纬49°08′~49°29′；位于呼伦贝尔市，行政区域包括：牙克石市、海拉尔区、陈巴尔虎旗、新巴尔虎左旗。

湿地高等植物52科137属302种。

湿地植被划分为3个植被型组，8个植被型，50个群系。

脊椎动物19目33科142种。其中，鱼类5目8科45种，两栖类2目3科5种，爬行类1目1科1种，鸟类8目16科76种，哺乳类3目5科15种。

国家重点保护野生动物16种，全部为鸟类。其中，国家Ⅰ级保护鸟类4种，国家Ⅱ级保护鸟类12种。

受呼伦贝尔水利局管理。

主要受到草场过牧、垦殖威胁。

12. 伊敏河重点调查湿地

伊敏河重点调查湿地范围面积6.8万公顷，湿地面积1.8万公顷，主要湿地类型为河流、淡水湖泊和沼泽湿地。地理坐标为东经119°51′~121°06′，北纬32°36′~34°29′；位于呼伦贝尔市，行政区域包括：鄂温克族自治旗和海拉尔区。

湿地高等植物52科137属302种。

湿地植被划分为3个植被型组，8个植被型，50个群系。

脊椎动物22目36科204种。其中，鱼类5目8科45种，两栖类1目3科3种，爬行类2目2科3种，鸟类8目17科97种，哺乳类4目6科19种。

国家重点保护野生动物17种。其中，国家Ⅰ级保护野生动物5种，国家Ⅱ级保护野生动物12种。在国家重点保护野生动物中，湿地鸟类16种，其中国家Ⅰ级保护鸟类5种，国家Ⅱ级保护鸟类11种。

受鄂温克族自治旗林业局主管理。

主要受到草场过牧、垦殖威胁。

13. 库力河重点调查湿地

库力河重点调查湿地范围面积3000公顷，湿地面积3000公顷，主要湿地类型为河流和沼泽湿地。地理坐标为东经120°19′~120°33′，北纬50°04′~50°19′；位于呼伦贝尔市的额尔古纳市。

湿地高等植物52科137属302种。

湿地植被划分为3个植被型组，8个植被型，50个群系。

脊椎动物18目31科136种。其中，鱼类5目8科45种，两栖类2目3科5种，爬行类1目1科2种，鸟类7目14科69种，哺乳类3目5科15种。

国家重点保护野生动物19种，全部为鸟类。其中，国家Ⅰ级保护鸟类4种，国家Ⅱ级保护鸟类15种。

受额尔古纳市林业局主管理。

主要受到草场过牧、垦殖威胁。

14. 乌尔根河重点调查湿地

乌尔根河重点调查湿地范围面积2000公顷，湿地面积2000公顷，主要湿地类型为河流和沼泽湿地。地理坐标为东经120°26′~120°40′，北纬50°23′~50°32′；位于呼伦贝尔市的额尔古纳市。

湿地高等植物52科137属302种。

湿地植被划分为3个植被型组，8个植被型，50个群系。

脊椎动物17目29科119种。其中，鱼类5目8科45种，两栖类1目3科3种，爬行类2目2科3种，鸟类6目12科56种，哺乳类3目4科12种。

国家重点保护野生动物14种，全部为鸟类。其中，国家Ⅰ级保护鸟类3种，国家Ⅱ级保护鸟类11种。

受额尔古纳市林业局主管理。

主要受到草场过牧、垦殖威胁。

15. 乌耶勒格其河重点调查湿地

乌耶勒格其河重点调查湿地范围面积1000公顷，湿地面积1000公顷，主要湿地类型为河流和沼泽湿地。地理坐标为东经120°26′~120°40′，北纬50°23′~50°32′；位于呼伦贝尔市的额尔古纳市。

湿地高等植物52科137属302种。

湿地植被划分为3个植被型组，8个植被型，50个群系。

脊椎动物22目37科173种。其中，鱼类5目8科45种，两栖类1目4科6种，爬行类2目2科4种，鸟类10目18科201种，哺乳类4目5科17种。

国家重点保护野生动物21种，全部为鸟类。其中，国家Ⅰ级保护鸟类6种，国家Ⅱ级保护鸟类15种。

受额尔古纳市林业局主管理。

主要受到草场过牧、垦殖威胁。

16. 额根河重点调查湿地

额根河重点调查湿地范围面积4000公顷，湿地面积3000公顷，主要湿地类型为河流和沼泽湿地。地理坐标为东经120°49′~120°58′，北纬50°11′~50°22′；位于呼伦贝尔市的额尔古纳市。

湿地高等植物52科137属302种。

湿地植被划分为3个植被型组，8个植被型，50个群系。

脊椎动物21目35科142种，其中，鱼类5目8科45种，两栖类1目4科5种，爬行类2目2科4种，鸟类8目15科75种，哺乳类5目6科13种。

国家重点保护野生动物21种，全部为鸟类。其中，国家Ⅰ级保护鸟类5种，国家Ⅱ级保护鸟类16种。

受额尔古纳市林业局主管理。

主要受到草场过牧、垦殖威胁。

17. 保安河重点调查湿地

保安河重点调查湿地范围面积3000公顷，湿地面积3000公顷，主要湿地类型为河流和沼泽湿地。地理坐标为东经119°55′~120°24′，北纬50°27′~50°32′；位于呼伦贝尔市的额尔古纳市。

湿地高等植物52科137属302种。

湿地植被划分为3个植被型组，8个植被型，50个群系。

脊椎动物21目35科164种。其中，鱼类5目8科45种，两栖类1目3科4种，爬行类2目2科3种，鸟类9目17科92种，哺乳类4目5科20种。

国家重点保护野生动物19种，全部为鸟类。其中，国家Ⅰ级保护鸟类6种，国家Ⅱ级保护鸟类13种。

受额尔古纳市林业局主管理。

无威胁。

18. 得尔布耳河重点调查湿地

得尔布耳河重点调查湿地范围面积1.0万公顷，湿地面积1.0万公顷，主要湿地类型为河流和沼泽湿地。地理坐标为东经119°15′~120°28′，北纬50°10′~50°43′；位于呼伦贝尔市的额尔古纳市。

湿地高等植物52科137属302种。

湿地植被划分为3个植被型组，8个植被型，50个群系。

脊椎动物20目33科149种。其中，鱼类5目8科45种，两栖类1目3科4种，爬行类1目1科2种，鸟类8目15科83种，哺乳类5目6科15种。

国家重点保护野生动物15种，全部为鸟类。其中，国家Ⅰ级保护鸟类5种，国家Ⅱ级保护鸟类10种。

受额尔古纳市林业局主管理。

无威胁。

19. 吉尔布干河重点调查湿地

吉尔布干河重点调查湿地范围面积1.0万公顷，湿地面积1.0万公顷，主要湿地类型为河流和沼泽湿地。地理坐标为东经120°15′~121°00′，北纬58°43′~51°10′；位于呼伦贝尔市的额尔古纳市。

湿地高等植物52科137属302种。

湿地植被划分为3个植被型组，8个植被型，50个群系。

脊椎动物18目32科125种。其中，鱼类5目8科45种，两栖类1目3科4种，爬行类1目1科2种，鸟类7目15科57种，哺乳类4目5科17种。

国家重点保护野生动物17种，全部为鸟类。其中，国家Ⅰ级保护鸟类4种，国家Ⅱ级保护鸟类13种。

受额尔古纳市林业局主管理。

无威胁。

20. 哈乌尔河重点调查湿地

哈乌尔河重点调查湿地范围面积5000公顷，湿地面积5000公顷，主要湿地类型为河流和沼泽湿地。地理坐标为东经119°34′~120°01′，北纬50°29′~50°57′；位于呼伦贝尔市的额尔古纳市。

湿地高等植物52科137属302种。

湿地植被划分为3个植被型组，8个植被型，50个群系。

脊椎动物21目33科152种。其中，鱼类5目8科45种，两栖类1目2科3种，爬行类2目2科3种，鸟类9目16科85种，哺乳类4目5科16种。

国家重点保护野生动物18种，全部为鸟类。其中，国家Ⅰ级保护鸟类3种，国家Ⅱ级保护鸟类15种。

受额尔古纳市林业局主管理。

无威胁。

21. 根河重点调查湿地

根河重点调查湿地范围面积1.3万公顷，湿地面积1.1万公顷，主要湿地类型为河流和沼泽湿地。地理坐标为东经120°14′~120°57′，北纬50°18′~50°28′；位于呼伦贝尔市，行政区包括：根河市和额尔古纳市。

湿地高等植物52科137属302种。

湿地植被划分为3个植被型组，8个植被型，50个群系。

脊椎动物18目29科145种。其中，鱼类5目8科45种，两栖类1目3科4种，爬行类2目2科3种，鸟类7目12科81种，哺乳类3目4科12种。

国家重点保护野生动物17种，全部为鸟类。其中，国家Ⅰ级保护鸟类5种，国家Ⅱ级保护鸟类12种。

受额尔古纳市林业局主管理。

无威胁。

22. 雅鲁河重点调查湿地

雅鲁河重点调查湿地范围面积7000公顷，湿地面积6000公顷，主要湿地类型为河流和沼泽湿地。地理坐标为东经121°37′~122°51′，北纬47°40′~48°43′；位于呼伦贝尔市的扎兰屯市。

湿地高等植物52科137属302种。

湿地植被划分为3个植被型组，8个植被型，50个群系。

脊椎动物17目24科93种。其中，鱼类4目5科7种，两栖类1目2科4种，爬行类1目1科2种，鸟类8目12科69种，哺乳类3目4科11种。

国家重点保护野生动物19种，全部为鸟类。其中，国家Ⅰ级保护鸟类6种，国家Ⅱ级保护鸟类13种。

受扎兰屯市林业局、巴林林业局、南木林业局分段管理。

主要受到受过牧、垦殖威胁。

23. 阿木牛河重点调查湿地

阿木牛河重点调查湿地范围面积3000公顷，湿地面积3000公顷，主要湿地类型为河流和沼泽湿地。地理坐标为东经121°34′~122°16′，北纬48°11′~48°13′；位于呼伦贝尔市的扎兰屯市。

湿地高等植物52科137属302种。

湿地植被划分为3个植被型组，8个植被型，50个群系。

脊椎动物22目36科204种。其中，鱼类4目5科7种，两栖类1目2科4种，爬行类1目1科2种，鸟类8目15科75种，哺乳类4目5科17种。

国家重点保护野生动物17种，全部为鸟类。其中，国家Ⅰ级保护鸟类5种，国家Ⅱ级保护鸟类12种。

受南木林业局管理。

主要受到受过牧、垦殖威胁。

24. 柴河重点调查湿地

柴河重点调查湿地范围面积1000公顷，湿地面积1000公顷，主要湿地类型为河流和沼泽湿地。地理坐标为东经120°51′~121°15′，北纬47°32′~47°36′；位于呼伦贝尔市的扎兰屯市。

湿地高等植物52科137属302种。

湿地植被划分为3个植被型组，8个植被型，50个群系。

脊椎动物16目24科110种。其中，鱼类3目4科4种，两栖类1目2科2种，爬行类1目1科2种，鸟类8目13科86种，哺乳类3目4科16种。

国家重点保护野生动物16种，全部为鸟类。其中，国家Ⅰ级保护鸟类4种，国家Ⅱ级保护鸟类12种。

受柴河林业局管理。

主要受到受过牧、垦殖威胁。

25. 固里河重点调查湿地

固里河重点调查湿地范围面积4000公顷，湿地面积3000公顷，主要湿地类型为河流和沼泽湿地。地理坐标为东经121°19′~121°39′，北纬47°30′~47°43′；位于呼伦贝尔市的扎兰屯市。

湿地高等植物52科137属302种。

湿地植被划分为3个植被型组，8个植被型，50个群系。

脊椎动物19目30科128种。其中，鱼类3目4科4种，两栖类1目2科2种，爬行类1目1科2种，鸟类9目17科102种，哺乳类5目6科18种。

国家重点保护野生动物21种，全部为鸟类。其中，国家Ⅰ级保护鸟类5种，国家Ⅱ级保护鸟类16种。

受柴河林业局管理。

主要受到受过牧、垦殖威胁。

26. 阿伦河重点调查湿地

阿伦河重点调查湿地范围面积1.6万公顷，湿地面积8000公顷，主要湿地类型为河流和沼泽湿地。地理坐标为东经122°30′~123°33′，北纬48°03′~48°42′；位于呼伦贝尔市的阿荣旗。

湿地高等植物52科137属302种。

湿地植被划分为4个植被型组，

9个植被型，50个群系。

脊椎动物18目29科115种。其中，鱼类3目4科4种，两栖类1目2科2种，爬行类1目1科2种，鸟类8目16科92种，哺乳类5目6科15种。

国家重点保护野生动物23种，全部为鸟类。其中，国家Ⅰ级保护鸟类6种，国家Ⅱ级保护鸟类17种。

受阿荣旗林业局管理。

主要受到受过牧、垦殖威胁。

27. 诺敏河重点调查湿地

诺敏河重点调查湿地范围面积4.8万公顷，湿地面积1.3万公顷，主要湿地类型为河流和沼泽湿地。地理坐标为东经123°15′~125°40′，北纬48°30′~49°05′；位于呼伦贝尔市，行政区域包括：鄂伦春族自治旗和莫力达瓦达斡尔族自治旗。

湿地高等植物52科137属302种。

湿地植被划分为4个植被型组，9个植被型，50个群系。

脊椎动物19目32科150种。其中，鱼类5目8科45种，两栖类1目3科5种，爬行类1目1科2种，鸟类8目15科79种，哺乳类4目5科19种。

国家重点保护野生动物18种，全部为鸟类。其中，国家Ⅰ级保护鸟类5种，国家Ⅱ级保护鸟类13种。

受莫力达瓦达斡尔族自治旗林业局、农牧局共同管理。

主要受到受过牧、垦殖威胁。

28. 甘河重点调查湿地

甘河重点调查湿地范围面积1.9万公顷，湿地面积6000公顷，主要湿地类型为河流和沼泽湿地。地理坐标为东经124°5′~125°40′，北纬49°10′~49°40′；位于呼伦贝尔市的鄂伦春族自治旗。

湿地高等植物52科137属302种。

湿地植被划分为4个植被型组，

9 个植被型，50 个群系。

脊椎动物 18 目 27 科 138 种。其中，鱼类 5 目 8 科 45 种，两栖类 1 目 2 科 3 种，爬行类 1 目 1 科 2 种，鸟类 8 目 12 科 73 种，哺乳类 3 目 4 科 15 种。

国家重点保护野生动物 16 种，全部为鸟类。其中，国家Ⅰ级保护鸟类 4 种，国家Ⅱ级保护鸟类 12 种。

受鄂伦春族自治旗林业局管理。

主要受到受过牧、垦殖威胁。

29. 欧肯河重点调查湿地

甘河重点调查湿地范围面积 2000 公顷，湿地面积 2000 公顷，主要湿地类型为河流和沼泽湿地。地理坐标为东经 124°46′～125°06′，北纬49°44′～49°54′；位于呼伦贝尔市的鄂伦春族自治旗。

湿地高等植物 52 科 137 属 302 种。

湿地植被划分为 4 个植被型组，9 个植被型，50 个群系。

脊椎动物 22 目 36 科 172 种。其中，鱼类 5 目 8 科 45 种，两栖类 1 目 2 科 2 种，爬行类 2 目 2 科 3 种，鸟类 9 目 18 科 101 种，哺乳类 5 目 6 科 21 种。

国家重点保护野生动物 16 种，全部为鸟类。其中，国家Ⅰ级保护鸟类 5 种，国家Ⅱ级保护鸟类 11 种。

受鄂伦春族自治旗林业局管理。

主要受到受过牧、垦殖威胁。

30. 格尼河重点调查湿地

甘河重点调查湿地范围面积 1.6 万公顷，湿地面积 1.2 万公顷，主要湿地类型为河流和沼泽湿地。地理坐标为东经 123°03′～124°13′，北纬 48°29′～49°02′；位于呼伦贝尔市的阿荣旗。

湿地高等植物 52 科 137 属 302 种。

湿地植被划分为 4 个植被型组，9 个植被型，50 个群系。

脊椎动物 17 目 26 科 131 种。其中，鱼类 5 目 8 科 45 种，两栖类 1 目

2 科 3 种，爬行类 1 目 1 科 2 种，鸟类 7 目 11 科 69 种，哺乳类 3 目 4 科 12 种。

国家重点保护野生动物 25 种，全部为鸟类。其中，国家Ⅰ级保护鸟类 8 种，国家Ⅱ级保护鸟类 17 种。

受阿荣旗林业局、水务局、环保局、农业局、畜牧局等共同管理。

主要受到受过牧、垦殖威胁。

31. 内蒙古科尔沁国家级自然保护区重点调查湿地

内蒙古科尔沁国家级自然保护区重点调查湿地范围面积 12.7 万公顷，湿地面积 1.8 万公顷，主要湿地类型为河流、湖泊和沼泽湿地。地理坐标为东经 121°40′25″ ~ 122°13′59″，北纬 44°51′22″ ~ 45°17′21″；位于兴安盟的科尔沁右翼中旗。

湿地高等植物 65 科 156 属 358 种。

湿地植被划分为 4 个植被型组，9 个植被型，45 个群系。

脊椎动物 23 目 38 科 146 种。其中，鱼类 8 目 10 科 28 种，两栖类 1 目 4 科 7 种，爬行类 2 目 2 科 5 种，鸟类 8 目 17 科 92 种，哺乳类 4 目 5 科 14 种。

国家重点保护野生动物 22 种。其中，国家Ⅰ级保护野生动物 5 种，国家Ⅱ级保护野生动物 17 种。在国家重点保护野生动物中，湿地鸟类 21 种，其中国家Ⅰ级保护鸟类 5 种，国家Ⅱ级保护鸟类 16 种。

受科尔沁右翼中旗人民政府管理，成立了内蒙古科尔沁国家级自然保护区管理局

主要受到受过牧、垦殖威胁。

32. 内蒙古图牧吉国家级自然保护区重点调查湿地

内蒙古土牧吉国家级自然保护区重点调查湿地范围面积 9.5 万公顷，湿地面积 2.2 万公顷，主要湿地类型为湖泊、沼泽和人工湿地。地理坐标为东经 122°45′48″ ~ 123°10′18″，北纬 46°04′07″ ~ 46°24′57″；位于兴安盟的扎赉特旗。

湿地高等植物 54 科 141 属 315 种。

湿地植被划分为3个植被型组，5个植被型，13个群系。

脊椎动物22目35科149种。其中，鱼类6目9科20种，两栖类1目2科4种，爬行类2目2科4种，鸟类9目16科102种，哺乳类4目6科19种。

国家重点保护野生动物20种，全部为鸟类。其中，国家Ⅰ级保护鸟类3种，国家Ⅱ级保护鸟类17种。

受扎赉特旗人民政府管理，成立了内蒙古土牧吉国家级自然保护区管理局。

主要受到受过牧、垦殖威胁。

33. 内蒙古乌力呼舒自治区级自然保护区重点调查湿地

内蒙古乌力呼舒自治区级自然保护区重点调查湿地范围面积3.9万公顷，湿地面积1.5万公顷，主要湿地类型为河流、湖泊和沼泽湿地。地理坐标为东经121°48′29″～122°17′13″，北纬44°23′54″～44°38′05″；位于兴安盟的科尔沁右翼中旗。

湿地高等植物64科160属236种。

湿地植被划分为4个植被型组，7个植被型，12个群系组和17个群系。

脊椎动物21目33科129种。其中，鱼类8目10科28种，两栖类1目2科4种，爬行类1目1科3种，鸟类7目15科81种，哺乳类4目5科13种。

国家重点保护野生动物17种，全部为鸟类。其中，国家Ⅰ级保护鸟类4种，国家Ⅱ级保护鸟类13种。

受科尔沁右翼中旗人民政府管理，成立了内蒙古乌力呼舒自治区级自然保护区管理局。

主要受到过牧、垦殖威胁。

34. 内蒙古绰尔河湿地自然保护区重点调查湿地

内蒙古绰尔河湿地自然保护区重点调查湿地范围面积5.3万公顷，湿地面积1.6万公顷，主要湿地类型为河流和沼泽湿地。地理坐标为东经121°37′10″～123°38′05″，北纬46°42′24″～47°10′36″；位于兴安盟的扎赉特旗。

湿地高等植物54科141属315种。

湿地植被划分为4个植被型组，8个植被型，14个群系组和21个群系。

脊椎动物22目36科172种。其中，鱼类7目14科69种，两栖类2目4科6种，爬行类2目2科4种，鸟类9目16科112种，哺乳类5目6科25种。

国家重点保护野生动物20种。其中，国家Ⅰ级保护野生动物3种，国家Ⅱ级保护野生动物17种。在国家重点保护野生动物中，湿地鸟类18种，其中国家Ⅰ级保护鸟类3种，国家Ⅱ级保护鸟类15种。

受扎赉特旗人民政府管理，成立了内蒙古绰尔河湿地自然保护区管理局。

主要受到过牧、垦殖威胁。

35. 内蒙古都尔本新草甸、沼泽湿地自然保护区重点调查湿地

内蒙古都尔本新草甸、沼泽湿地自然保护区重点调查湿地范围面积3.9万公顷，湿地面积

1.5万公顷，主要湿地类型为河流和沼泽湿地。地理坐标为东经123°25′01″~123°31′13″，北纬46°51′36″~46°57′24″；位于兴安盟的科尔沁右翼中旗。

湿地高等植物64科121属275种。

湿地植被划分为4个植被型组，7个植被型，12个群系组和17个群系。

脊椎动物21目30科117种。其中，鱼类8目10科28种，两栖类1目2科4种，爬行类1目1科3种，鸟类7目12科67种，哺乳类4目5科14种。

国家重点保护野生动物19种，全部为鸟类。其中，国家Ⅰ级保护鸟类4种，国家Ⅱ级保护鸟类15种。

受科尔沁右翼中旗环境保护局管理。

主要受到过牧、垦殖威胁。

36. 内蒙古自治区白狼国家湿地公园重点调查湿地

内蒙古自治区白狼湿地公园重点调查湿地范围面积1.5万公顷，湿地面积900公顷，主要湿地类型为河流和沼泽湿地。地理坐标为东经120°02′36″~120°16′24″，北纬47°03′14″~47°10′04″；位于兴安盟的科尔沁右前旗。

湿地高等植物64科143属236种。

湿地植被划分为4个植被型组，7个植被型，12个群系组和17个群系。

脊椎动物20目32科150种。其中，鱼类2目5科7种，两栖类1目2科4种，爬行类1目1科3种，鸟类10目17科113种，哺乳类6目7科23种。

国家重点保护野生动物23种。其中，国家Ⅰ级保护野生动物5种，国家Ⅱ级保护野生动物18种。在国家重点保护野生动物中，湿地鸟类20种，其中国家Ⅰ级保护鸟类5种，国家Ⅱ级保护鸟类15种。

受白狼林业局管理，成立了内蒙古自治区白狼湿地公园管理站。

主要受到过牧、垦殖威胁。

37. 内蒙古五岔沟湿地自然保护区重点调查湿地

内蒙古五岔沟湿地自然保护区重点调查湿地范围面积2.8万公顷，湿地面积3000公顷，主要湿地类型为河流和沼泽湿地。地理坐标为东经121°01′12″~121°23′25″，北纬46°55′11″~47°05′18″；位于兴安盟的科尔沁右前旗。

湿地高等植物64科143属236种。

湿地植被划分为4个植被型组，7个植被型，12个群系组和17个群系。

脊椎动物16目30科124种，其中，鱼类2目5科7种，两栖类2目4科7种，爬行类1目1科2种，鸟类7目13科92种，哺乳类4目7科16种。

国家重点保护野生动物13种，全部为鸟类。其中，国家Ⅰ级保护鸟类1种，国家Ⅱ级保护鸟类12种。

受五岔沟林业局管理，成立了内蒙古五岔沟湿地自然保护区管理站。

主要受到过牧、垦殖威胁。

38. 内蒙古索伦河流、草甸湿地保护区重点调查湿地

内蒙古索伦河流、草甸湿地自然保护区重点调查湿地范围面积1.0万公顷，湿地面积1000公顷，主要湿地类型为河流和沼泽湿地。地理坐标为东经120°58′48″～121°11′27″，北纬46°45′43″～46°52′15″；位于兴安盟的科尔沁右前旗。

湿地高等植物64科143属236种。

湿地植被划分为4个植被型组，7个植被型，12个群系组和17个群系。

脊椎动物16目30科124种。其中，鱼类2目5科7种，两栖类2目4科7种，爬行类1目1科2种，鸟类7目13科92种，哺乳类4目7科16种。

国家重点保护野生动物13种，全部为鸟类。其中，国家Ⅰ级保护鸟类1种，国家Ⅱ级保护鸟类12种。

受科尔沁右翼前环境保护局管理。

主要受到过牧、垦殖威胁。

39. 内蒙古乌兰河自然保护区重点调查湿地

内蒙古乌兰河自然保护区重点调查湿地范围面积2.5万公顷，湿地面积5000公顷，主要湿地类型为河流和沼泽湿地。地理坐标为东经120°02′57″～120°28′32″，北纬46°03′31″～46°17′09″；位于兴安盟的科尔沁右前旗。

湿地高等植物64科143属236种。

湿地植被划分为4个植被型组，7个植被型，12个群系组和17个群系。

脊椎动物14目26科115种。其中，鱼类2目4科10种，两栖类1目3科4种，爬行类2目2科3种，鸟类6目12科83种，哺乳类3目5科15种。

国家重点保护野生动物16种，全部为鸟类。其中，国家Ⅰ级保护鸟类1种，国家Ⅱ级保护鸟类15种。

受科尔沁右翼前环境保护局管理。

主要受到过牧、垦殖威胁。

40. 内蒙古洮儿河、归流河河流湿地保护小区重点调查湿地

内蒙古洮儿河、归流河河流湿地自然保护小区重点调查湿地范围面积1000公顷，湿地面积1000公顷，主要湿地类型为河流和沼泽湿地。地理坐标为东经121°57′23″~122°07′06″，北纬46°00′57″~46°09′09″；位于兴安盟乌兰浩特市。

湿地高等植物64科143属236种。

湿地植被划分为4个植被型组，7个植被型，12个群系组和17个群系。

脊椎动物14目26科115种。其中，鱼类2目4科10种，两栖类1目3科4种，爬行类2目2科3种，鸟类6目12科83种，哺乳类3目5科15种。

国家重点保护野生动物16种，全部为鸟类。其中，国家Ⅰ级保护鸟类1种，国家Ⅱ级保护鸟类15种。

受乌兰浩特市林业局管理。

主要受到过牧、垦殖威胁。

41. 内蒙古荷叶花湿地水禽自治区级自然保护区重点调查湿地

内蒙古荷叶花湿地水禽自治区级自然保护区重点调查湿地范围面积5.3万公顷，湿地面积7000公顷，主要湿地类型为河流、湖泊和沼泽湿地。地理坐标为东经121°14′37″~121°38′18″，北纬44°17′49″~44°39′36″；位于通辽市扎鲁特旗。

湿地高等植物64科143属236种。

湿地植被划分为4个植被型组，7个植被型，12个群系组和17个群系。

脊椎动物16目27科145种。其中，鱼类2目4科10种，两栖类1目2科4种，爬行类1目

1科3种，鸟类9目16科112种，哺乳类3目4科16种。

国家重点保护野生动物21种，全部为鸟类。其中，国家Ⅰ级保护鸟类5种，国家Ⅱ级保护鸟类16种。

受通辽市林业局管理，成立了内蒙古荷叶花湿地水禽自然保护区管理局。

主要受到过牧、垦殖威胁。

42. 内蒙古罕山自治区级自然保护区重点调查湿地

内蒙古罕山自治区级自然保护区重点调查湿地范围面积9.1万公顷，湿地面积1000公顷，主要湿地类型为河流和沼泽湿地。地理坐标为东经119°33′～120°09′，北纬45°00′～45°26′；位于通辽市扎鲁特旗。

湿地高等植物79科167属322种。

湿地植被划分为4个植被型组，7个植被型，12个群系组和17个群系。

脊椎动物17目26科108种。其中，鱼类2目2科3种，两栖类1目2科4种，爬行类1目1科2种，鸟类8目14科76种，哺乳类5目7科23种。

国家重点保护野生动物23种。其中，国家Ⅰ级保护野生动物5种，国家Ⅱ级保护野生动物18种。在国家重点保护野生动物中，湿地鸟类21种，其中国家Ⅰ级保护鸟类5种，国家Ⅱ级保护鸟类16种。

受通辽市林业局管理，成立了内蒙古罕山自然保护区管理局。

主要受到过牧、垦殖威胁。

43. 哈日朝鲁宽甸子湿地重点调查湿地

内蒙古哈日朝鲁宽甸子湿地重点调查湿地范围面积1000公顷，湿地面积500公顷，主要湿地类型为河流和沼泽湿地。地理位置：哈日朝鲁宽甸子湿地位于保护区位于通辽市扎鲁特旗鲁北镇境内，距鲁北镇30公里，西北与乌日根塔拉农场接壤，东与乌日根塔拉四分场接壤，南与毛都毗邻。

湿地高等植物64科143属236种。

湿地植被划分为4个植被型组，7个植被型，12个群系组和17个群系。

脊椎动物21目30科130种。其中，鱼类8目10科28种，两栖类1目2科4种，爬行类1目1科2种，鸟类7目11科79种，哺乳类4目6科17种。

国家重点保护野生动物19种，全部为鸟类。其中，国家Ⅰ级保护鸟类5种，国家Ⅱ级保护鸟类14种。

受扎鲁特旗林业局管理。

主要受到过牧、垦殖威胁。

44. 内蒙古三泡子湿地自然保护区重点调查湿地

内蒙古三泡子湿地自然保护区重点调查湿地范围面积2000公顷，湿地面积500公顷，主要湿地类型为湖泊和沼泽湿地。地理坐标为东经119°20′17″～119°26′44″，北纬45°23′06″～45°24′26″；位于通辽市霍林河市。

湿地高等植物64科143属236种。

湿地植被划分为4个植被型组，7个植被型，12个群系组和17个群系。

脊椎动物21目30科130种。其中，鱼类8目10科28种，两栖类1目2科4种，爬行类1目1科2种，鸟类7目11科79种，哺乳类4目6科17种。

国家重点保护野生动物19种，全部为鸟类。其中，国家Ⅰ级保护鸟类5种，国家Ⅱ级保护鸟类14种。

受霍林河市林业局管理。

主要受到过牧威胁。

45. 内蒙古莫力庙水库自然保护区重点调查湿地

内蒙古莫力庙水库自然保护区重点调查湿地范围面积4000公顷，湿地面积2000公顷，主要湿地类型为湖泊和沼泽湿地。地理坐标为东经121°40′～121°49′，北纬43°30′～43°33′；位于通辽市科尔沁区。

湿地高等植物64科143属236种。

湿地植被划分为4个植被型组，7个植被型，12个群系组和17个群系。

脊椎动物21目30科130种。其中，鱼类8目10科28种，两栖类1目2科4种，爬行类1目1科2种，鸟类7目11科79种，哺乳类4目6科17种。

国家重点保护野生动物19种，全部为鸟类。其中，国家Ⅰ级保护鸟类5种，国家Ⅱ级保护鸟类14种。

受科尔沁区水务局管理，成立了内蒙古莫力庙水库管理站。

主要受到过牧威胁。

46. 内蒙古小塔子水库自然保护区重点调查湿地

内蒙古小塔子水库自然保护区重点调查湿地范围面积2000公顷，湿地面积800公顷，主要湿地类型为湖泊和沼泽湿地。地理坐标为东经120°43′~120°46′，北纬43°22′~43°24′；位于通辽市科尔沁区。

湿地高等植物64科143属236种。

湿地植被划分为4个植被型组，7个植被型，12个群系组和17个群系。

脊椎动物21目30科130种。其中，鱼类8目10科28种，两栖类1目2科4种，爬行类1目1科2种，鸟类7目11科79种，哺乳类4目6科17种。

国家重点保护野生动物19种，全部为鸟类。其中，国家Ⅰ级保护鸟类5种，国家Ⅱ级保护鸟类14种。

受科尔沁区水务局管理，成立了小塔子水库管理站。

主要受到过牧威胁。

47. 内蒙古塔拉干水库自然保护区重点调查湿地

内蒙古塔拉干水库自然保护区重点调查湿地范围面积5000公顷，湿地面积1000公顷，主要湿地类型为湖泊和沼泽湿地。地理坐标为东经120°25′~121°52′，北纬43°10′~44°10′；位于通辽市开鲁县。

湿地高等植物64科143属236种。

湿地植被划分为4个植被型组，7个植被型，12个群系组和17个群系。

脊椎动物21目30科130种。其中，鱼类8目10科28种，两栖类1目2科4种，爬行类1目1科2种，鸟类7目11科79种，哺乳类4目6科17种。

国家重点保护野生动物19种，全部为鸟类。其中，国家Ⅰ级保护鸟类5种，国家Ⅱ级保护鸟类14种。

于1999年建立县级自然保护区，受开鲁县水务局管理，成立了塔拉干水库管理站。

主要受到过牧、垦殖威胁。

48. 内蒙古孟家段水库自然保护区重点调查湿地

内蒙古孟家段水库自然保护区重点调查湿地范围面积9000公顷，湿地面积3000公顷，主要湿地类型为湖泊和沼泽湿地。地理位置：位于通辽市奈曼旗八仙筒镇北23公里，是西辽河苏家堡枢纽引水的大型旁侧平原沙漠水库，是西辽河防洪体系重要骨干工程之一。

湿地高等植物64科143属236种。

湿地植被划分为4个植被型组，7个植被型，12个群系组和17个群系。

脊椎动物17目28科143种。其中，鱼类3目4科8种，两栖类1目2科4种，爬行类1目1科2种，鸟类8目16科116种，哺乳类4目5科13种。

国家重点保护野生动物19种，全部为鸟类。其中，国家Ⅰ级保护鸟类5种，国家Ⅱ级保护鸟类14种。

于2000年建立旗级自然保护区，受奈曼旗水务局管理，管成立了孟家段水库管理站。

主要受到过牧、垦殖威胁。

49. 内蒙古舍利虎水库自然保护区重点调查湿地

内蒙古舍利虎水库自然保护区重点调查湿地范围面积5000公顷，湿地面积1000公顷，主要湿地类型为人工湿地。地理坐标为东经120° 29′ ~ 120° 39′，北纬42°44′ ~ 42°47′；位于通辽市奈曼旗。

湿地高等植物64科143属236种。

湿地植被划分为4个植被型组，7个植被型，12个群系组和17个群系。

脊椎动物17目28科143种。其中，鱼类3目4科8种，两栖类1目2科4种，爬行类1目1科2种，鸟类8目16科116种，哺乳类4目5科13种。

国家重点保护野生动物19种，全部为鸟类。其中，国家Ⅰ级保护鸟类5种，国家Ⅱ级保护鸟类14种。

于1999年建立旗级自然保护区。受奈曼旗水务局管理，成立了舍利虎水库管理站。

主要受到过牧、垦殖威胁。

50. 内蒙古呼和车勒湿地自然保护区重点调查湿地

内蒙古呼和车勒湿地自然保护区重点调查湿地范围面积3000公顷，湿地面积200公顷，主要湿地类型为人工湿地。地理位置：位于通辽市奈曼旗八仙筒镇北，北与孟家段水库相邻。

湿地高等植物64科143属236种。

湿地植被划分为4个植被型组，7个植被型，12个群系组和17个群系。

脊椎动物17目28科143种。其中，鱼类3目4科8种，两栖类1目2科4种，爬行类1目1科2种，鸟类8目16科116种，哺乳类4目5科13种。

国家重点保护野生动物19种，全部为鸟类。其中，国家Ⅰ级保护鸟类5种，国家Ⅱ级保护鸟类14种。

于2006年建立旗级自然保护区，受奈曼林业局管理。

主要受到过牧、垦殖威胁。

51. 内蒙古哈日干图响水泉自然保护区重点调查湿地

内蒙古哈日干图响水泉自然保护区重点调查湿地范围面积100公顷，湿地面积15公顷，主要湿地类型为人工湿地。中心地理坐标为东经121°07′，北纬42°32′；位于通辽市奈曼旗。

湿地高等植物64科143属236种。

湿地植被划分为4个植被型组，7个植被型，12个群系组和17个群系。

脊椎动物17目28科143种。其中，鱼类3目4科8种，两栖类1目2科4种，爬行类1目1科2种，鸟类8目16科116种，哺乳类4目5科13种。

国家重点保护野生动物19种，全部为鸟类。其中，国家Ⅰ级保护鸟类5种，国家Ⅱ级保护鸟类14种。

于2006年建立旗级自然保护区，受奈曼林业局管理。

主要受到过牧、垦殖威胁。

52. 石碑水库重点调查湿地

石碑水库重点调查湿地范围面积100公顷，湿地面积38公顷，主要湿地类型为人工湿地。地理坐标为东经120°31′20″~120°36′12″，北纬42°51′23″~42°53′10″；位于通辽市奈曼旗。

湿地高等植物64科143属236种。

湿地植被划分为4个植被型组，7个植被型，12个群系组和17个群系。

脊椎动物17目28科143种。其中，鱼类3目4科8种，两栖类1目2科4种，爬行类1目1科2种，鸟类8目16科116种，哺乳类4目5科13种。

国家重点保护野生动物19种，

全部为鸟类。其中，国家Ⅰ级保护鸟类5种，国家Ⅱ级保护鸟类14种。

受奈曼水务局管理，成立了石碑水库管理站。

主要受到过牧、垦殖威胁。

53. 内蒙古荷花湖自然保护区重点调查湿地

内蒙古荷花湖自然保护区重点调查湿地范围面积3000公顷，湿地面积91公顷，主要湿地类型为人工湿地。地理位置：位于通辽市库伦旗境内，距库伦镇西13公里，养蓄牧河北岸。

湿地高等植物64科143属236种。

湿地植被划分为4个植被型组，7个植被型，12个群系组和17个群系。

脊椎动物17目28科143种。其中，鱼类3目4科8种，两栖类1目2科4种，爬行类1目1科2种，鸟类8目16科116种，哺乳类4目5科13种。

国家重点保护野生动物19种，全部为鸟类。其中，国家Ⅰ级保护鸟类5种，国家Ⅱ级保护鸟类14种。

于2002年建立旗级自然保护区，受库伦旗林业局管理。

主要受到过牧、垦殖威胁。

54. 漠河沟水库重点调查湿地

漠河沟水库重点调查湿地范围面积500公顷，湿地面积100公顷，主要湿地类型为人工湿地。地理位置：漠河沟水库位于通辽市库伦旗。是柳河一级支流养畜牧河上游的一座拦河水库。

湿地高等植物64科143属236种。

湿地植被划分为4个植被型组，7个植被型，12个群系组和17个群系。

脊椎动物17目28科143种。其中，鱼类3目4科8种，两栖类1目2科4种，爬行类1目1科2种，鸟类8目16科116种，哺乳类4目5科13种。

国家重点保护野生动物19种，全部为鸟类。其中，国家Ⅰ级保护鸟类5种，国家Ⅱ级保护鸟类14种。

受库伦旗水务管理局管理，成立了漠河沟水库管理站。

主要受到过牧、垦殖威胁。

55. 内蒙古海力锦湿地旗级自然保护区重点调查湿地

内蒙古海力锦湿地旗级自然保护区重点调查湿地范围面积3.9万公顷，湿地面积3.8万公顷，主要湿地类型为湖泊、沼泽和人工湿地。地理位置：位于通辽市科尔沁左翼中旗北部，横跨海力锦苏木、代力吉镇、哈日干吐和团结乡，北接吉林省通榆县和兴安盟科尔沁右翼中旗。

湿地高等植物64科143属236种。

湿地植被划分为4个植被型组，7个植被型，12个群系组和17个群系。

脊椎动物17目28科143种。其中，鱼类3目4科8种，两栖类1目2科4种，爬行类1目1科2种，鸟类8目16科116种，哺乳类4目5科13种。

国家重点保护野生动物19种，全部为鸟类。其中，国家Ⅰ级保护鸟类5种，国家Ⅱ级保护鸟类14种。

于2005年建立旗级自然保护区，受科尔沁左翼中旗林业局管理。

主要受到过牧、垦殖威胁。

56. 内蒙古大青沟国家级自然保护区重点调查湿地

内蒙古大青沟国家级自然保护区重点调查湿地范围面积8000公顷，湿地面积73公顷，主要湿地类型为河流和人工湿地。地理坐标为东经122°13′~122°15′，北纬42°45′~42°48′；位于通辽市科尔沁左翼后旗。

湿地高等植物56科142属318种。

湿地植被划分为4个植被型组，6个植被型，23个群系组。

脊椎动物17目25科129种。其中，鱼类1目1科4种，两栖类1目2科4种，爬行类1目1科2种，鸟类9目15科98种，哺乳类5目6科21种。

国家重点保护野生动物14种。其中，国家Ⅰ级保护野生动物5种，国家Ⅱ级保护野生动物9种。在国家重点保护野生动物中，湿地鸟类12种，其中国家Ⅰ级保护鸟类5种，国家Ⅱ级保护鸟类7种。

于1980年建立自治区级自然保护区，1988年晋升为国家级自然保护区，受科尔沁左翼后旗人民政府管理，成立了内蒙古大青沟国家级自然保护区管理局。

主要受到旅游开发威胁。

57. 内蒙古双合尔山自治区级自然保护区重点调查湿地

内蒙古双合尔自治区级自然保护区重点调查湿地范围面积2.9万公顷，湿地面积2000公顷，主要湿地类型为河流、湖泊和人工湿地。地理坐标为东经122°27′09″~122°50′20″，北纬43°16′56″~43°26′18″；位于通辽市科尔沁左翼后旗。

湿地高等植物55科145属253种。

湿地植被划分为5个植被型组，

7个植被型，22个群系组。

脊椎动物16目24科148种。其中，鱼类1目1科4种，两栖类1目1科2种，爬行类1目1科2种，鸟类9目15科121种，哺乳类4目6科19种。

国家重点保护野生动物9种，全部为鸟类。其中，国家Ⅰ级保护鸟类2种，国家Ⅱ级保护鸟类7种。

于2013年建立自治区级自然保护区，受科尔沁左翼后旗人民政府管理，成立了内蒙古双合尔湿地自然保护区管理局。

主要受到过牧、垦殖威胁。

58. 内蒙古八大莲池市级自然保护区重点调查湿地

内蒙古八大莲池市级自然保护区重点调查湿地范围面积700公顷，湿地面积300公顷，主要湿地类型为湖泊、沼泽和人工湿地。地理位置：位于通辽市科尔沁左翼后旗东南部，行政区划属于常胜镇。

湿地高等植物55科145属253种。

湿地植被划分为5个植被型组，7个植被型，22个群系组。

脊椎动物16目24科148种。其中，鱼类1目1科4种，两栖类1目1科2种，爬行类1目1科2种，鸟类9目15科121种，哺乳类4目6科19种。

国家重点保护野生动物9种，全部为鸟类。其中，国家Ⅰ级保护鸟类2种，国家Ⅱ级保护鸟类7种。

于2001年建立市级自然保护区，受科尔沁左翼后旗人民政府管理，无管理机构。

主要受到过牧、垦殖威胁。

59. 内蒙古巴胡塔湿地市级自然保护区重点调查湿地

内蒙古巴胡塔湿地市级自然保护区重点调查湿地范围面积1.0万公顷，湿地面积300公顷，主要湿地类型为湖泊和沼泽湿地。地理坐标为东经120°08′～122°20′，北纬43°11′～43°20′；位于通辽市科尔沁左翼后旗。

湿地高等植物55科145属253种。

湿地植被划分为5个植被型组，7个植被型，22个群系组。

脊椎动物16目24科148种。其中，鱼类1目1科4种，两栖类1目1科2种，爬行类1目1科2种，鸟类9目15科121种，哺乳类4目6科19种。

国家重点保护野生动物9种，全部为鸟类。其中，国家Ⅰ级保护鸟类2种，国家Ⅱ级保护鸟类7种。

于2008年建立市级自然保护区，受科尔沁左翼后旗人民政府管理，无管理机构。

主要受到过牧、垦殖威胁。

60. 内蒙古巴雅斯古楞市级自然保护区重点调查湿地

内蒙古巴雅斯古楞市级自然保护区重点调查湿地范围面积2.0万公顷，湿地面积1000公顷，主要湿地类型为湖泊和沼泽湿地。地理位置：位于科尔沁左翼后旗中部，西与阿古拉镇相邻。

湿地高等植物55科145属253种。

湿地植被划分为5个植被型组，7个植被型，22个群系组。

脊椎动物16目24科148种。其中，鱼类1目1科4种，两栖类1目1科2种，爬行类1目1科2种，鸟类9目15科121种，哺乳类4目6科19种。

国家重点保护野生动物9种，全部为鸟类。其中，国家Ⅰ级保护鸟类2种，国家Ⅱ级保护鸟类7种。

于2006年建立市级自然保护区，受科尔沁左翼后旗人民政府管理，无管理机构。

主要受到过牧、垦殖威胁。

61. 内蒙古莲花吐市级自然保护区重点调查湿地

内蒙古莲花吐市级自然保护区重点调查湿地范围面积3000公顷，湿地面积29公顷，主要湿地类型为湖泊和人工湿地。地理位置：位于科尔沁左翼后旗西南部，政区划属于甘旗卡镇，保护区西与大青沟国家级自然保护区接壤。

湿地高等植物55科145属253种。

湿地植被划分为5个植被型组，7个植被型，22个群系组。

脊椎动物16目24科148种。其中，鱼类1目1科4种，两栖类1目1科2种，爬行类1目1科2种，鸟类9目15科121种，哺乳类4目6科19种。

国家重点保护野生动物9种，全部为鸟类。其中，国家Ⅰ级保护鸟类2种，国家Ⅱ级保护鸟类7种。

于2002年建立市级自然保护区，受科尔沁左翼后旗人民政府管理，无管理机构。

主要受到过牧、垦殖威胁。

62. 乌兰敖道湿地重点调查湿地

内蒙古乌兰敖道湿地重点调查湿地范围面积4000公顷，湿地面积100公顷，主要湿地类型为河流、湖泊、沼泽和人工湿地。地理位置：位于科尔沁左翼后旗东北部、属茂道吐苏木，与科尔沁区和科尔沁左翼中旗边界接壤。

湿地高等植物55科145属253种。

湿地植被划分为5个植被型组，7个植被型，22个群系组。

脊椎动物16目24科148种。其中，鱼类1目1科4种，两栖类1目1科2种，爬行类1目1科2种，鸟类有9目15科121种，哺乳类4目6科19种。

国家重点保护野生动物9种，全部为鸟类。其中，国家Ⅰ级保护鸟类2种，国家Ⅱ级保护鸟类7种。

受科尔沁左翼后旗人民政府管理，无管理机构。

主要受到过牧、垦殖威胁。

63. 内蒙古阿鲁科尔沁国家级自然保护区重点调查湿地

内蒙古阿鲁科尔沁国家级自然保护区重点调查湿地范围面积13.4万公顷，湿地面积2.3万公顷，主要湿地类型为河流、湖泊和沼泽湿地。地理坐标为东经119°55′02″~120°41′27″，北纬43°48′30″~44°28′31″；位于赤峰市阿鲁科尔沁旗。

湿地高等植物63科152属271种。

湿地植被划分为5个植被型组，7个植被型，54个群系组。

脊椎动物18目28科151种。其中，鱼类3目5科13种，两栖类1目1科2种，爬行类1目1科2种，鸟类9目16科117种，哺乳类4目5科17种。

国家重点保护野生动物17种。其中，国家Ⅰ级保护野生动物2种，国家Ⅱ级保护野生动物15种。在国家重点保护野生动物中，湿地鸟类15种，其中国家Ⅰ级保护鸟类2种，国家Ⅱ级保护鸟类13种。

于2000年建立自治区级自然保护区，2005年晋升为国家级自然保护区，受科阿鲁科尔沁旗人民政府管理，成立了内蒙古阿鲁科尔沁国家级自然保护区管理局。

主要受到过牧威胁。

64. 内蒙古达里诺尔国家级自然保护区重点调查湿地

内蒙古达里诺尔国家级自然保护区重点调查湿地范围面积11.8万公顷，湿地面积3.9万公顷，主要湿地类型为河流、湖泊和沼泽湿地。地理坐标为东经116°22′~117°00′，北纬43°11′~43°27′；位于赤峰市克什克腾旗。

湿地高等植物67科167属358种。

湿地植被划分为3个植被型组，7个植被型，32个群系。

脊椎动物19目31科166种。其中，鱼类3目5科21种，两栖类1目1科2种，爬行类1目1科2种，鸟类10目19科123种，哺乳类4目5科18种。

国家重点保护野生动物16种。其中，国家Ⅰ级保护野生动物7种，国家Ⅱ级保护野生动物9种。在国家保护野生动物中，湿地鸟类15种，其中国家Ⅰ级保护鸟类7种，国家Ⅱ级保护鸟类8种。

于1996年建立自治区级自然保护区，1997年晋升为国家级自然保护区，受克什克腾旗人民政府管理，成立了内蒙古达里诺尔国家级自然保护区管理局。

主要受到过牧威胁。

65. 新开河湿地重点调查湿地

新开河湿地重点调查湿地范围面积40.3万公顷，湿地面积1000公顷；主要湿地类型为河流湿地。地理位置：位于赤峰市阿鲁科尔沁旗南部。

湿地高等植物67科167属358种。

湿地植被划分为3个植被型组，7个植被型，32个群系。

脊椎动物19目31科166种。其中，鱼类3目5科21种，两栖类1目1科2种，爬行类1目1科2种，鸟类10目19科123种，哺乳类4目5科18种。

国家重点保护野生动物16种。其中，国家Ⅰ级保护野生动物7种，国家Ⅱ级保护野生动物9种。在国家重点保护野生动物中，湿地鸟类15种，其中国家Ⅰ级保护鸟类7种，国家Ⅱ级保护鸟类8种。

受阿鲁科尔沁旗水务局管理，无管理机构。

主要受到过牧、垦殖威胁。

66. 内蒙古潢源自治区级自然保护区重点调查湿地

内蒙古潢源自治区级自然保护区重点调查湿地范围面积4.5万公顷，湿地面积200公顷，主要湿地类型为河流和人工湿地。地理坐标为东经116°50′51″～117°14′40″，北纬42°51′26″～43°00′35″；位于赤峰市克什克腾旗。

湿地高等植物73科172属327种。

湿地植被划分为3个植被型组，7个植被型，56个群系。

脊椎动物19目30科129种。其中，鱼类3目5科21种，两栖类1目1科2种，爬行类1目1科2种，鸟类9目17科83种，哺乳类5目6科21种。

国家重点保护野生动物11种。其中，国家Ⅰ级保护野生动物1种，国家Ⅱ级保护野生动物10种。在国家重点保护野生动物中，湿地鸟类9种，其中国家Ⅰ级保护鸟类1种，国家Ⅱ级保护鸟类8种。

于2004年建立自治区级自然保护区，受克什克腾旗人民政府管理，成立了内蒙古潢源自然保护区管理处。

主要受到过牧威胁。

67. 内蒙古乌兰布统和桦木沟自治区级自然保护区重点调查湿地

内蒙古乌兰布统和桦木沟自治区级自然保护区重点调查湿地范围面积8.8万公顷，湿地面积1.9万公顷，主要湿地类型为河流、湖泊和沼泽湿地。地理坐标为东经117°13′～117°33′，北纬42°27′～42°45′，位于赤峰市克什克腾旗。

湿地高等植物72科173属375种。

湿地植被划分为4个植被型组，7个植被型，13个群系。

脊椎动物19目29科155种。

其中，鱼类3目5科21种，两栖类1目1科2种，爬行类1目1科2种，鸟类9目16科107种，哺乳类5目6科23种。

国家重点保护野生动物11种，均为国家Ⅱ级保护野生动物。其中，国家Ⅱ级保护鸟类9种。

于2004年建立自治区级自然保护区，受克什克腾旗人民政府管理，成立了内蒙古乌兰布统和桦木沟自然保护区管理处。

主要受到过牧威胁。

68. 教来河重点调查湿地

教来河重点调查湿地范围面积56.5万公顷，湿地面积2000公顷，主要湿地类型为河流、沼泽和人工湿地。地理位置：位于西辽河水系，一级支流。发源于赤峰市敖汉旗金厂沟梁镇，流经克力代、贝子府、敖吉3个乡及下洼镇，横贯通辽市奈曼旗后汇入西辽河。

湿地高等植物72科173属375种。

湿地植被划分为4个植被型组，7个植被型，13个群系。

脊椎动物19目29科155种。其中，鱼类3目5科21种，两栖类1目1科2种，爬行类1目1科2种，鸟类9目16科107种，哺乳类5目6科23种。

国家重点保护野生动物11种，均为国家Ⅱ级保护野生动物。其中，国家Ⅱ级保护鸟类9种。

受赤峰市和通辽市水利局管理，无管理机构。

主要受到过牧、垦殖威胁。

69. 老哈河重点调查湿地

老哈河重点调查湿地范围面积14.3万公顷，湿地面积2000公顷，主要湿地类型为河流、沼泽和人工湿地。地理位置：位于西辽河南缘，古称乌侯秦水。发源于河北省平泉县西北山区柳溪满族乡，流域赤峰市东南部翁牛特旗与奈曼旗交界处，主要支流有八里罕河、坤都冷河、英金河、羊肠子河等10条。

湿地高等植物72科173属375种。

湿地植被划分为4个植被型组，7个植被型，13个群系。

脊椎动物19目29科155种。其中，鱼类3目5科21种，两栖类1目1科2种，爬行类1目1科2种，鸟类9目16科107种，哺乳类5目6科23种。

国家重点保护野生动物11种，均为国家Ⅱ级保护野生动物。其中，国家Ⅱ级保护鸟类9种。

受赤峰市水利局管理，无管理机构。

主要受到过牧、垦殖威胁。

70. 内蒙古松树山自治区级自然保护区重点调查湿地

内蒙古松树山自治区级自然保护区重点调查湿地范围面积6.7万公顷，湿地面积3000公顷，主要湿地类型为河流、湖泊和沼泽湿地。地理坐标为东经119°14′32″～119°32′23″，北纬42°50′04″～43°13′50″；位于赤峰市翁牛特旗。

湿地高等植物85科185属401种。

湿地植被划分为4个植被型组，7个植被型，52个群系。

脊椎动物17目25科123种。其中，鱼类2目3科5种，两栖类1目1科2种，爬行类1目1科2种，鸟类8目14科92种，哺乳类5目6科22种。

国家重点保护野生动物7种。其中，国家Ⅰ级保护野生动物2种，国家Ⅱ级保护野生动物5种。在国家重点保护野生动物中，湿地鸟类5种，国家Ⅰ级保护鸟类2种，国家Ⅱ级保护鸟类3种。

于2013年建立自治区级自然保护区，受翁牛特旗人民政府管理，成立了内蒙古松树山自然保护区管理局。

主要受到过牧威胁。

71. 西拉沐沦河重点调查湿地

西拉沐沦河重点调查湿地范围面积101.4万公顷，湿地面积3.1万公顷，主要湿地类型为河流、湖泊、沼泽和人工湿地。地理位置：位于赤峰市中部，发源于浑善达克沙地，横穿于赤峰市途径克什克腾旗、林西县、翁牛特旗、巴林右旗、阿鲁科尔沁旗。

湿地高等植物72科182属375

种。

湿地植被划分为4个植被型组，7个植被型，13个群系。

脊椎动物17目28科142种。其中，鱼类3目5科21种，两栖类1目1科2种，爬行类1目1科2种，鸟类8目15科101种，哺乳类4目5科16种。

国家重点保护野生动物10种，均为国家Ⅱ级保护野生动物。其中，国家Ⅱ级保护鸟类9种。

受赤峰市水利局管理，无管理机构。

主要受到过牧、垦殖威胁。

72. 乌力吉沐沦河重点调查湿地

乌力吉沐沦河重点调查湿地范围面积11.9万公顷，湿地面积1000公顷，主要湿地类型为河流和沼泽湿地。地理位置：位于赤峰市巴林左旗乌兰坝，由北向南纵贯于巴林左旗。

湿地高等植物72科182属375种。

湿地植被划分为4个植被型组，7个植被型，13个群系。

脊椎动物17目28科142种。其中，鱼类3目5科21种，两栖类1目1科2种，爬行类1目1科2种，鸟类8目15科101种，哺乳类4目5科16种。

国家重点保护野生动物10种，均为国家Ⅱ级保护野生动物。其中，国家Ⅱ级保护鸟类9种。

受巴林左旗水利局管理，无管理机构。

主要受到过牧、垦殖威胁。

73. 内蒙古赛罕乌拉国家级自然保护区重点调查湿地

内蒙古赛罕乌拉国家级自然保护区重点调查湿地范围面积10.0万公顷，湿地面积2000公顷，主要湿地类型为河流、沼泽人工湿地。地理坐标为东经118°18′~118°55′，北纬43°59′~44°27′；位于赤峰市巴林右旗。

湿地高等植物76科182属354种。

湿地植被划分为4个植被型组，8个植被型，53个群系。

脊椎动物19目29科145种。其中，鱼类2目3科5种，两栖类1目1科2种，爬行类1目1科2种，鸟类9目16科113种，哺乳类6目8科23种。

国家重点保护野生动物9种。其中，国家Ⅰ级保护野生动物1种，国家Ⅱ级保护野生动物8种。在国家重点保护野生动物中，湿地鸟类7种，其中国家Ⅰ级保护鸟类1种，国家Ⅱ级保护鸟类6种。

于1998年建立自治区级自然保护区，2000年晋升为国家级自然保护区，受巴林右旗人民政府管理，成立了内蒙古赛罕乌拉国家级自然保护区管理局。

主要受到过牧威胁。

74. 内蒙古高格斯台罕乌拉国家级自然保护区重点调查湿地

内蒙古高格斯台罕乌拉国家级自然保护区重点调查湿地范围面积10.6万公顷，湿地面积1.1万公顷，主要湿地类型为河流、沼泽湿地。地理坐标为东经119°03′～119°39′，北纬44°41′～45°08′；位于赤峰市阿鲁科尔沁旗。

湿地高等植物76科179属375种。

湿地植被划分为4个植被型组，8个植被型，32个群系。

脊椎动物18目29科166种。其中，鱼类2目4科11种，两栖类1目2科4种，爬行类1目1科2种，鸟类9目15科125种，哺乳类5目7科24种。

国家重点保护野生动物11种。其中，国家Ⅰ级保护野生动物1种，国家Ⅱ级保护野生动物10种。在国家重点保护野生动物中，湿地鸟类9种，其中国家Ⅰ级保护鸟类1种，国家Ⅱ级保护鸟类8种。

于2001年建立自治区级自然保护区，2011年晋升为国家级自然保护区，受阿鲁科尔沁旗人民政府管理，成立了内蒙古高格斯台罕乌拉国家级自然保护区管理局。

主要受到过牧威胁。

75. 内蒙古白音敖包国家级自然保护区重点调查湿地

内蒙古白音敖包国家级自然保护区重点调查湿地范围面积1.4万公顷，湿地面积800公顷，主要湿地类型为河流、沼泽和人工湿地。地理坐标为东经117°05′～117°20′，北纬43°29′18″～43°36′42″；位于赤峰市克什克腾旗。

湿地高等植物68科152属321种。

湿地植被划分为4个植被型组，8个植被型，32个群系。

脊椎动物18目29科166种。其中，鱼类2目4科11种，两栖类1目2科4种，爬行类1目1科2种，鸟类9目15科125种，哺乳类5目7科24种。

国家重点保护野生动物10种。其中，国家Ⅰ级保护野生动物1种，国家Ⅱ级保护野生动物9种。在国家重点保护野生动物中，湿地鸟类9种，其中国家Ⅰ级保护鸟类1种，国家Ⅱ级保护鸟类8种。

于1979年建立自治区级自然保护区，2000年晋升为国家级自然保护区，受克什克腾旗人民政府管理，成立了内蒙古白音敖包国家级自然保护区管理局。

主要受到过牧威胁。

76. 内蒙古黑里河国家级自然保护区重点调查湿地

内蒙古黑里河国家级自然保护区重点调查湿地范围面积2.8万公顷，湿地面积100公顷，主要湿地类型为河流和人工湿地。地理坐标为东经118°16′～118°33′，北纬41°18′～41°35′；赤峰市宁城县。

湿地高等植物73科167属329种。

湿地植被划分为4个植被型组，8个植被型，31个群系。

脊椎动物17目28科149种。其中，鱼类2目4科11种，两栖类1目2科3种，爬行类1目1科2种，鸟类8目14科105种，哺乳类5目7科28种。

国家重点保护野生动物9种。其中，国家Ⅰ级保护野生动物1种，国家Ⅱ级保护野生动物8种。在国家重点保护野生动物中，湿地鸟类7种，其中国家Ⅰ级保护鸟类1种，国家Ⅱ级保护鸟类6种。

于1996年建立自治区级自然保护区，2003年晋升为国家级自然保护区，受宁城县人民政府管理，成立了内蒙古黑里河国家级自然保护区管理局。

主要受到过牧、垦殖威胁。

77. 内蒙古乌兰坝－石棚沟自治区级自然保护区重点调查湿地

内蒙古乌兰坝－石棚沟自治区级自然保护区重点调查湿地范围面积11.9万公顷，湿地面积2000公顷，主要湿地类型为河流和沼泽湿地。地理坐标为东经118°45′～119°29′，北纬44°01′～44°47′；位于赤峰市克什克腾旗。

湿地高等植物79科178属405种。

湿地植被划分为4个植被型组，8个植被型，43个群系。

脊椎动物22目36科182种。其中，鱼类4目6科22种，两栖类2目3科4种，爬行类2目2科3种，鸟类9目18科128种，哺乳类5目7科25种。

国家重点保护野生动物22种。其中，国家Ⅰ级保护野生动物4种，国家Ⅱ级保护野生动物18种。在国家重点保护野生动物中，湿地鸟类20种，其中国家Ⅰ级保护鸟类4种，国家Ⅱ级保护鸟类16种。

于2001年建立自治区级自然保护区，受巴林左旗人民政府管理，成立了内蒙古乌兰坝－石棚沟自然保护区管理站。

主要受到过牧、垦殖威胁。

78. 内蒙古黄岗梁自治区级自然保护区重点调查湿地

内蒙古黄岗梁自治区级自然保护区重点调查湿地范围面积3.8万公顷，湿地面积700公顷，主要湿地类型为河流和沼泽湿地。地理坐标为东经117°22′～117°38′，北纬43°28′～43°49′；位于赤峰市克什克腾旗。

湿地高等植物73科169属412种。

湿地植被划分为4个植被型组，8个植被型，30个群系。

脊椎动物18目31科160种。其中，鱼类2目3科8种，两栖类1目2科4种，爬行类1目1科2种，鸟类9目18科125种，哺乳类5目7科21种。

国家重点保护野生动物11种。其中，国家Ⅰ级保护野生动物1种，国家Ⅱ级保护野生动物10种。在国家保护野生动物中，湿地鸟类9种，其中国家Ⅰ级保护鸟类1种，国家Ⅱ级保护鸟类8种。

于2004年建立自治区级自然保护区，受克什克腾旗人民政府管理，成立了内蒙古黄岗梁自然保护区管理站。

主要受到过牧、垦殖威胁。

79. 红山水库湿地重点调查湿地

红山水库湿地重点调查湿地范围面积3000公顷，湿地面积3000公顷，主要湿地类型为沼泽和人工湿地。地理坐标位于赤峰市翁牛特旗东南，老哈河中游。

湿地高等植物64科181属385种。

湿地植被划分为3个植被型组，7个植被型，12个群系组和17个群系。

脊椎动物15目25科140种。其中，鱼类1目1科4种，两栖类1目2科4种，爬行类1目1科2种，鸟类8目16科109种，哺乳类4目5科21种。

国家重点保护野生动物20种。其中，国家Ⅰ级保护野生动物5种，国家Ⅱ级保护野生动物15种。在国家重点保护野生动物中，湿地鸟类19种，其中国家Ⅰ级保护鸟类5种，国家Ⅱ级保护鸟类14种。

受翁牛特旗水务管理局管理，成立了红山水库管理局。

主要受到过牧、垦殖威胁。

80. 布日敦－博隆克湿地重点调查湿地

布日敦－博隆克湿地重点调查湿地范围面积101.4万公顷，湿地面积1000公顷，主要湿地类型为河流、湖泊和人工湿地。地理位置：位于赤峰市翁牛特旗赛沁塔拉苏木境内。

湿地高等植物72科175属352种。

湿地植被划分为3个植被型组，7个植被型，13个群系。

脊椎动物20目35科183种。其中，鱼类3目5科21种，两栖类

1目3科5种，爬行类2目2科4种，鸟类9目18科128种，哺乳类5目7科25种。

国家重点保护野生动物10种，均为国家Ⅱ级保护野生动物。其中，国家Ⅱ级保护鸟类9种。

受乌丹镇人民政府管理，无专门管理机构。

主要受到过牧、垦殖威胁。

81. 内蒙古白音库伦自治区级自然保护区重点调查湿地

内蒙古白银库伦自治区级自然保护区重点调查湿地范围面积1.0万公顷，湿地面积4000公顷，主要湿地类型为河流和沼泽湿地。地理坐标为东经116°07′~116°21′，北纬43°13′~43°18′；位于锡林郭勒盟的锡林浩特市。

湿地高等植物52科155属216种。

湿地植被划分为3个植被型组，8个植被型，13个群系。

脊椎动物18目31科161种。其中，鱼类2目3科8种，两栖类1目2科4种，爬行类2目2科3种，鸟类9目19科127种，哺乳类4目5科19种。

国家重点保护野生动物16种，全部为鸟类。其中，国家Ⅰ级保护鸟类4种，国家Ⅱ级保护鸟类12种。

于2005年建立自治区级自然保护区，受锡林浩特市人民政府管理，成立了内蒙古白银库伦自然保护区管理局。

主要受到过牧威胁。

82. 内蒙古贺斯格淖尔自治区级自然保护区重点调查湿地

内蒙古贺斯格淖尔自治区级自然保护区重点调查湿地范围面积3.1万公顷，湿地面积1.7万公顷，主要湿地类型为河流、湖泊和沼泽湿地。地理坐标为东经119°00′19″~119°22′38″，北纬46°06′18″~46°22′51″；位于锡林郭勒盟的东乌珠穆沁旗。

湿地高等植物55科167属229种。

湿地植被划分为3个植被型组，8个植被型，13个群系。

脊椎动物18目30科145种。其中，鱼类2目3科8种，两栖类1目2科4种，爬行类2目2科3种，鸟类9目18科112种，哺乳类4目

5科18种。

国家重点保护野生动物19种，全部为鸟类。其中，国家Ⅰ级保护鸟类2种，国家Ⅱ级保护鸟类17种。

于2001年建立自治区级自然保护区，受乌拉盖管理区管理，成立了湿地自然保护区管理所。

主要受到过牧威胁。

83. 内蒙古恩格尔河旗级湿地自然保护区重点调查湿地

内蒙古恩格尔河旗级自然保护区重点调查湿地范围面积28.6万公顷，湿地面积7000公顷，主要湿地类型为河流、湖泊和沼泽湿地。地理位置：位于锡林郭勒盟苏尼特左旗东南，与正蓝旗、阿巴嘎旗和正镶白旗交界处。

湿地高等植物55科167属229种。

湿地植被划分为3个植被型组，8个植被型，13个群系。

脊椎动物18目30科145种。其中，鱼类2目3科8种，两栖类1目2科4种，爬行类2目2科3种，鸟类9目18科112种，哺乳类4目5科18种。

国家重点保护野生动物19种，全部为鸟类。其中，国家Ⅰ级保护鸟类2种，国家Ⅱ级保护鸟类17种。

受苏尼特左旗林业水利局管理，无专门的管理机构。

主要受到过牧威胁。

84. 多伦大河口水库重点调查湿地

多伦大河口水库重点调查湿地范围面积5.4万公顷，湿地面积3000公顷，主要湿地类型为河流、沼泽和人工湿地。地理位置：位于锡林郭勒盟多伦县大河口镇西南。

湿地高等植物54科172属335种。

湿地植被划分为3个植被型组，7个植被型，12个群系组和17个群系。

脊椎动物15目25科136种。

其中，鱼类1目1科4种，两栖类1目2科4种，爬行类1目1科2种，鸟类8目16科107种，哺乳类4目5科19种。

国家重点保护野生动物19种，全部为鸟类。其中，国家Ⅰ级保护鸟类5种，国家Ⅱ级保护鸟类14种。

受多伦县水务管理局管理，成立了西山湾水库管理局。

主要受到过牧、垦殖威胁。

85. 内蒙古黑风河旗级自然保护区重点调查湿地

内蒙古黑风河旗级自然保护区重点调查湿地范围面积71.4万公顷，湿地面积9000公顷，主要湿地类型为河流、湖泊和沼泽湿地。地理位置：位于锡林郭勒盟正蓝旗东部，与多伦县、赤峰市克什克腾旗相连。

湿地高等植物65科175属371种。

湿地植被划分为4个植被型组，8个植被型，13个群系。

脊椎动物18目30科159种。其中，鱼类2目3科8种，两栖类1目2科4种，爬行类2目2科3种，鸟类9目18科127种，哺乳类4目5科17种。

国家重点保护野生动物19种，全部为鸟类。其中，国家Ⅰ级保护鸟类2种，国家Ⅱ级保护鸟类17种。

受正蓝旗林业局管理，无专门的管理机构。

主要受到过牧威胁。

86. 内蒙古乌拉盖湿地自治区级自然保护区重点调查湿地

内蒙古乌拉盖湿地自治区级自然保护区重点调查湿地范围面积61.2万公顷，湿地面积22.2万公顷，主要湿地类型为河流、湖泊和沼泽湿地。地理坐标：北区：东经117°38′24″～119°19′47″，北纬46°16′11″～46°44′20″；南区：东经117°11′47″～118°47′55″，北纬45°15′41″～45°42′42″；位于锡林郭勒盟的锡林浩特市。

湿地高等植物67科172属365种。

湿地植被划分为3个植被型组，5个植被型，53个群系。

脊椎动物17目26科164种。其中，鱼类1目2科7种，两栖类1目2科4种，爬行类1目1科2种，鸟类10目17科132种，哺乳类4目4科19种。

国家重点保护野生动物9种，全部为鸟类。其中，国家Ⅰ级保护鸟类1种，国家Ⅱ级保护鸟类8种。

于2004年建立自治区级自然保护区，受东乌珠穆沁旗人民政府管理，成立了湿地自然保护区管理局。

主要受到过牧威胁。

87. 内蒙古蔡木山旗级自然保护区重点调查湿地

内蒙古蔡木山旗级自然保护区重点调查湿地范围面积5.4万公顷，湿地面积600公顷，主要湿地类型为河流和沼泽湿地。地理位置：位于锡林郭勒盟多伦县西北，与克什克腾旗相连。

湿地高等植物65科165属346种。

湿地植被划分为3个植被型组，8个植被型，13个群系。

脊椎动物17目27科154种。其中，鱼类2目3科8种，两栖类1目2科4种，爬行类1目1科2种，鸟类9目16科117种，哺乳类4目5科23种。

国家重点保护野生动物19种，全部为鸟类。其中，国家Ⅰ级保护鸟类2种，国家Ⅱ级保护鸟类17种。

受多伦县林业局管理，无专门的管理机构。

主要受到过牧威胁。

88. 内蒙古三道沟旗级自然保护区重点调查湿地

内蒙古三道沟旗级自然保护区重点调查湿地范围面积2000公顷，湿地面积2000公顷，主要湿地类型为河流和沼泽湿地。地理位置：锡林郭勒盟多伦县东北。

湿地高等植物65科165属346种。

湿地植被划分为3个植被型组，8个植被型，13个群系。

脊椎动物17目27科154种。

其中，鱼类2目3科8种，两栖类1目2科4种，爬行类1目1科2种，鸟类9目16科117种，哺乳类4目5科23种。

国家重点保护野生动物19种，全部为鸟类。其中，国家Ⅰ级保护鸟类2种，国家Ⅱ级保护鸟类17种。

受多伦县林业局管理，无专门的管理机构。

主要受到过牧威胁。

89. 内蒙古黄旗海自治区级自然保护区重点调查湿地

内蒙古黄旗海自治区级自然保护区重点调查湿地范围面积3.7万公顷，湿地面积1.4万公顷，主要湿地类型为河流和沼泽湿地。地理坐标为东经113°10′~113°26′，北纬40°45′~41°07′；位于乌兰察布市的察哈尔右翼前旗。

湿地高等植物37科135属196种。

湿地植被划分为3个植被型组，8个植被型，13个群系。

脊椎动物17目28科149种。其中，鱼类1目3科4种，两栖类1目2科3种，爬行类1目1科2种，鸟类10目17科125种，哺乳类4目5科15种。

国家重点保护野生动物16种，全部为鸟类。其中，国家Ⅰ级保护鸟类4种，国家Ⅱ级保护鸟类12种。

于2003年建立自治区级自然保护区，受察哈尔右翼前旗人民政府管理，成立了内蒙古黄旗海自然保护区管理局。

主要受到过牧、垦殖威胁。

90. 内蒙古岱海自治区级自然保护区重点调查湿地

内蒙古岱海自治区级自然保护区重点调查湿地范围面积1.6万公顷，湿地面积1.0万公顷，主要湿地类型为河流、湖泊和沼泽湿地。地理坐标为东经109°59′02″~110°02′26″，北纬40°30′08″~40°33′32″；位于乌兰察布市的凉城县。

湿地高等植物35科102属219种。

湿地植被划分为3个植被型组，8个植被型，13个群系。

脊椎动物纲18目31科140种。其中，鱼类4目7科20种，两栖类1目2科3种，爬行类1目1科1种，鸟类9目17科101种，哺乳类3目4科15种。

国家重点保护野生动物16种，全部为鸟类。其中，国家Ⅰ级保护鸟类4种，国家Ⅱ级保护鸟类12种。

于2001年建立自治区级自然保护区，受凉城县人民政府管理，成立了内蒙古岱海自然保护区管理局。

主要受到过牧、垦殖威胁。

91. 霸王河重点调查湿地

霸王河重点调查湿地范围面积100公顷，湿地面积100公顷；主要湿地类型为河流和沼泽湿地。地理位置：位于乌兰察布市集宁区北郊。

湿地高等植物39科119属321种。

湿地植被划分为3个植被型组，7个植被型，13个群系。

脊椎动物18目31科174种。其中，鱼类3目5科21种，两栖类1目3科5种，爬行类2目2科3种，鸟类8目17科124种，哺乳类4目4科21种。

国家重点保护野生动物9种，均为国家Ⅱ级保护鸟类。

受集宁区水务局管理，无管理机构。

主要受到城市扩建威胁。

92. 内蒙古天鹅湖旗级自然保护区重点调查湿地

内蒙古天鹅湖旗级自然保护区重点调查湿地范围面积1000公顷，湿地面积1000公顷，主要湿地类型为湖泊和沼泽湿地。地理位置：位于乌兰察布市察哈尔右翼后旗白音察干北。

湿地高等植物52科155属216种。

湿地植被划分为3个植被型组，8个植被型，13个群系。

脊椎动物17目27科150种。其中，鱼类2目3科8种，两栖类1目2科4种，爬行类1目1科2种，鸟类9目16科115种，哺乳类4目5科21种。

国家重点保护野生动物16种，全部为鸟类。其中，国家Ⅰ级保护鸟类4种，国家Ⅱ级保护鸟类12种。

受察哈尔右翼后旗人民政府管理，无专门的管理机构。

主要受到过牧威胁。

93. 内蒙古鄂尔多斯遗鸥国家级自然保护区重点调查湿地

内蒙古鄂尔多斯遗鸥国家级自然保护区重点调查湿地范围面积2000公顷，湿地面积2000公顷，主要湿地类型为河流、湖泊和沼泽湿地。地理坐标为东经106°48′~107°44′，北纬39°13′~40°11′；位于鄂尔多斯市的东胜区。

湿地高等植物52科155属216种。

湿地植被划分为3个植被型组，8个植被型，13个群系。

脊椎动物17目27科150种。其中，鱼类2目3科8种，两栖类1目2科4种，爬行类1目1科2种，鸟类有9目16科115种，哺乳类4目5科21种。

国家重点保护野生动物16种，全部为鸟类。其中，国家Ⅰ级保护鸟类4种，国家Ⅱ级保护鸟类12种。

于1995年建立自治区级自然保护区，1997年晋升为国家级自然保护区，受鄂尔多斯市人民政府管理，成立了内蒙古鄂尔多斯遗鸥国家级自然保护区管理局。

主要受到过牧、垦殖威胁。

94. 内蒙古杭锦淖尔自治区级自然保护区重点调查湿地

内蒙古杭锦淖尔自治区级自然保护区重点调查湿地范围面积12.3万公顷，湿地面积2.3万公顷，主要湿地类型为河流、湖泊、沼泽和人工湿地。地理坐标为东经107°23′~109°04′，北纬40°28′~40°52′；位于鄂尔多斯市的杭锦旗。

湿地高等植物46科159属261种。

湿地植被划分为3个植被型组，8个植被型，13个群系。

脊椎动物17目27科150种。其中，鱼类2目3科8种，两栖类1目2科4种，爬行类1目1科2种，鸟类有9目16科115种，哺乳类4目5科21种。

国家重点保护野生动物16种，全部为鸟类。其中，国家Ⅰ级保护鸟类4种，国家Ⅱ级保护鸟类12种。在国家重点保护野生动物中，湿地鸟类16种，其中国家Ⅰ级保护鸟类4种，国家Ⅱ级保护鸟类12种。

于2000年建立自治区级自然保护区，受杭锦旗人民政府管理，成立了内蒙古杭锦淖尔自然保护区管理局。

主要受到过牧、垦殖威胁。

95. 内蒙古都斯图河自治区级自然保护区重点调查湿地

内蒙古都斯图河自治区级自然保护区重点调查湿地范围面积4.0万公顷，湿地面积5000公顷，主要湿地类型为河流、湖泊、沼泽和人工湿地。地理坐标为东经107°24′～107°58′，北纬38°46′～39°00′位于鄂尔多斯市的鄂托克旗。

湿地高等植物46科159属261种。

湿地植被划分为3个植被型组，8个植被型，13个群系。

脊椎动物17目27科150种。其中，鱼类2目3科8种，两栖类1目2科4种，爬行类1目1科2种，鸟类有9目16科115种，哺乳类4目5科21种。

国家重点保护野生动物16种，全部为鸟类。其中，国家Ⅰ级保护鸟类4种，国家Ⅱ级保护鸟类12种。在国家重点保护野生动物中，湿地鸟类16种，其中国家Ⅰ级保护鸟类4种，国家Ⅱ级保护鸟类12种。

于2003年建立自治区级自然保护区，受鄂托克旗人民政府管理，成立了内蒙古都斯图河自然保护区管理站。

主要受到过牧、垦殖威胁。

96. 红海子湿地重点调查湿地

红海子湿地重点调查湿地范围面积900公顷，湿地面积900公顷，主要湿地类型为湖泊和沼泽湿地。地理位置：位于鄂尔多斯市伊金霍洛旗阿拉腾席热镇的南部。

湿地高等植物64科154属248种。

湿地植被划分为3个植被型组，7个植被型，12个群系组和17个群系。

脊椎动物15目20科137种。其中，鱼类1目1科4种，两栖类1目2科4种，爬行类1目1科2种，鸟类8目12科112种，哺乳类4目4科15种。

国家重点保护野生动物19种，全部为鸟类。其中，国家Ⅰ级保护鸟类5种，国家Ⅱ级保护鸟类14种。

受阿拉腾席热镇人民政府管理，无专门的管理机构。

主要受到过牧、垦殖威胁。

97. 巴图湾湿地重点调查湿地

巴图湾水库重点调查湿地范围面积900公顷，湿地面积900公顷，主要湿地类型为沼泽和人工湿地。地理位置：位于鄂尔多斯市乌审旗无定河镇。

湿地高等植物64科154属248种。

湿地植被划分为3个植被型组，7个植被型，12个群系组和17个群系。

脊椎动物15目20科137种。其中，鱼类1目1科4种，两栖类1目2科4种，爬行类1目1科2种，鸟类8目12科112种，哺乳类4目4科15种。

国家重点保护野生动物19种，全部为鸟类。其中，国家Ⅰ级保护鸟类5种，国家Ⅱ级保护鸟类14种。

管理机构为水库管理站，受萨拉乌苏管委会管理。

主要受到过牧、垦殖威胁。

98. 内蒙古乌梁素海自治区级自然保护区重点调查湿地

内蒙古乌梁素海自治区级自然保护区重点调查湿地范围面积6.0万公顷，湿地面积4.0万公顷，主要湿地类型为河流、湖泊、沼泽和人工湿地。地理坐标为东经108°43′~108°57′，北纬40°47′~41°03′；位于巴彦淖尔市的乌拉特前旗。

湿地高等植物55科140属222种。

湿地植被划分为3个植被型组，8个植被型，13个群系。

脊椎动物18目29科161种。其中，鱼类2目3科8种，两栖类1目2科2种，爬行类1目1科2种，鸟类10目19科132种，哺乳类4目4科17种。

国家重点保护野生动物16种，全部为鸟类。其中，国家Ⅰ级保护鸟类4种，国家Ⅱ级保护鸟类12种。

于1998年建立自治区级自然保护区，受巴彦淖尔市人民政府管理，成立了内蒙古自然保护区管理局。

主要受到过牧、垦殖威胁。

99. 居延海湿地重点调查湿地

居延海湿地重点调查湿地范围面积7000公顷，湿地面积6000公顷，主要湿地类型为河流、湖泊和沼泽湿地。地理位置：位于阿拉善盟额济纳旗达来呼布镇的北部策克。

湿地高等植物32科95属139种。

湿地植被划分为3个植被型组，7个植被型，12个群系组和17个群系。

脊椎动物16目22科132种。其中，鱼类1目1科4种，两栖类1目2科4种，爬行类1目1科2种，鸟类9目13科105种，哺乳类4目5科17种。

国家重点保护野生动物19种，全部为鸟类。其中，国家Ⅰ级保护鸟类5种，国家Ⅱ级保护鸟类14种。

管理机构为湿地管理站，受额济纳旗林业局管理。

主要受到过牧、垦殖威胁。

100. 内蒙古巴丹吉林沙漠湖泊自治区级自然保护区重点调查湿地

内蒙古巴丹吉林沙漠湖泊自治区级自然保护区重点调查湿地范围面积76.0万公顷，湿地面积6000公顷，主要湿地类型为湖泊和沼泽湿地。地理位置：位于阿拉善盟阿拉善右旗境内，该保护区占据了巴丹吉林沙漠的东南部。

湿地高等植物29科81属125种。

湿地植被划分为3个植被型组，8个植被型，20个群系。

脊椎动物纲17目30科75种。其中，鱼类2目3科8种，两栖类1目1科1种，爬行类1目1科2种，鸟类9目21科47种，哺乳类4目4科17种。

国家重点保护野生动物6种，全部为鸟类。其中，国家Ⅰ级保护鸟类1种，国家Ⅱ级保护鸟类5种。

于2002年建立自治区级自然保护区，受阿拉善右旗人民政府管理，成立了内蒙古自然保护区管理站。

主要受到过牧威胁。

101. 黄河湿地重点调查湿地

黄河湿地重点调查湿地范围面积16.7万公顷，湿地面积6.5万公顷，主要湿地类型为河流、湖泊、沼泽和人工湿地。地理坐标为东经96°～119°，北纬32°～42°；位于巴彦淖尔市的乌拉特前旗。

湿地高等植物52科112属201种。

湿地植被划分为3个植被型组，7个植被型，13个群系。

脊椎动物20目34科180种。其中，鱼类3目5科21种，两栖类1目3科5种，爬行类2目2科3种，鸟类10目19科130种，哺乳类4目5科21种。

国家重点保护野生动物9种，均为国家Ⅱ级保护鸟类。

受黄河管理局管理，成立了巴彦淖尔市黄河管理局。

主要受到过牧、开垦威胁。

102. 内蒙古南海子自治区级自然保护区重点调查湿地

内蒙古南海子自治区级自然保护区重点调查湿地范围面积2000公顷，湿地面积1000公顷，主要湿地类型为河流、湖泊和沼泽湿地。地理坐标为东经109°59′02″～110°02′26″，北纬40°30′08″～40°33′32″；位于包头市的东河区。

湿地高等植物36科93属137种。

湿地植被划分为3个植被型组，8个植被型，20个群系。

脊椎动物17目25科106种。其中，鱼类2目3科8种，两栖类1目2科4种，爬行类1目1科2种，鸟类10目15科77种，哺乳类3目4科15种。

国家重点保护野生动物7种，全部为鸟类。其中，国家Ⅰ级保护鸟类2种，国家Ⅱ级保护鸟类5种。

于2000年建立自治区级自然保护区，受包头市东河区人民政府管理，成立了内蒙古自然保护区管理处。

主要受到过牧威胁。

103. 昆都仑水库重点调查湿地

昆都仑水库重点调查湿地范围面积200公顷，湿地面积200公顷，主要湿地类型为沼泽和人工湿地。地理位置：位于包头市昆都仑区新城乡前口子的西北山区瓦窑坎地段，距市区12公里，正是昆都仑河从乌拉山和大青山相接的峪口。

湿地高等植物64科115属164种。

湿地植被划分为3个植被型组，7个植被型，12个群系组和17个群系。

脊椎动物16目24科132种。其中，鱼类1目1科4种，两栖类1目2科4种，爬行类1目1科2种，鸟类9目15科101种，哺乳类4目5科21种。

国家重点保护野生动物37种。其中，国家Ⅰ级保护野生动物8种，国家Ⅱ级保护野生动物29种。在国家重点保护野生动物中，湿地鸟类19种，其中国家Ⅰ级保护鸟类5种，国家Ⅱ级保护鸟类14种。

受包头市水务局管理，成立了昆都仑水库管理站。

主要受到泥沙淤积威胁。

104. 内蒙古哈素海自治区级自然保护区重点调查湿地

内蒙古哈素海自治区级自然保护区重点调查湿地范围面积1.8万公顷，湿地面积4000公顷，主要湿地类型为湖泊、沼泽和人工湿地。地理坐标为东经110°52′~111°02′，北纬40°33′~40°39′；位于呼和浩特市土默特左旗。

湿地高等植物40科149属227种。

湿地植被划分为2个植被型组，2个植被型，3个群系。

脊椎动物19目27科151种。其中，鱼类5目7科38种，两栖类1目2科4种，爬行类1目1科2种，鸟类8目13科102种，哺乳类4目4科5种。

国家重点保护野生动物7种，全部为鸟类。其中，国家Ⅰ级保护鸟类2种，国家Ⅱ级保护鸟类5种。在国家重点保护野生动物中，湿地鸟类7种，其中国家Ⅰ级保护鸟类2种，国家Ⅱ级保护鸟类5种。

于2005年建立自治区级自然保护区，受土默特左旗人民政府管理，成立了内蒙古哈素海自然保护区管理处。

主要受到过牧威胁。

105. 内蒙古大黑山国家级自然保护区重点调查湿地

内蒙古大黑山国家级自然保护区重点调查湿地范围面积5.7万公顷，湿地面积800公顷，主要湿地类型为河流和沼泽湿地。地理坐标为东经120°00′00″～121°31′36″，北纬42°00′00″～42°14′14″；位于赤峰市敖汉旗。

湿地高等植物82科199属402种。

湿地植被划分为3个植被型组，7个植被型，13个群系。

脊椎动物17目28科147种。其中，鱼类2目3科8种，两栖类1目2科4种，爬行类1目1科2种，鸟类有8目16科114种，哺乳类5目6科19种。

国家重点保护野生动物8种。其中，国家Ⅰ级保护野生动物1种，国家Ⅱ级保护野生动物7种。在国家重点保护野生动物中，湿地鸟类6种，其中国家Ⅰ级保护鸟类1种，国家Ⅱ级保护鸟类5种。

于1998年建立自治区级自然保护区，2001年晋升为国家级自然保护区，受敖汉旗人民政府管理，成立了内蒙古大黑山国家级自然保护区管理局。

主要受到过牧、垦殖威胁。

106. 内蒙古大冷山旗级自然保护区重点调查湿地

内蒙古大冷山旗级自然保护区重点调查湿地范围面积4.3万公顷，湿地面积600公顷，主要湿地类型为河流和沼泽湿地。地理位置：位于赤峰市林西县的北部。

湿地高等植物65科145属364种。

湿地植被划分为3个植被型组，8个植被型，13个群系。

脊椎动物17目28科147种。其中，鱼类2目3科8种，两栖类1目2科4种，爬行类1目1科2种，鸟类9目17科123种，哺乳类5目7科25种。

国家重点保护野生动物21种。其中，国家Ⅰ级保护野生动物2种，国家Ⅱ级保护野生动物19种。在国家重点保护野生动物中，湿地鸟类19种，其中国家Ⅰ级保护鸟类2种，国家Ⅱ级保护鸟类17种。

受林西县林业局管理，无专门的管理机构。

主要受到过牧威胁。

107. 内蒙古古日格斯台国家级自然保护区重点调查湿地

内蒙古古日格斯台国家级自然保护区重点调查湿地范围面积9.9万公顷，湿地面积8000公顷，主要湿地类型为河流和沼泽湿地。地理坐标为东经118°03′45″～118°48′36″，北纬44°18′21″～44°34′52″；位于锡林郭勒盟的西乌珠穆沁旗。

湿地高等植物78科171属356种。

湿地植被划分为3个植被型组，8个植被型，18个群系。

脊椎动物17目31科155种。其中，鱼类2目3科6种，两栖类1目2科3种，爬行类1目1科2种，鸟类9目19科125种，哺乳类4目6科19种。

国家重点保护野生动物10种，全部为鸟类。其中，国家Ⅰ级保护鸟类1种，国家Ⅱ级保护鸟类9种。

于2001年建立自治区级自然保护区，2012年晋升为国家级自然保护区，受西乌珠穆沁旗人民政府管理，成立了内蒙古古日格斯台国家级自然保护区管理局。

主要受到过牧威胁。

108. 内蒙古呼日查干淖尔和恩格尔河湿地旗级自然保护区重点调查湿地

内蒙古呼日查干淖尔和恩格尔河湿地旗级自然保护区重点调查湿地范围面积28.6万公顷，湿地面积1.4万公顷，主要湿地类型为河流、湖泊和沼泽湿地。保护区位于锡林郭勒盟，行政区域包括：苏尼特左旗和阿巴嘎旗，地理位置：位于阿巴嘎旗西南部。

湿地高等植物65科145属364种。

湿地植被划分为4个植被型组，8个植被型，13个群系。

脊椎动物18目29科154种。其中，鱼类2目3科8种，两栖类1目2科3种，爬行类1目1科2种，鸟类10目18科119种，哺乳类4目5科22种。

国家重点保护野生动物19种，全部为鸟类。其中，国家Ⅰ级保护鸟类2种，国家Ⅱ级保护鸟类17种。

受阿巴嘎旗环境保护局管理，无专门的管理机构。

主要受到过牧威胁。

109. 绰尔河重点调查湿地

绰尔河重点调查湿地范围面积900公顷，湿地面积900公顷；主要湿地类型为河流和沼泽湿地。地理坐标为东经121°13′~121°38′，北纬47°10′~47°35′；位于呼伦贝尔市的扎兰屯市。

湿地高等植物52科132属315种。

湿地植被划分为5个植被型组，11个植被型，50个群系。

脊椎动物23目37科194种。其中，鱼类5目8科45种，两栖类2目3科4种，爬行类2目2科3种，鸟类9目17科117种，哺乳类5目7科25种。

国家重点保护野生动物28种。其中，国家Ⅰ级保护野生动物8种，国家Ⅱ级保护野生动物

20种。在国家重点保护野生动物中，湿地鸟类25种，其中国家Ⅰ级保护鸟类8种，国家Ⅱ级保护鸟类17种。

受柴河林业局管理，无专门的管理机构。

主要受垦殖威胁。

110. 德岭山水库重点调查湿地

德岭山水库重点调查湿地范围面积200公顷，湿地面积200公顷，主要湿地类型为人工湿地。地理位置：位于乌拉特中旗南部狼山南麓。

湿地高等植物64科149属332种。

湿地植被划分为3个植被型组，7个植被型，12个群系组和17个群系。

脊椎动物15目28科132种。其中，鱼类1目1科4种，两栖类1目2科4种，爬行类1目1科2种，鸟类8目19科101种，哺乳类4目5科21种。

国家重点保护野生动物19种。其中，国家Ⅰ级保护野生动物5种，国家Ⅱ级保护野生动物14种。在国家重点保护野生动物中，湿地鸟类19种，其中国家Ⅰ级保护鸟类5种，国家Ⅱ级保护鸟类14种。

受乌拉特中旗水务局管理，成立了德岭山水库管理站。

主要受到泥沙淤积威胁。

111. 内蒙古镜湖湿地旗级自然保护区重点调查湿地

内蒙古镜湖湿地旗级自然保护区重点调查湿地范围面积600公顷，湿地面积600公顷，主要湿地类型为湖泊、沼泽和人工湿地。地理坐标为东经105°53′~106°15′，北纬40°13′~42°28′；位于巴彦淖尔市的临河区。

湿地高等植物40科149属227种。

湿地植被划分为2个植被型组，2个植被型，3个群系。

脊椎动物21目33科166种。其中，鱼类5目7科38种，两栖类

1目2科4种，爬行类1目1科2种，鸟类10目17科105种，哺乳类4目5科17种。

国家重点保护野生动物7种，全部为鸟类。其中，国家Ⅰ级保护鸟类2种，国家Ⅱ级保护鸟类5种。

受临河农场管理，无专门的管理机构。

主要受到过牧、垦殖威胁。

112. 孟王栓海子重点调查湿地

孟王栓海子重点调查湿地范围面积200公顷，湿地面积200公顷，主要湿地类型为湖泊和沼泽湿地。地理位置：位于五原县胜丰镇境内。

湿地高等植物64科149属332种。

湿地植被划分为3个植被型组，7个植被型，12个群系组和17个群系。

脊椎动物16目27科145种。其中，鱼类1目1科4种，两栖类1目2科4种，爬行类1目1科2种，鸟类9目18科119种，哺乳类4目5科16种。

国家重点保护野生动物19种，全部为鸟类。其中，国家Ⅰ级保护鸟类5种，国家Ⅱ级保护鸟类14种。

受五原县胜丰镇人民政府管理，无专门的管理机构。

主要受到过牧、垦殖威胁。

113. 哈布气河重点调查湿地

哈布气重点调查湿地范围面积1000公顷，湿地面积1000公顷，主要湿地类型为河流和沼泽湿地。地理坐标为东经120°54′~121°21′，北纬47°13′~47°23′；位于呼伦贝尔市的扎兰屯市。

湿地高等植物52科135属302种。

湿地植被划分为4个植被型组，7个植被型，50个群系。

脊椎动物22目35科182种。其中，鱼类5目8科45种，两栖类2目3科4种，爬行类1目1科2种，鸟类9目17科106种，哺乳类5目6科25种。

国家重点保护野生动物25种，全部为鸟类。其中，国家Ⅰ级保护鸟类8种，国家Ⅱ级保护鸟类17种。

受柴河林业局管理，无专门的管理机构。

主要受垦殖威胁。

114. 内蒙古柴河自治区级自然保护区重点调查湿地

内蒙古柴河自治区级自然保护区重点调查湿地范围面积1.9万公顷，湿地面积2000公顷，主要湿地类型为河流和沼泽湿地。地理坐标为东经120°43′53″~120°57′17″，北纬47°22′50″~47°32′08″；位于呼伦贝尔市的扎兰屯市。

湿地高等植物73科187属401种。

湿地植被划分为5个植被型组，10个植被型，30个群系。

脊椎动物17目28科147种。其中，鱼类2目3科8种，两栖类1目2科4种，爬行类1目1科2种，鸟类8目16科107种，哺乳类5目6科26种。

国家重点保护野生动物11种。其中，国家Ⅰ级保护野生动物1种，国家Ⅱ级保护野生动物10种。在国家重点保护野生动物中，湿地鸟类9种，其中国家Ⅰ级保护鸟类1种，国家Ⅱ级保护鸟类8种。

于2007年建立自治区级自然保护区，受柴河林业局管理，成立了内蒙古柴河自然保护区管理站。

主要受到垦殖威胁。

115. 内蒙古室韦自治区级自然保护区重点调查湿地

内蒙古室韦自治区级自然保护区重点调查湿地范围面积11.0万公顷，湿地面积1.0万公顷，主要湿地类型为河流和沼泽湿地。地理坐标为东经119°18′~120°15′，北纬50°08′~50°31′；位于呼伦贝尔市的额尔古纳市。

湿地高等植物58科159属347种。

湿地植被划分为3个植被型组，6个植被型，30个群系。

脊椎动物19目30科145种。其中，鱼类2目3科8种，两栖类2目3科4种，爬行类2目2科3种，鸟类 7 目 15 科 105 种，哺乳类 6 目 7 科 25 种。

国家重点保护野生动物 11 种。其中，国家Ⅰ级保护野生动物 1 种，国家Ⅱ级保护野生动物 10 种。在国家重点保护野生动物中，湿地鸟类 9 种，其中国家Ⅰ级保护鸟类 1 种，国家Ⅱ级保护鸟类 8 种。

于 2003 年建立自治区级自然保护区，受额尔古纳林业局管理，成立了内蒙古室韦自然保护区管理站。

主要受到过牧、垦殖威胁。

116. 内蒙古伊敏河源头湿地旗级自然保护区重点调查湿地

伊敏河源头湿地旗级自然保护区重点调查湿地范围面积 1.9 万公顷，湿地面积 2000 公顷，主要湿地类型为河流和沼泽湿地。位于鄂温克族自治旗南端。

湿地高等植物 52 科 152 属 315 种。

湿地植被划分为 4 个植被型组，7 个植被型，50 个群系。

脊椎动物 18 目 28 科 149 种。其中，鱼类 3 目 4 科 5 种，两栖类 1 目 2 科 2 种，爬行类 1 目 1 科 2 种，鸟类 8 目 15 科 113 种，哺乳类 5 目 6 科 27 种。

国家重点保护野生动物 27 种。其中，国家Ⅰ级保护野生动物 8 种，国家Ⅱ级保护野生动物 19 种。在国家重点保护野生动物中，湿地鸟类 25 种，其中国家Ⅰ级保护鸟类 8 种，国家Ⅱ级保护鸟类 17 种。

受鄂温克族自治旗环境保护局管理，无专门的管理机构。

主要受过牧、垦殖威胁。

117. 内蒙古红花尔基樟子松国家级自然保护区重点调查湿地

内蒙古红花尔基樟子松国家级自然保护区重点调查湿地范围面积 2.0 万公顷，湿地面积 300 公顷，主要湿地类型为河流和沼泽湿地。地理坐标为东经 120°09′~120°32′，北纬 48°02′~48°08′；位于呼伦贝尔市的鄂温克族自治旗。

湿地高等植物 76 科 175 属 359 种。

湿地植被划分为4个植被型组，5个植被型，18个群系。

脊椎动物18目28科149种。其中，鱼类2目3科6种，两栖类1目3科3种，爬行类1目1科2种，鸟类7目14科106种，哺乳类5目7科25种。

国家重点保护野生动物12种。其中，国家Ⅰ级保护野生动物1种，国家Ⅱ级保护野生动物11种。在国家重点保护野生动物中，湿地鸟类10种，其中国家Ⅰ级保护鸟类1种，国家Ⅱ级保护鸟类9种。

于1998年建立自治区级自然保护区，2003年晋升为国家级自然保护区，受红花尔基林业局管理，成立了内蒙古红花尔基樟子松林国家级自然保护区管理局。

主要受到过牧威胁。

118. 务大哈气河重点调查湿地

务大哈气河重点调查湿地范围面积3000公顷，湿地面积800公顷，主要湿地类型为河流和沼泽湿地。地理坐标为东经122°33′~122°44′，北纬47°51′~47°53′；位于呼伦贝尔市的扎兰屯市。

湿地高等植物52科163属319种。

湿地植被划分为4个植被型组，7个植被型，50个群系。

脊椎动物20目33科189种。其中，鱼类5目8科45种，两栖类1目2科2种，爬行类1目1科2种，鸟类8目16科113种，哺乳类5目6科27种。

国家重点保护野生动物27种。其中，国家Ⅰ级保护野生动物8种，国家Ⅱ级保护野生动物19种。在国家重点保护野生动物中，湿地鸟类25种，其中国家Ⅰ级保护鸟类8种，国家Ⅱ级保护鸟类17种。

受南木林业局管理，无专门的管理机构。

主要受垦殖威胁。

119. 音河重点调查湿地

音河重点调查湿地范围面积3000公顷，湿地面积800公顷；主要湿地类型为河流和沼泽湿地。地理坐标为东经122°59′~123°17′，北纬47°57′~48°05′；位于呼伦贝尔市的阿荣旗。

湿地高等植物52科163属319种。

湿地植被划分为4个植被型组，7个植被型，50个群系。

脊椎动物20目33科189种。其中，鱼类5目8科45种，两栖类1目2科2种，爬行类1目1科2种，鸟类8目16科113种，哺乳类5目6科27种。

国家重点保护野生动物27种。其中，国家Ⅰ级保护野生动物8种，国家Ⅱ级保护野生动物19种。在国家重点保护野生动物中，湿地鸟类25种，其中国家Ⅰ级保护鸟类8种，国家Ⅱ级保护鸟类17种。

受阿荣旗水务局管理，无专门的管理机构。

主要受垦殖威胁。

120. 内蒙古旺业甸市级自然保护区重点调查湿地

内蒙古旺业甸市级自然保护区重点调查湿地范围面积1.0万公顷，湿地面积1.0万公顷，主要湿地类型为河流和人工湿地。地理位置：位于赤峰市喀喇沁旗的旺业甸镇，与河北省隆化县、围场县相邻。

湿地高等植物85科191属405种。

湿地植被划分为3个植被型组，5个植被型，31个群系。

脊椎动物18目29科159种。其中，鱼类2目4科11种，两栖类1目2科4种，爬行类1目1科2种，鸟类9目16科117种，哺乳类5目6科25种。

国家重点保护野生动物9种。其中，国家Ⅰ级保护野生动物1种，国家Ⅱ级保护野生动物8种。在国家重点保护野生动物中，湿地鸟类7种，其中国家Ⅰ级保护鸟类1种，国家Ⅱ级保护鸟类6种。

受喀喇沁旗林业局管理，无专门的管理机构。

主要受到垦殖威胁。

121. 牧羊海重点调查湿地

牧羊海重点调查湿地范围面积3000公顷，湿地面积3000公顷，主要湿地类型为湖泊和沼泽湿地。位于巴彦淖尔市乌拉特中旗南部的狼山南麓。

湿地高等植物64科158属346种。

湿地植被划分为3个植被型组，7个植被型，12个群系组和17个群系。

脊椎动物18目29科159种。其中，鱼类2目4科11种，两栖类1目2科4种，爬行类1目

1科2种，鸟类有9目16科117种，哺乳类5目6科25种。

国家重点保护野生动物19种，全部为鸟类。其中，国家Ⅰ级保护鸟类5种，国家Ⅱ级保护鸟类14种。

受乌拉特中旗林业局管理，无专门的管理机构。

主要受到泥沙淤积威胁。

122. 内蒙古汗马国家级自然保护区重点调查湿地

内蒙古汗马国家级自然保护区重点调查湿地范围面积10.7万公顷，湿地面积3.5万公顷，主要湿地类型为河流和沼泽湿地。地理坐标为东经122°24′18″～122°51′54″，北纬51°29′49″～51°35′56″；位于呼伦贝尔市的根河市。

湿地高等植物80科185属405种。

湿地植被划分为4个植被型组，10个植被型，28个群系。

脊椎动物17目34科174种。其中，鱼类2目9科28种，两栖类1目3科3种，爬行类1目1科2种，鸟类8目15科115种，哺乳类5目6科26种。

国家重点保护野生动物12种。其中，国家Ⅰ级保护野生动物1种，国家Ⅱ级保护野生动物11种。在国家重点保护野生动物中，湿地鸟类10种，其中国家Ⅰ级保护鸟类1种，国家Ⅱ级保护鸟类9种。

于1994年建立自治区级自然保护区，1996年晋升为国家级自然保护区，受内蒙古大兴安岭林管局管理，成立了内蒙古汗马国家级自然保护区管理局。

主要无受威胁因子。

123. 内蒙古额尔古纳国家级自然保护区重点调查湿地

内蒙古额尔古纳国家级自然保护区重点调查湿地范围面积9000公顷，湿地面积7000公顷，主要湿地类型为河流和沼泽湿地。地理坐标为东经120°00′26″～120°58′02″，北纬51°29′25″～52°06′00″；位于呼伦贝尔市的额尔古纳市。

湿地高等植物81科186属401种。

湿地植被划分为5个植被型组，8个植被型，12个群系。

脊椎动物17目34科174种。其中，鱼类2目9科28种，两栖类1目3科3种，爬行类1目1科2种，鸟类8目15科115种，哺乳类5目6科26种。

国家重点保护野生动物12种。其中，国家Ⅰ级保护野生动物1种，国家Ⅱ级保护野生动物11种。在国家重点保护野生动物中，湿地鸟类10种，其中国家Ⅰ级保护鸟类1种，国家Ⅱ级保护鸟类9种。

于2000年建立自治区级自然保护区，2004年晋升为国家级自然保护区，受内蒙古大兴安岭林管局管理，成立了内蒙古额尔古纳国家级自然保护区管理局。

无受威胁因子。

124. 内蒙古乌玛省部级自然保护区重点调查湿地

内蒙古乌玛省部级自然保护区重点调查湿地范围面积1.5万公顷，湿地面积1.5万公顷，主要湿地类型为河流和沼泽湿地。地理坐标为东经120°01′20″～121°49′00″，北纬52°27′52″～53°20′00″；位于呼伦贝尔市的额尔古纳市。

湿地高等植物82科191属423种。

湿地植被划分为5个植被型组，10个植被型，12个群系。

脊椎动物27目42科200种。其中，圆口类1目1科1种，鱼类6目9科31种，两栖类2目4科7种，爬行类2目2科4种，鸟类10目18科129种，哺乳类6目8科28种。

国家重点保护野生动物13种。其中，国家Ⅰ级保护野生动物1种，国家Ⅱ级保护野生动物12种。在国家重点保护野生动物中，湿地鸟类10种，其中国家Ⅰ级保护鸟类1种，国家Ⅱ级保护鸟类9种。

于2004年建立省部级自然保护区，受内蒙古大兴安岭林管局管理，管理机构为内蒙古大兴安岭北部原始林区森林管护局。

无受威胁因子。

125. 内蒙古阿鲁省部级自然保护区重点调查湿地

内蒙古阿鲁省部级自然保护区重点调查湿地范围面积9000公顷，湿地面积9000公顷，主要湿地类型为河流和沼泽湿地。地理坐标为东经121°56′10″～122°28′25″，北纬52°13′29″～52°30′52″；位于呼伦贝尔市的根河市。

湿地高等植物82科191属423种。

湿地植被划分为5个植被型组，10个植被型，12个群系。

脊椎动物27目42科200种。其中，圆口类1目1科1种，鱼类6目9科31种，两栖类2目4科7种，爬行类2目2科4种，鸟类10目18科129种，哺乳类6目8科28种。

国家重点保护野生动物13种。其中，国家Ⅰ级保护野生动物1种，国家Ⅱ级保护野生动物12种。在国家重点保护野生动物中，湿地鸟类10种，其中国家Ⅰ级保护鸟类1种，国家Ⅱ级保护鸟类9种。

于2002年建立省部级自然保护区，受内蒙古大兴安岭林管局管理，无专门的管理机构。

无受威胁因子。

126. 内蒙古兴安里省部级自然保护区重点调查湿地

内蒙古兴安里省部级自然保护区重点调查湿地范围面积1.1万公顷，湿地面积1.1万公顷，主要湿地类型为河流和沼泽湿地。地理坐标为东经122°05′20″～122°26′50″，北纬49°42′14″～49°57′41″；位于呼伦贝尔市的牙克石市。

湿地高等植物82科191属423种。

湿地植被划分为5个植被型组，10个植被型，12个群系。

脊椎动物27目42科200种。其中，圆口类1目1科1种，鱼类6目9科31种，两栖类2目4科7种，爬行类2目2科4种，鸟类10目18科129种，哺乳类6目8科28种。

国家重点保护野生动物13种。其中，国家Ⅰ级保护野生动物1种，国家Ⅱ级保护野生动物12种。在国家重点保护野生动物中，湿地鸟类10种，其中国家Ⅰ级保护鸟类1种，国家Ⅱ级保护鸟类9种。

于2002年建立省部级自然保护区，受内蒙古大兴安岭林管局管理，无专门的管理机构，乌尔其汗林业局代管。

无受威胁因子。

127. 内蒙古毕拉河省部级自然保护区重点调查湿地

内蒙古毕拉河省部级自然保护区重点调查湿地范围面积1.6万公顷，湿地面积1.6万公顷，主要湿地类型为河流和沼泽湿地。地理坐标为东经123°01′10″~123°19′10″，北纬49°23′54″~49°26′53″；位于呼伦贝尔市的牙克石市。

湿地高等植物82科191属423种。

湿地植被划分为5个植被型组，10个植被型，12个群系。

脊椎动物27目42科200种。其中，圆口类1目1科1种，鱼类6目9科31种，两栖类2目4科7种，爬行类2目2科4种，鸟类10目18科129种，哺乳类6目8科28种。

国家重点保护野生动物13种。其中，国家Ⅰ级保护野生动物1种，国家Ⅱ级保护野生动物12种。在国家重点保护野生动物中，湿地鸟类10种，其中国家Ⅰ级保护鸟类1种，国家Ⅱ级保护鸟类9种。

于2004年建立省部级自然保护区，受内蒙古大兴安岭林管局管理，无专门的管理机构，毕拉河林业局代管。

无受威胁因子。

128. 内蒙古奎勒河省部级自然保护区重点调查湿地

内蒙古奎勒河省部级自然保护区重点调查湿地范围面积1.1万公顷，湿地面积1.1万公顷，主要湿地类型为河流和沼泽湿地。地理坐标为东经123°25′54″~123°51′23″，北纬50°07′52″~50°25′54″；位于呼伦贝尔市的鄂伦春族自治旗。

湿地高等植物82科191属423种。

湿地植被划分为5个植被型组，10个植被型，12个群系。

脊椎动物27目42科200种。其中，圆口类1目1科1种，鱼类6目9科31种，两栖类2目4科7种，爬行类2目2科4种，鸟类10目18科129种，哺乳类6目8科28种。

国家重点保护野生动物13种。其中，国家Ⅰ级保护野生动物1种，国家Ⅱ级保护野生动物12种。在国家重点保护野生动物中，湿地鸟类10种，其中国家Ⅰ级保护鸟类1种，国家Ⅱ级保护鸟类9种。

于2004年建立省部级自然保护区，受内蒙古大兴安岭林管局管理，无专门的管理机构，阿里河林业局代管。

无受威胁因子。

129. 内蒙古阿尔山省部级自然保护区重点调查湿地

内蒙古阿尔山省部级自然保护区重点调查湿地范围面积1.0万公顷，湿地面积1.0万公顷，主要湿地类型为河流、湖泊和沼泽湿地。地理坐标为东经120°22′33″～120°42′54″，北纬47°16′51″～47°32′03″；位于呼伦贝尔市，行政区域包括：兴安盟的阿尔山市、科尔沁右翼前旗，呼伦贝尔盟的扎兰屯市。

湿地高等植物85科193属437种。

湿地植被划分为5个植被型组，10个植被型，10个群系。

脊椎动物29目46科209种。其中，圆口类1目1科1种，鱼类8目12科40种，两栖类2目4科7种，爬行类2目2科4种，鸟类有10目19科131种，哺乳类6目8科26种。

国家重点保护野生动物14种。其中，国家Ⅰ级保护野生动物2种，国家Ⅱ级保护野生动物12种。在国家重点保护野生动物中，湿地鸟类11种，其中国家Ⅰ级保护鸟类2种，国家Ⅱ级保护鸟类9种。

于2004年建立省部级自然保护区，受内蒙古大兴安岭林管局管理，无专门的管理机构，阿尔山林业局代管。

无受威胁因子。

130. 内蒙古金、阿、满苔藓湿地重点调查湿地

内蒙古金、阿、满湿地重点调查湿地范围面积10.6万公顷，湿地面积10.6万公顷，主要湿地类型为河流、湖泊和沼泽湿地。地理坐标为东经121°23′11″～122°45′12″，北纬51°03′10″～52°16′59″；位于呼伦贝尔市的根河市。

湿地高等植物85科193属437种。

湿地植被划分为5个植被型组，

10个植被型，10个群系。

脊椎动物29目46科209种。其中，圆口类1目1科1种，鱼类8目12科40种，两栖类2目4科7种，爬行类2目2科4种，鸟类10目19科131种，哺乳类6目8科26种。

国家重点保护野生动物14种。其中，国家Ⅰ级保护野生动物2种，国家Ⅱ级保护野生动物12种。在国家重点保护野生动物中，湿地鸟类11种，其中国家Ⅰ级保护鸟类2种，国家Ⅱ级保护鸟类9种。

受内蒙古大兴安岭林管局管理，无专门的管理机构，金河、阿龙山、满归林业局代管。

无受威胁因子。

131. 阿北冻土重点调查湿地

阿北冻土重点调查湿地范围面积2.5万公顷，湿地面积2.5万公顷，主要湿地类型为河流和沼泽湿地。地理坐标为东经121°53′01″～122°42′40″，北纬51°36′02″～51°53′28″；位于呼伦贝尔市的根河市。

湿地高等植物82科191属423种。

湿地植被划分为5个植被型组，10个植被型，12个群系。

脊椎动物27目42科200种。其中，圆口类1目1科1种，鱼类6目9科31种，两栖类2目4科7种，爬行类2目2科4种，鸟类10目18科129种，哺乳类6目8科28种。

国家重点保护野生动物13种。其中，国家Ⅰ级保护野生动物1种，国家Ⅱ级保护野生动物12种。在国家重点保护野生动物中，湿地鸟类10种，其中国家Ⅰ级保护鸟类1种，国家Ⅱ级保护鸟类9种。

受内蒙古大兴安岭林管局管理，无专门的管理机构，阿龙山林业局代管。

无受威胁因子。

132. 内蒙古根河重点调查湿地

根河重点调查湿地范围面积9.1万公顷，湿地面积9.1万公顷，主要湿地类型为河流和沼泽湿地。地理坐标为东经120°41′30″～122°42′30″，北纬50°25′30″～51°17′00″；位于呼伦贝尔市的根河市。

湿地高等植物82科191属423种。

湿地植被划分为5个植被型组，10个植被型，12个群系。

脊椎动物27目42科200种。其中，圆口类1目1科1种，鱼类6目9科31种，两栖类2目

4科7种，爬行类2目2科4种，鸟类10目18科129种，哺乳类6目8科28种。

国家重点保护野生动物13种。其中，国家Ⅰ级保护野生动物1种，国家Ⅱ级保护野生动物12种。在国家重点保护野生动物中，湿地鸟类10种，其中国家Ⅰ级保护鸟类1种，国家Ⅱ级保护鸟类9种。

受内蒙古大兴安岭林管局管理，无专门的管理机构，根河林业局代管。

无受威胁因子。

133. 内蒙古伊图里河重点调查湿地

伊图里河重点调查湿地范围面积2.1万公顷，湿地面积2.1万公顷，主要湿地类型为河流和沼泽湿地。地理坐标为东经121°29′42″～123°15′58″，北纬50°32′26″～50°51′11″；位于呼伦贝尔市的牙克石市。

湿地高等植物82科191属423种。

湿地植被划分为5个植被型组，10个植被型，12个群系。

脊椎动物27目42科200种。其中，圆口类1目1科1种，鱼类6目9科31种，两栖类2目4科7种，爬行类2目2科4种，鸟类10目18科129种，哺乳类6目8科28种。

国家重点保护野生动物13种。其中，国家Ⅰ级保护野生动物1种，国家Ⅱ级保护野生动物12种。在国家重点保护野生动物中，湿地鸟类10种，其中国家Ⅰ级保护鸟类1种，国家Ⅱ级保护鸟类9种。

受内蒙古大兴安岭林管局管理，无专门的管理机构，伊图里河林业局代管。

无受威胁因子。

134. 内蒙古图里河重点调查湿地

图里河重点调查湿地范围面积4.4万公顷，湿地面积4.4万公顷；主要湿地类型为河流和沼泽湿地。地理坐标为东经120°51′44″～122°16′25″，北纬49°50′16′42″～50°34′56″；位于呼伦贝尔市的牙克石市。

湿地高等植物82科191属423种。

湿地植被划分为5个植被型组，10个植被型，12个群系。

脊椎动物27目42科200种。其中，圆口类1目1科1种，鱼类6目9科31种，两栖类2目4科7种，爬行类2目2科4种，鸟类10目18科129种，哺乳类6目8科28种。

国家重点保护野生动物13种。其中，国家Ⅰ级保护野生动物1种，国家Ⅱ级保护野生动物12种。在国家重点保护野生动物中，湿地鸟类10种，其中国家Ⅰ级保护鸟类1种，国家Ⅱ级保护鸟类9种。

受内蒙古大兴安岭林管局管理，无专门的管理机构，图里河林业局代管。

无受威胁因子。

135. 内蒙古库都尔重点调查湿地

库都尔重点调查湿地范围面积5.8万公顷，湿地面积5.8万公顷，主要湿地类型为河流和沼泽湿地。地理坐标为东经120°52′29″~121°48′59″，北纬49°37′01″~50°08′55″；位于呼伦贝尔市的牙克石市。

湿地高等植物82科191属423种。

湿地植被划分为5个植被型组，10个植被型，12个群系。

脊椎动物27目42科200种。其中，圆口类1目1科1种，鱼类6目9科31种，两栖类2目4科7种，爬行类2目2科4种，鸟类10目18科129种，哺乳类6目8科28种。

国家重点保护野生动物13种。其中，国家Ⅰ级保护野生动物1种，国家Ⅱ级保护野生动物12种。在国家重点保护野生动物中，湿地鸟类10种，其中国家Ⅰ级保护鸟类1种，国家Ⅱ级保护鸟类9种。

受内蒙古大兴安岭林管局管理，无专门的管理机构，库都尔林业局代管。

无受威胁因子。

136. 内蒙古乌尔旗汉重点调查湿地

乌尔旗汉重点调查湿地范围面积6.2万公顷，湿地面积6.2万公顷，主要湿地类型为河流和沼泽湿地。地理坐标为东经121°13′16″～122°11′49″，北纬49°15′29″～49°55′05″；位于呼伦贝尔市的牙克石市。

湿地高等植物82科191属423种。

湿地植被划分为5个植被型组，10个植被型，12个群系。

脊椎动物27目42科200种。其中，圆口类1目1科1种，鱼类6目9科31种，两栖类2目4科7种，爬行类2目2科4种，鸟类10目18科129种，哺乳类6目8科28种。

国家重点保护野生动物13种。其中，国家Ⅰ级保护野生动物1种，国家Ⅱ级保护野生动物12种。在国家重点保护野生动物中，湿地鸟类10种，其中国家Ⅰ级保护鸟类1种，国家Ⅱ级保护鸟类9种。

受内蒙古大兴安岭林管局管理，无专门的管理机构，乌尔旗汉林业局代管。

无受威胁因子。

137. 内蒙古甘河上游重点调查湿地

甘河上游重点调查湿地范围面积3.1万公顷，湿地面积3.1万公顷，主要湿地类型为河流和沼泽湿地。地理坐标为东经122°52′12″～123°16′07″，北纬50°47′05″～51°13′42″；位于呼伦贝尔市的鄂伦春族自治旗。

湿地高等植物82科191属423种。

湿地植被划分为5个植被型组，10个植被型，12个群系。

脊椎动物27目42科200种。其中，圆口类1目1科1种，鱼类6目9科31种，两栖类2目4科7种，爬行类2目2科4种，鸟类10目18科129种，哺乳类6目8科28种。

国家重点保护野生动物13种。其中，国家Ⅰ级保护野生动物1种，国家Ⅱ级保护野生动物12种。在国家重点保护野生动物中，湿地鸟类10种，其中国家Ⅰ级保护鸟类1种，国家Ⅱ级保护鸟类9种。

受内蒙古大兴安岭林管局管理，无专门的管理机构，甘河林业局代管。

无受威胁因子。

138. 内蒙古北大河重点调查湿地

北大河重点调查湿地范围面积5.0万公顷，湿地面积5.0万公顷，主要湿地类型为河流和沼泽湿地。地理坐标为东经121°59′49″～123°07′41″，北纬48°49′33″～49°42′07″；位于呼伦贝尔市的鄂伦春族自治旗。

湿地高等植物82科191属423种。

湿地植被划分为5个植被型组，10个植被型，12个群系。

脊椎动物27目42科200种。其中，圆口类1目1科1种，鱼类6目9科31种，两栖类2目4科7种，爬行类2目2科4种，鸟类10目18科129种，哺乳类6目8科28种。

国家重点保护野生动物13种。其中，国家Ⅰ级保护野生动物1种，国家Ⅱ级保护野生动物12种。在国家重点保护野生动物中，湿地鸟类10种，其中国家Ⅰ级保护鸟类1种，国家Ⅱ级保护鸟类9种。

受内蒙古大兴安岭林管局管理，无专门的管理机构，伊图里河林业局温河生态功能区管理处代管。

无受威胁因子。

139. 内蒙古胡地气重点调查湿地

胡地气重点调查湿地范围面积1.1万公顷，湿地面积1.1万公顷，主要湿地类型为河流和沼泽湿地。地理坐标为东经123°52′47″～124°18′31″，北纬49°44′37″～50°09′56″；位于呼伦贝尔市的鄂伦春族自治旗。

湿地高等植物82科191属423种。

湿地植被划分为5个植被型组，10个植被型，12个群系。

脊椎动物27目42科200种。其中，圆口类1目1科1种，鱼类6目9科31种，两栖类2目4科7种，爬行类2目2科4种，鸟类10目18科129种，哺乳类6目8科28种。

国家重点保护野生动物13种。其中，国家Ⅰ级保护野生动物1种，国家Ⅱ级保护野生动物12种。在国家重点保护野生动物中，湿地鸟类10种，其中国家Ⅰ级保护鸟类1种，国家Ⅱ级保护鸟类9种。

受内蒙古大兴安岭林管局管理，无专门的管理机构，大杨树林业局代管。

无受威胁因子。

140. 内蒙古卧罗河重点调查湿地

卧罗河重点调查湿地范围面积1.1万公顷，湿地面积1.1万公顷，主要湿地类型为河流和沼泽湿地。地理坐标为东经123°49′12.02″~124°20′1.62″，北纬49°42′45.30″~49°32′13.07″；位于呼伦贝尔市的鄂伦春族自治旗。

湿地高等植物82科191属423种。

湿地植被划分为5个植被型组，10个植被型，12个群系。

脊椎动物27目42科200种。其中，圆口类1目1科1种，鱼类6目9科31种，两栖类2目4科7种，爬行类2目2科4种，鸟类10目18科129种，哺乳类6目8科28种。

国家重点保护野生动物13种。其中，国家Ⅰ级保护野生动物1种，国家Ⅱ级保护野生动物12种。在国家重点保护野生动物中，湿地鸟类10种，其中国家Ⅰ级保护鸟类1种，国家Ⅱ级保护鸟类9种。

受内蒙古大兴安岭林管局管理，无专门的管理机构，大杨树林业局代管。

无受威胁因子。

141. 内蒙古多布库尔河重点调查湿地

多布库尔河重点调查湿地范围面积3.5万公顷，湿地面积3.5万公顷，主要湿地类型为河流和沼泽湿地。地理坐标为东经124°35′34″~125°19′43″，北纬49°49′44″~50°18′59″；位于呼伦贝尔市的鄂伦春族自治旗。

湿地高等植物82科191属423种。

湿地植被划分为5个植被型组，10个植被型，12个群系。

脊椎动物27目42科200种。其中，圆口类1目1科1种，鱼类6目9科31种，两栖类2目4科7种，爬行类2目2科4种，鸟类10目18科129种，哺乳类6目8科28种。

国家重点保护野生动物13种。其中，国家Ⅰ级保护野生动物1种，国家Ⅱ级保护野生动物12种。在国家重点保护野生动物中，湿地鸟类10种，其中国家Ⅰ级保护鸟类1种，国家Ⅱ级保护鸟类9种。

受内蒙古大兴安岭林管局管理，无专门的管理机构，大杨树林业局代管。

无受威胁因子。

142. 内蒙古扎文其汗重点调查湿地

扎文其汗重点调查湿地范围面积9000公顷，湿地面积9000公顷，主要湿地类型为沼泽湿地。地理坐标为东经122°51′49″~123°20′44″，北纬49°34′08″~49°49′58″；位于呼伦贝尔市的鄂伦春族自治旗。

湿地高等植物82科191属423种。

湿地植被划分为5个植被型组，10个植被型，12个群系。

脊椎动物27目42科200种。其中，圆口类1目1科1种，鱼类6目9科31种，两栖类2目4科7种，爬行类2目2科4种，鸟类10目18科129种，哺乳类6目8科28种。

国家重点保护野生动物13种。其中，国家Ⅰ级保护野生动物1种，国家Ⅱ级保护野生动物12种。在国家重点保护野生动物中，湿地鸟类10种，其中国家Ⅰ级保护鸟类1种，国家Ⅱ级保护鸟类9种。

受内蒙古大兴安岭林管局管理，成立了毕拉河林业局扎文其汗管护站。

无受威胁因子。

143. 内蒙古绰尔河重点调查湿地

绰尔河重点调查湿地范围面积2.9万公顷，湿地面积2.9万公顷，主要湿地类型为河流、湖泊和沼泽湿地。地理坐标为东经120°40′08″~121°38′13″，北纬47°28′37″~48°35′49″；位于呼伦贝尔市，行政辖区包括：扎兰屯市和牙克石市。

湿地高等植物82科191属423种。

湿地植被划分为5个植被型组，

10个植被型，12个群系。

脊椎动物27目42科200种。其中，圆口类1目1科1种，鱼类6目9科31种，两栖类2目4科7种，爬行类2目2科4种，鸟类10目18科129种，哺乳类6目8科28种。

国家重点保护野生动物13种。其中，国家Ⅰ级保护野生动物1种，国家Ⅱ级保护野生动物12种。在国家重点保护野生动物中，湿地鸟类10种，其中国家Ⅰ级保护鸟类1种，国家Ⅱ级保护鸟类9种。

受内蒙古大兴安岭林管局管理，无专门的管理机构，绰尔林业局代管。

无受威胁因子。

144. 内蒙古金江沟地热重点调查湿地

金江沟地热重点调查湿地范围面积2000公顷，湿地面积2000公顷，主要湿地类型为河流、湖泊和沼泽湿地。地理坐标为东经120°16′12″~120°22′33″，北纬47°06′11″~47°17′53″；位于兴安盟的阿尔山市。

湿地高等植物82科191属423种。

湿地植被划分为5个植被型组，10个植被型，12个群系。

脊椎动物27目42科200种。其中，圆口类1目1科1种，鱼类6目9科31种，两栖类2目4科7种，爬行类2目2科4种，鸟类10目18科129种，哺乳类6目8科28种。

国家重点保护野生动物13种。其中，国家Ⅰ级保护野生动物1种，国家Ⅱ级保护野生动物12种。在国家重点保护野生动物中，湿地鸟类10种，其中国家Ⅰ级保护鸟类1种，国家Ⅱ级保护鸟类9种。

受内蒙古大兴安岭林管局管理，无专门的管理机构，阿尔山林业局代管。

无受威胁因子。

145. 内蒙古银江沟重点调查湿地

银江沟重点调查湿地范围面积900公顷，湿地面积900公顷，主要湿地类型为沼泽湿地。地理坐标为东经120°16′12″~120°22′33″，北纬47°06′11″~ 47°17′53″；位于兴安盟的阿尔山市。

湿地高等植物82科191属423种。

湿地植被划分为5个植被型组，10个植被型，12个群系。

脊椎动物27目42科200种。其中，圆口类1目1科1种，鱼类6目9科31种，两栖类2目4科7种，爬行类2目2科4种，鸟类10目18科129种，哺乳类6目8科28种。

国家重点保护野生动物13种。其中，国家Ⅰ级保护野生动物1种，国家Ⅱ级保护野生动物12种。在国家重点保护野生动物中，湿地鸟类10种，其中国家Ⅰ级保护鸟类1种，国家Ⅱ级保护鸟类9种。

受内蒙古大兴安岭林管局管理，无专门的管理机构，阿尔山林业局代管。

无受威胁因子。

146. 黑龙江南瓮河国家级自然保护区重点调查湿地

黑龙江南翁河国家级自然保护区重点调查湿地范围面积23.0万公顷，湿地面积7.9万公顷，主要湿地类型为河流、湖泊和沼泽湿地。中心地理坐标为东经125°31′17″，北纬51°07′52″；位于呼伦贝尔市的鄂伦春族自治旗。

湿地高等植物82科191属423种。

湿地植被划分为5个植被型组，10个植被型，12个群系。

脊椎动物27目42科200种。其中，圆口类1目1科1种，鱼类6目9科31种，两栖类2目4科7种，爬行类2目2科4种，鸟类10目18科129种，哺乳类6目8科28种。

国家重点保护野生动物13种。其中，国家Ⅰ级保护野生动物1种，国家Ⅱ级保护野生动物12种。在国家重点保护野生动物中，湿地鸟类10种，其中国家Ⅰ级保护鸟类1种，国家Ⅱ级保护鸟类9种。

于2000年建立自治区级自然保护区，2003年晋升为国家级自然保护区，受大兴安岭林业集团公司管理，成立了黑龙江南翁河国家级自然保护区管理局。

无受威胁因子。

147. 多布库尔河源头重点调查湿地

多布库尔河源头重点调查湿地范围面积17.6万公顷，湿地面积3.1万公顷，主要湿地类型为河流、湖泊和沼泽湿地。中心地理坐标为东经124°19′59″，北纬51°11′06″；位于呼伦贝尔市的鄂伦春族自治旗。

湿地高等植物82科191属423种。

湿地植被划分为5个植被型组，10个植被型，12个群系。

脊椎动物27目42科200种。其中，圆口类1目1科1种，鱼类6目9科31种，两栖类2目4科7种，爬行类2目2科4种，鸟类10目18科129种，哺乳类6目8科28种。

国家重点保护野生动物13种。其中，国家Ⅰ级保护野生动物1种，国家Ⅱ级保护野生动物12种。在国家重点保护野生动物中，湿地鸟类10种，其中国家Ⅰ级保护鸟类1种，国家Ⅱ级保护鸟类9种。

受大兴安岭林业集团公司管理，无专门的管理机构，加格达奇林业局代管。

无受威胁因子。

148. 大杨气河重点调查湿地

大杨气河重点调查湿地范围面积1.2万公顷，湿地面积1.2万公顷，主要湿地类型为河流和沼泽湿地。中心地理坐标为东经124°11′35.2″，北纬51°01′48.0″；位于呼伦贝尔市的鄂伦春族自治旗。

湿地高等植物82科191属423种。

湿地植被划分为5个植被型组，10个植被型，12个群系。

脊椎动物27目42科200种。其中，圆口类1目1科1种，鱼类6目9科31种，两栖类2目

4科7种，爬行类2目2科4种，鸟类10目18科129种，哺乳类6目8科28种。

国家重点保护野生动物13种。其中，国家Ⅰ级保护野生动物1种，国家Ⅱ级保护野生动物12种。在国家重点保护野生动物中，湿地鸟类10种，其中国家Ⅰ级保护鸟类1种，国家Ⅱ级保护鸟类9种。

受大兴安岭林业集团公司管理，无专门的管理机构，加格达奇林业局代管。

无受威胁因子。

149. 砍都河源头重点调查湿地

砍都河源头重点调查湿地范围面积1.1万公顷，湿地面积1.1万公顷，主要湿地类型为沼泽湿地。中心地理坐标为东经125°54′11″，北纬51°07′56″；位于呼伦贝尔市的鄂伦春族自治旗。

湿地高等植物82科191属423种。

湿地植被划分为5个植被型组，10个植被型，12个群系。

脊椎动物27目42科200种。其中，圆口类1目1科1种，鱼类6目9科31种，两栖类2目4科7种，爬行类2目2科4种，鸟类10目18科129种，哺乳类6目8科28种。

国家重点保护野生动物13种。其中，国家Ⅰ级保护野生动物1种，国家Ⅱ级保护野生动物12种。在国家重点保护野生动物中，湿地鸟类10种，其中国家Ⅰ级保护鸟类1种，国家Ⅱ级保护鸟类9种。

受大兴安岭林业集团公司管理，无专门的管理机构，加格达奇林业局代管。

无受威胁因子。

150. 嫩江源头重点调查湿地

嫩江源头重点调查湿地范围面积15.9万公顷，湿地面积1.4万公顷，主要湿地类型为河流、湖泊和沼泽湿地。中心地理坐标为东经124°38′58″，北纬51°12′18″；位于呼伦贝尔市的鄂伦春族自治旗。

湿地高等植物82科191属423种。

湿地植被划分为5个植被型组，10个植被型，12个群系。

脊椎动物27目42科200种。其中，圆口类1目1科1种，鱼类6目9科31种，两栖类2目4科7种，爬行类2目2科4种，鸟类10目18科129种，哺乳类6目8科28种。

国家重点保护野生动物13种。其中，国家Ⅰ级保护野生动物1种，国家Ⅱ级保护野生动物12种。在国家重点保护野生动物中，湿地鸟类10种，其中国家Ⅰ级保护鸟类1种，国家Ⅱ级保护鸟类9种。

受大兴安岭林业集团公司管理，无专门的管理机构，加格达奇林业局代管。

无受威胁因子。

151. 加格达河重点调查湿地

加格达河重点调查湿地范围面积5.5万公顷，湿地面积2000公顷，主要湿地类型为河流、湖泊和沼泽湿地。中心地理坐标为东经126°03′10″，北纬51°03′36″；位于呼伦贝尔市的鄂伦春族自治旗。

湿地高等植物82科191属423种。

湿地植被划分为5个植被型组，10个植被型，12个群系。

脊椎动物27目42科200种。其中，圆口类1目1科1种，鱼类6目9科31种，两栖类2目4科7种，爬行类2目2科4种，鸟类10目18科129种，哺乳类6目8科28种。

国家重点保护野生动物13种。其中，国家Ⅰ级保护野生动物1种，国家Ⅱ级保护野生动物12种。在国家重点保护野生动物中，湿地鸟类10种，其中国家Ⅰ级保护鸟类1种，国家Ⅱ级保护鸟类9种。

受大兴安岭林业集团公司管理，无专门的管理机构，加格达奇林业局代管。

无受威胁因子。

152. 那都里河上游重点调查湿地

那都里河重点调查湿地范围面积8.6万公顷，湿地面积2.3万公顷，主要湿地类型为河流、湖泊和沼泽湿地。中心地理坐标为东经124°49′26″，北纬51°05′01″；位于呼伦贝尔市的鄂伦春族自治旗。

湿地高等植物82科191属423种。

湿地植被划分为5个植被型组，10个植被型，12个群系。

脊椎动物27目42科200种。其中，圆口类1目1科1种，鱼类6目9科31种，两栖类2目4科7种，爬行类2目2科4种，鸟类10目18科129种，哺乳类6目8科28种。

国家重点保护野生动物13种。其中，国家Ⅰ级保护野生动物1种，国家Ⅱ级保护野生动物12种。在国家重点保护野生动物中，湿地鸟类10种，其中国家Ⅰ级保护鸟类1种，国家Ⅱ级保护鸟类9种。

受大兴安岭林业集团公司管理，无专门的管理机构，加格达奇林业局代管。

无受威胁因子。

153. 多布库尔河中游重点调查湿地

多布库尔河中游重点调查湿地范围面积11.2万公顷，湿地面积1.9万公顷，主要湿地类型为河流、湖泊和沼泽湿地。中心地理坐标为东经124°15′54″，北纬50°48′45″；位于呼伦贝尔市的鄂伦春族自治旗。

湿地高等植物82科191属423种。

湿地植被划分为5个植被型组，10个植被型，12个群系。

脊椎动物27目42科200种。其中，圆口类1目1科1种，鱼类6目9科31种，两栖类2目4科7种，爬行类2目2科4种，鸟类10目18科129种，哺乳类6目8科28种。

国家重点保护野生动物13种。其中，国家Ⅰ级保护野生动物1种，国家Ⅱ级保护野生动物12种。在国家重点保护野生动物中，湿地鸟类10种，其中国家Ⅰ级保护鸟类1种，国家Ⅱ级保护鸟类9种。

受大兴安岭林业集团公司管理，无专门的管理机构，加格达奇林业局代管。

无受威胁因子。

154. 黑龙江多布库尔省(部)级自然保护区重点调查湿地

黑龙江多布库尔省部级自然保护区重点调查湿地范围面积12.9万公顷，湿地面积2.9万公顷，主要湿地类型为河流和沼泽湿地。中心地理坐标为东经124°43′56″，北纬50°50′30″；位于呼伦贝尔市的鄂伦春族自治旗。

湿地高等植物82科191属423种。

湿地植被划分为5个植被型组，10个植被型，12个群系。

脊椎动物27目42科200种。其中，圆口类1目1科1种，鱼类6目9科31种，两栖类2目4科7种，爬行类2目2科4种，鸟类10目18科129种，哺乳类6目8科28种。

国家重点保护野生动物13种。其中，国家Ⅰ级保护野生动物1种，国家Ⅱ级保护野生动物12种。在国家重点保护野生动物中，湿地鸟类10种，其中国家Ⅰ级保护鸟类1种，国家Ⅱ级保护鸟类9种。

于2004年建立省部级自然保护区，受大兴安岭林业集团公司管理，无专门的管理机构，加格达奇林业局代管。

无受威胁因子。

155. 那都里河中游重点调查湿地

那都里河中游重点调查湿地范围面积12.2万公顷，湿地面积2.3万公顷，主要湿地类型为河流、沼泽和人工湿地。中心地理坐标为东经125°13′40″，北纬50°48′55″；位于呼伦贝尔市的鄂伦春族自治旗。

湿地高等植物82科191属423种。

湿地植被划分为5个植被型组，10个植被型，12个群系。

脊椎动物27目42科200种。其中，圆口类1目1科1种，鱼类6目9科31种，两栖类2目4科7种，爬行类2目2科4种，鸟类10目18科129种，哺乳类6目8科28种。

国家重点保护野生动物13种。其中，国家Ⅰ级保护野生动物1种，国家Ⅱ级保护野生动物12种。在国家重点保护野生动物中，湿地鸟类10种，其中国家Ⅰ级保护鸟类1种，国家Ⅱ级保护鸟类9种。

受大兴安岭林业集团公司管理，无专门的管理机构，加格达奇林业局代管。

无受威胁因子。

156. 古利库河重点调查湿地

古利库河重点调查湿地范围面积14.5万公顷，湿地面积5.4万公顷，主要湿地类型为河流和沼泽湿地。中心地理坐标为东经125°46′40″，北纬50°38′20″；位于呼伦贝尔市的鄂伦春族自治旗。

湿地高等植物82科191属423种。

湿地植被划分为5个植被型组，10个植被型，12个群系。

脊椎动物27目42科200种。其中，圆口类1目1科1种，鱼类6目9科31种，两栖类2目

4科7种，爬行类2目2科4种，鸟类10目18科129种，哺乳类6目8科28种。

国家重点保护野生动物13种。其中，国家Ⅰ级保护野生动物1种，国家Ⅱ级保护野生动物12种。在国家重点保护野生动物中，湿地鸟类10种，其中国家Ⅰ级保护鸟类1种，国家Ⅱ级保护鸟类9种。

受大兴安岭林业集团公司管理，无专门的管理机构，加格达奇林业局代管。

无受威胁因子。

157. 甘河重点调查湿地

甘河重点调查湿地范围面积16.0万公顷，湿地面积2.8万公顷，主要湿地类型为河流和沼泽湿地。中心地理坐标为东经124°13′55″，北纬50°10′48″；位于呼伦贝尔市的鄂伦春族自治旗。

湿地高等植物82科191属423种。

湿地植被划分为5个植被型组，10个植被型，12个群系。

脊椎动物27目42科200种。其中，圆口类1目1科1种，鱼类6目9科31种，两栖类2目4科7种，爬行类2目2科4种，鸟类10目18科129种，哺乳类6目8科28种。

国家重点保护野生动物13种。其中，国家Ⅰ级保护野生动物1种，国家Ⅱ级保护野生动物12种。在国家重点保护野生动物中，湿地鸟类10种，其中国家Ⅰ级保护鸟类1种，国家Ⅱ级保护鸟类9种。

受大兴安岭林业集团公司管理，无专门的管理机构，加格达奇林业局代管。

无受威胁因子。

158. 那都里河下游重点调查湿地

那都里河下游重点调查湿地范围面积6.3万公顷，湿地面积1.1万公顷，主要湿地类型为河流和沼泽湿地。中心地理坐标为东经125°25′18″，北纬50°12′29″；位于呼伦贝尔市的鄂伦春族自治旗。

湿地高等植物82科191属423种。

湿地植被划分为5个植被型组，10个植被型，12个群系。

脊椎动物27目42科200种。其中，圆口类1目1科1种，鱼类6目9科31种，两栖类2目4科7种，爬行类2目2科4种，鸟类10目18科129种，哺乳类6目8科28种。

国家重点保护野生动物13种。其中，国家Ⅰ级保护野生动物1种，国家Ⅱ级保护野生动物12种。在国家重点保护野生动物中，湿地鸟类10种，其中国家Ⅰ级保护鸟类1种，国家Ⅱ级保护鸟类9种。

受大兴安岭林业集团公司管理，无专门的管理机构，加格达奇林业局代管。

无受威胁因子。

159. 内蒙古自治区阿拉善黄河国家湿地公园重点调查湿地

阿拉善黄河湿地公园重点调查湿地范围面积400公顷，湿地面积62公顷，主要湿地类型为河流湿地。地理位置：位于内蒙古自治区阿拉善盟的阿拉善左旗乌斯太经济开发区。

湿地高等植物61科152属358种。

湿地植被划分为3个植被型组，7个植被型，13个群系。

脊椎动物21目34科182种。其中，鱼类3目5科21种，两栖类1目2科2种，爬行类2目2科3种，鸟类10目18科129种，哺乳类5目7科27种。

国家重点保护野生动物9种，均为国家Ⅱ级保护鸟类。

于2009年建立阿拉善黄河国家湿地公园，受乌斯太开发区管委会管理，成立了阿拉善国家湿地公园管理委员会。

主要受到过牧、开垦威胁。

参考文献

[1]白学良. 内蒙古苔藓植物志[M]. 呼和浩特：内蒙古大学出版社，1997.

[2]毕俊怀，何晓萍. 内蒙古中部地区的猛禽观察[G]//中国鸟类学会，台北市野鸟学会，中国野生动物保护协会. 中国鸟类学研究. 北京：中国林业出版社. 1996，400～402.

[3]陈刚起等. 三江平原沼泽研究[M]. 北京：科学出版社，1996.

[4]陈宜瑜. 中国湿地研究[M]. 长春：吉林科学技术出版社，1995.

[5]丁香华. 旅游资源学[M]. 上海：上海三联书店，1999.

[6]东北鸟类图鉴编辑委员会. 东北鸟类图鉴[M]. 哈尔滨：黑龙江科学技术出版社，1995.

[7]段文瑞，杜向东. 丹顶鹤在达里诺尔的繁殖记录[J]. 动物学杂志，1987，22(3)：15.

[8]范忠民. 中国鸟类种别概要[M]. 沈阳：辽宁科学技术出版社，1990.

[9]凤凌飞. 内蒙古珍稀濒危动物图谱[M]. 北京：中国农业科技出版社，1991.

[10]傅立国. 中国珍稀濒危植物[M]. 上海：上海教育出版社，1989.

[11]高中信. 伊敏河流域鸟类研究[J]. 东北林学院学报，1983，11(3)：135～144.

[12]国家林业局. 全国湿地资源调查技术规程(试行本)[M]，2010.

[13]韩复山. 中国淡水藻类志·第三卷·轮藻[M]. 北京：科学出版社，1994.

[14]何芬奇，张荫荪. 有关棕头鸥和遗鸥两近似种的分类与分布问题研究[J]. 动物分类学报，1998，23(1)：105～112.

[15]湖鸿均等. 中国淡水藻类[M]. 上海：上海科技出版社，1980.

[16]郎惠卿，赵魁义. 中国湿地植被[M]. 北京：科学出版社，1999.

[17]乐佩琦，陈宜瑜. 中国濒危动物红皮书(鱼类)[M]. 北京：科学出版社，1998.

[18]李瑞仁. 呼和浩特及邻近地区鸟类调查报告[G]//中国动物学会. 中国动物学会三十周年学术讨论会论文摘要汇编. 北京：科学出版社. 1965：221～222.

[19]林业部野生动物和森林植物保护司. 湿地保护与合理利用——中国湿地保护研讨会文集[M]. 北京：中国林业出版社，1996.

[20]林业部野生动物和森林植物保护司. 中国野生动物管理法规文件汇编[M]. 北京：中国林业出版社，1994.

[21]刘伯文，陈玉敏，王文，等. 内蒙古兴安盟图木吉地区鸟类资源的考察[J]. 东北林业大学学报，1996，24(5)：92～100.

[22]刘伯义，王文，赵泽斌，等. 内蒙古扎赉特旗冬季鸟类[J]. 野生动物，1991(5)：9～13.

[23]陆健健. 中国湿地[M]. 上海：华东师范大学出版社，1990.

[24]马敬能等. 中国生物多样性保护综述[M]. 北京：中国林业出版社，1998.

[25]马逸清. 中国鹤类研究[M]. 哈尔滨：黑龙江教育出版社，1986.

[26]马玉明. 内蒙古资源大辞典[M]. 呼和浩特：内蒙古人民出版社，1997.

[27]马毓泉. 内蒙古植物志 1～5 卷(第二版)[M]. 呼和浩特：内蒙古人民出版社，1989～1998.

[28]马毓泉. 内蒙古植物志 1～8 卷[M]. 呼和浩特：内蒙古人民出版社，1977～1985.

[29]南开大学生物系，内蒙古水产研究所. 乌梁素海、哈素海渔业资源考察论文集[G]. 天津：南开大学出版

社. 1986，1～114.
[30]内蒙古国土资源编委会. 内蒙古国土资源[M]. 呼和浩特：内蒙古人民出版社，1987.
[31]内蒙古师范学院地理系. 内蒙古自然地理[M]. 呼和浩特：内蒙古人民出版社. 1965，1～198.
[32]齐雨藻. 中国淡水藻类志·第四卷·中心纲[M]. 北京：科学出版社，1995.
[33]饶钦业. 中国淡水藻类志·第一卷·双星藻科[M]. 北京：科学出版社，1988.
[34]湿地国际——中国项目办事处. 湿地经济评价[M]. 北京：中国林业出版社，1999.
[35]湿地国际——中国项目办事处. 湿地与水禽保护[M]. 北京：中国林业出版社，1998.
[36]汪松. 中国濒危动物红皮书(兽类)[M]. 北京：科学出版社，1998.
[37]王苏民，窦鸿身. 中国湖泊志[M]. 北京：科学出版社，1998.
[38]吴征镒. 中国植被[M]. 北京：科学出版社，1980.
[39]伍献文，等. 中国鲤科鱼类志(上、下卷)[M]. 上海：上海科学技术出版社. 1964，1982：1～598.
[40]解玉浩，付平，朴笑平. 达里湖地区的鱼类区系[J]. 动物学杂志，1982，(6)：7～10.
[41]邢莲莲，杨贵生，等. 内蒙古乌梁素海鸟类志[M]. 呼和浩特：内蒙古大学出版社，1996.
[42]邢莲莲，杨贵生，张永让，等. 内蒙古乌梁素海鸟类区系及生态分布的研究[J]. 内蒙古大学学报(自然科学版)，1998，19(3)：524～534.
[43]邢莲莲，杨贵生. 白骨顶繁殖习性的研究[J]. 内蒙古大学学报(自然科学版)，1989，20(4)：521～527.
[44]邢莲莲，杨贵生. 内蒙古鸟类区系研究[J]. 中国鸟类学研究. 北京：中国林业出版社. 1996：68～71.
[45]邢莲莲，杨贵生. 乌鳢骨骼系统的解剖[J]. 内蒙古大学学报(自然科学版)，1997，28(5)：678～686.
[46]邢莲莲，杨贵生. 须浮鸥生态习性的研究[J]. 内蒙古大学学报(自然科学版)，1990，21(2)：248～251.
[47]颜素珠. 中国水生高等植物图说[M]. 北京：科学出版社，1983.
[48]杨贵生，邢莲莲，等. 内蒙古脊椎动物名录及分布[M]. 呼和浩特：内蒙古大学出版社，1998.
[49]杨贵生，邢莲莲，李喜和. 乌梁素海大白鹭的繁殖生态[J]. 内蒙古大学学报(自然科学版)，1988，19(4)：696～701.
[50]杨贵生，邢莲莲，雍世鹏. 乌梁素海湿地鸟类多样性及其保护对策[G]//郎惠卿. 中国湿地研究和保护. 上海：华东师范大学出版社，1998：1002～112.
[51]杨贵生，邢莲莲. 赤嘴潜鸭的繁殖生态[J]. 内蒙古大学学报(自然科学版)，1989，20(2)：229～234.
[52]杨贵生，邢莲莲. 凤头䴙䴘的繁殖生态[J]. 内蒙古大学学报(自然科学版)，1990，21(2)：252～254.
[53]张荣祖. 中国自然地理概论[M]. 北京：科学出版社，1987.
[54]张荫荪，白力军，田相，等. 遗鸥繁殖群在鄂尔多斯的发现[J]. 动物学杂志，1991，26(3)：32～33.
[55]张荫荪，丁文宁，陈容伯，等. 遗鸥(*Larus relictus*)繁殖生态研究[J]. 动物学报，1993，39(2)：154～159.
[56]张荫荪，何芬奇，陈容伯，等. 遗鸥繁殖生境选择及其繁殖地湿地鸟类群落研究[J]. 动物学研究，1993，14(4)：496～499.
[57]张荫荪，唐瑞惠，马学宽，等. 内蒙古乌梁素海地区鸭类的初步调查[J]. 动物学杂志，1963，5(3)：120～122.
[58]张永让，邢莲莲，杨贵生. 鄂尔多斯高原鸟类的初步研究[J]. 内蒙古大学学报(自然科学版)，1983，14(1)：45～53.
[59]赵尔宓. 中国濒危动物红皮书(两栖类和爬行类)[M]. 北京：科学出版社，1998.
[60]赵肯堂，阿古拉. 有关内蒙古淡水鱼类区划问题的一些新资料[J]. 动物学杂志，1964，(5)：216～218.
[61]赵肯堂，毕俊怀. 内蒙古自治区两栖爬行动物及地理区划[J]. 中国两栖动物地理区划——蛇蛙研究丛书(八)，1995，(增刊)：63～70.

[62]赵肯堂，凤凌飞．内蒙古锡林郭勒盟草原西部的鸟类调查[J]．内蒙古师范学院学报，1981(2)：47～54.
[63]赵肯堂．呼和浩特的鱼类调查[J]．内蒙古大学学报(自然科学版)，1963(1)：63～69.
[64]赵魁义．中国沼泽志[M]．北京：科学出版社，1997.
[65]赵铁桥．河西阿拉善内流区的鱼类区系和地理区划[J]．动物学报，1991，37(2)：153～165.
[66]赵铁桥．内蒙古艾不盖河的鱼类[J]．兰州大学学报，1982，18(4)：112～118.
[67]赵一之．内蒙古珍稀濒危植物图谱[M]．北京：中国农业科技出版社，1992.
[68]郑葆珊．内蒙古岱海青鱼的年龄与生长[J]．动物学杂志．1964(1)：18～21.
[69]郑光美，王岐山．中国濒危动物红皮书(鸟类)[M]．北京：科学出版社，1998.
[70]郑作新．中国鸟类分布名录[M]．北京：科学出版社，1976.
[71]郑作新等．中国动物志(鸟纲)[M]．北京：科学出版社，1997.
[72]中国科学院《中国自然地理》编辑委员会．中国自然地理——动物地理[M]．北京：科学出版社．1979：1～94．
[73]中国科学院内蒙古宁夏综合考察队．内蒙古植被[M]．北京：科学出版社，1985.
[74]中华人民共和国濒危物种进出口管理办公室．中国珍贵濒危动物[M]．上海：上海科学技术出版社，1996.
[75]周以良．中国大兴安岭植被[M]．北京：科学出版社，1991.
[76]朱浩然．中国淡水藻类志·第二卷·色球藻纲[M]．北京：科学出版社，1991.

附 件

内蒙古自治区湿地资源调查主要参与调查单位及人员

内蒙古自治区野生动植物保护中心：张全如 张 宏 赵美丽 群 力 邹晓琳 王俊山

内蒙古自治区 林业监测规划院：滕晓光 田 相 赵学军 邓 芳 陈蓉伯 王志功 刘玉萍 乌恩图 何国强 马颖伟 战士全 冯桂林 张振国 于 涛 李慧琳 乔 方 张 波 刘海松 郭慧梅 宋 伟

内蒙古自治区第二林业监测规划院：王玉山 宋连成 秦建明 李柱晓 刘 梅 贾淑媛 高明福 于树台 吴文秀 常广军 赵宝义 孙宇涛 孙红斌 李国英 王静波 李来顺 包 琳 张 星

内蒙古大兴安岭森林调查规划院：石祥祯 任永生 祁利军 范 玥 李忠孝 张重岭 宋柏中 张 中 栾 皓 包 海 石 岩 斯钦毕力格 李吉祥 谢振东 安邦洲 董贵忠 徐建强 王 海 武玉栓 焦志刚 李保国 汤春伟 李金成 王国维 王瑞春 巩玉清 张 敬 明海军 张传坤 秦玉生 乔 继 刘召发 陈鸿儒 张军辉 高七十九 路晓松 刘宇波 李 健 韩思远 关炳福 高金星 荣彦君 张冬梅 徐建华 张明迪 王翠敏 李雪梅 李 玲 贺 霞 刘文庆 孟凡玉 李雪林 迟战云 胡迎琪 毕杰和 朝乐蒙

内蒙古森工集团野生动植物保护及自然保护区建设工程管理办公室：吕连宽 赵长安 唐晓勇 霍 亮 王丹丹 王伟达 李洪刚

内蒙古呼伦贝尔市林业局：张建伦 芒 烈 李 健 安田喜 唐庆明

满洲里市林业局：李忠军 王云霞 朱保权 宋 坤 刘艳君

兴安盟林业局：巴 图 王连军 封立全 周景英

通辽市林业局：白 音 李 竟 郭春玲

赤峰市林业局：张书理 张慧艳 王志玲 李秀娟 杨东明 杨永昕

锡林郭勒盟林业局：薛万武 张 勇 洪 明 杨全胜 李润利

二连浩特市林业局：斯钦朝克图 乔文贵 郝翠枝 额日德木图 乌日娜

乌兰察布市林业局：陈树晓 温建新 赵建慧 雷建军 朱振江

呼和浩特市林业局：张 瀛 高平小 王 浩 高永春 云海忠

包头市林业局：鲍交琦 樊爱萍 窦爱珍 孙建强 赵承宪

鄂尔多斯市林业局：吴云峰 张志坚 邢小军 牛斯日古楞 张丞博

巴彦淖尔市林业局：岳继雄 孙孟和 鲁飞飞 崔 赟 屈建平 邬海涛

乌海市林业局：何 磊 包会嘎 王云霞

阿拉善盟林业局：乔永祥 潘建中 庆格勒 白生民 雒金玉

后　记

为了查清我国湿地资源现状和动态变化情况，为全国湿地保护管理和履行《湿地公约》服务，按照国家林业局的统一部署，内蒙古自治区开展了全国第二次湿地资源调查。经调查发现，我区湿地类型多样，湿地主要为天然湿地(包括湖泊湿地、河流湿地、沼泽湿地)，占湿地总面积的97.81%；而人工湿地较少，占湿地总面积的2.19%。湿地类型分布极为不均，以沼泽湿地为主，占全区湿地总面积的80.67%，主要湿地型为草本沼泽、季节性咸水沼泽和沼泽化草甸；其次为湖泊湿地，占湿地总面积的9.42%，主要湿地型为永久性咸水湖和季节性咸水湖；之后为河流湿地，占湿地总面积的7.71%，主要湿地型为永久性河流湿地和季节性或间歇性河流湿地；人工湿地主要以库塘湿地型为主。全区可划为181个湿地区，其中，单独区划湿地区87块，零星区划湿地区94个。在单独区划的湿地区中，湿地面积最大的是嫩江源头湿地区，诺敏河湿地区次之，第三为内蒙古达赉湖国家级自然保护区湿地区。河流湿地面积最大的湿地区为黄河湿地区和西拉木伦河湿地区；湖泊湿地主要集中在内蒙古达赉湖国家级自然保护区、乌拉盖湿地区、内蒙古达里诺尔国家级自然保护区等湿地区；沼泽湿地主要集中于嫩江源头湿地区、诺敏河湿地区、根河湿地区、激流河湿地区中；人工湿地分布在各湿地区中，其中尼尔基水库湿地区面积最大。内蒙古自治区湿地遍布全区，但呈现地域性分布不均的特点，总体上东部地区多于西部地区，中部、南部地区多于北部地区。其中，呼伦贝尔市湿地面积最大，其次为锡林郭勒盟、赤峰市。河流湿地主要分布在呼伦贝尔市境内，占河流湿地面积的20.05%；其次为赤峰市，占河流湿地面积的19.16%；最少为乌海市，只占0.77%。湖泊湿地主要分布在呼伦贝尔市和锡林郭勒盟，分别占湖泊湿地面积的45.16%和24.90%。沼泽湿地主要分布在呼伦贝尔市和锡林郭勒盟，分别占沼泽湿地面积的54.03%和22.69%。人工湿地主要分布在呼伦贝尔市和阿拉善盟，分别占人工湿地面积的18.43%和15.06%。湿地类按流域分布，松花江区湿地较多，湿地面积占全区湿地总面积的53.74%；海河区湿地分布较少，湿地面积占全区湿地总面积的0.95%。本区湿地生物资源富集，共有湿地高等植物463种，隶属93科213属。其中，苔藓类植物82种，隶属25科37属；蕨类植物11种，隶属4科4属；裸子植物3种，隶属1科3属；被子植物367种，隶属63科169属(单子叶植物143种，隶属18科66属；双子叶植物224种，隶属45科103属)。湿地脊椎动物共有288种，隶属于6纲31目53科。其中，圆口纲1目1科1种，鱼纲9目15科100种，两栖纲2目5科8种，爬行纲2目2科6种，鸟纲11目21科141种，哺乳纲6目9科32种。

根据遥感解译判读结果和现场调查成果，将分布在湿地区内的各湿地斑块及其属性输入GIS软件和相关数据库，对各湿地斑块的相关信息进行汇总统计，得到各湿地区的湿地面积、斑块数量、湿地类、主要湿地型、湿地区分布、平均海拔、水源补给状况、所属二级流域、土地所有权、主要植被类型及面积、主要优势动植物物种等。按照国家林业局的统一要求，建立了全区湿地资源信息库，编绘了全区湿地资源分布图。同时，多次组织相关领域专家进行论证，并组成本书编辑委员会，编写了《中国湿地资源·内蒙古卷》一书。陈蓉伯对第一章、第三章第二节、第四章、第六章第二节和第三节、附录1、附录2、附录3进行了整理编写；邓芳对第二章、第三章第一节、第五章进行了整理编写，其中相关图表由乌恩图负责处理；张宏整理编写了第6章第1节；分布图由郭慧梅、宋伟、李慧琳绘制。本书初稿完成后，进行了多次校对，并数次请相关专家进行评审修改。

依据本区调查结果，本卷主要介绍了内蒙古自治区湿地类型、分布规律和特点，及其分布的湿地野生动植物资源，同时对各湿地资源状况及其利用进行了评价，最后根据本区湿地保护与管理现状提出了相关建议。本次调查，为加大内蒙古湿地自然保护区、湿地公园建设力度提供科学依据，为加强湿地野生动植物资源保护和合理利用，提供了翔实的本底资料。同时，可提供湿地科学研究基础数据，作为国家湿地宏观政策制定及管理的科学依据，为全国湿地管理提供数据库和技术支持。

在外业调查及本卷编写过程中得到了国家林业局湿地保护管理中心、国家林业局调查规划设计院、内蒙古自治区水利厅、农牧业厅和环境保护厅等部门的支持与帮助，各级林业部门的大力配合。值此本书完成之际，谨代表编委会向以上参与外业调查以及对本卷编写与指导的领导和个人致以诚挚的谢意！

《中国湿地资源·内蒙古卷》编写组

2014年12月